地球大数据科学论丛 郭华东 总主编

灾害遥感信息提取的
理论、方法与应用

陈 方等 著

科学出版社

北京

内 容 简 介

发展灾害遥感信息提取的基础理论和核心技术,突破"准确性、时效性、系统性"应用的难点问题,是灾害遥感领域的重大需求。本书在概述不同灾种灾害遥感信息提取原理的基础上,系统论述灾害遥感信息提取的方法发展脉络,通过国内外不同地区的典型应用,阐述灾害遥感信息提取的前沿研究成果,并指出地球大数据时代灾害遥感发展面临的挑战和发展的广阔前景。

本书适合从事灾害与遥感研究的科研、技术和工程人员学习使用,也可以作为高等院校遥感相关专业研究生及相关人员的参考书。

图书在版编目(CIP)数据

灾害遥感信息提取的理论、方法与应用/陈方等著. —北京:科学出版社,2022.2

(地球大数据科学论丛 / 郭华东总主编)

ISBN 978-7-03-071391-9

Ⅰ. ①灾⋯ Ⅱ. ①陈⋯ Ⅲ. ①遥感技术-应用-灾害-信息处理 Ⅳ. ①X4-05

中国版本图书馆 CIP 数据核字(2022)第 015719 号

责任编辑:李秋艳 白 丹/责任校对:杨 赛
责任印制:吴兆东/封面设计:蓝正设计

科学出版社 出版
北京东黄城根北街 16 号
邮政编码:100717
http://www.sciencep.com

北京建宏印刷有限公司 印刷
科学出版社发行 各地新华书店经销
*
2022 年 2 月第 一 版 开本:720×1000 B5
2023 年 2 月第二次印刷 印张:16 1/4
字数:320 000

定价:169.00 元
(如有印装质量问题,我社负责调换)

"地球大数据科学论丛"编委会

"地球大数据科学论丛"序

　　第二次工业革命的爆发,导致以文字为载体的数据量约每 10 年翻一番;从工业化时代进入信息化时代,数据量每 3 年翻一番。近年来,新一轮信息技术革命与人类社会活动交汇融合,半结构化、非结构化数据大量涌现,数据的产生已不受时间和空间的限制,引发了数据爆炸式增长,数据类型繁多且复杂,已经超越了传统数据管理系统和处理模式的能力范围,人类正在开启大数据时代新航程。

　　当前,大数据已成为知识经济时代的战略高地,是国家和全球的新型战略资源。作为大数据重要组成部分的地球大数据,正成为地球科学一个新的领域前沿。地球大数据是基于对地观测数据又不唯对地观测数据的、具有空间属性的地球科学领域的大数据,主要产生于具有空间属性的大型科学实验装置、探测设备、传感器、社会经济观测及计算机模拟过程中,其一方面具有海量、多源、异构、多时相、多尺度、非平稳等大数据的一般性质,另一方面具有很强的时空关联和物理关联,具有数据生成方法和来源的可控性。

　　地球大数据科学是自然科学、社会科学和工程学交叉融合的产物,基于地球大数据分析来系统研究地球系统的关联和耦合,即综合应用大数据、人工智能和云计算,将地球作为一个整体进行观测和研究,理解地球自然系统与人类社会系统间复杂的交互作用和发展演进过程,可为实现联合国可持续发展目标(SDGs)做出重要贡献。

　　中国科学院充分认识到地球大数据的重要性,2018 年初设立了 A 类战略性先导科技专项"地球大数据科学工程"(CASEarth),系统开展地球大数据理论、技术与应用研究。CASEarth 旨在促进和加速从单纯的地球数据系统和数据共享到数字地球数据集成系统的转变,促进全球范围内的数据、知识和经验分享,为科学发现、决策支持、知识传播提供支撑,为全球跨领域、跨学科协作提供解决方案。

　　在资源日益短缺、环境不断恶化的背景下,人口、资源、环境和经济发展的矛盾凸显,可持续发展已经成为世界各国和联合国的共识。要实施可持续发展战略,保障人口、社会、资源、环境、经济的持续健康发展,可持续发展的能力建设至关重要。必须认识到这是一个地球空间、社会空间和知识空间的巨型复杂系统,亟须战略体系、新型机制、理论方法支撑来调查、分析、评估和决策。

　　一门独立的学科,必须能够开展深层次的、系统性的、能解决现实问题的探究，以及在此探究过程中形成系统的知识体系。地球大数据就是以数字化手段连接地球空间、社会空间和知识空间，构建一个数字化的信息框架，以复杂系统的思维方式，综合利用泛在感知、新一代空间信息基础设施技术、高性能计算、数据挖掘与人工智能、可视化与虚拟现实、数字孪生、区块链等技术方法，解决地球可持续发展问题。

"地球大数据科学论丛"是国内外首套系统总结地球大数据的专业论丛，将从理论研究、方法分析、技术探索以及应用实践等方面全面阐述地球大数据的研究进展。

地球大数据科学是一门年轻的学科，其发展未有穷期。感谢广大读者和学者对本论丛的关注，欢迎大家对本论丛提出批评与建议，携手建设在地球科学、空间科学和信息科学基础上发展起来的前沿交叉学科——地球大数据科学。让大数据之光照亮世界，让地球科学服务于人类可持续发展。

郭华东

中国科学院院士

地球大数据科学工程专项负责人

2020 年 12 月

可持续发展是人类永恒的主题,自然灾害则是人类可持续发展必须面对的挑战之一。目前,联合国在全球推进的三大战略框架包括巴黎气候协定、仙台减灾框架和2030年可持续发展议程,每一个都与灾害密切相关。例如产业、创新和基础设施目标(SDG 9)强调建造具备抵御灾害能力的基础设施;可持续城市和社区目标(SDG 11)要求建设包容、安全、有抵御灾害能力和可持续的城市和人类住区;气候行动目标(SDG 13)提出加强各国抵御和适应气候相关的灾害和自然灾害的能力。

自然灾害从主要成因看,可视为由地球系统不同圈层的变异活动引起,如由大气圈变异活动主导引起的气象水文灾害、由水圈变异活动主导引起的海洋灾害、由岩石圈变异活动主导引起的地震地质灾害等。自然灾害风险则来自自然和社会要素的共同作用,具有显著的系统性、不确定性和动态变化性,需要对自然环境数据同人类经济社会数据进行耦合分析,才能更好地认知和理解灾害风险。

随着大数据、人工智能等新兴技术的快速发展,地球大数据成为一种从海量地球系统观测数据中,推理和发现隐含地学规律的科学研究范式。特别是以空间信息获取和分析机理为基础,作为地球大数据重要组成部分的对地观测数据,可以快速、准确、宏观地反映致灾因子空间位置、承灾体危害状况等关键减灾信息,服务自然灾害风险的认知,在自然灾害防-抗-减体系中发挥着不可或缺的作用。

在数十载的发展建设中,中国减灾研究积累了雄厚的理论与技术基础。以卫星遥感为代表的科学技术,在1998年长江特大洪水、2008年四川汶川地震、2010年青海玉树地震和甘肃舟曲泥石流灾害、2013年四川雅安地震、2014年云南鲁甸地震等历次灾害中,发挥了重要的减灾救灾支撑保障作用。中国在综合减灾理论的研究和推广方面也在不断开拓创新。2010年,国际科学理事会、国际社会科学理事会、联合国国际减灾战略共同支持的灾害风险综合研究计划(IRDR)落户中国,这是亚洲地区首次承办的国际科学理事会大型科学计划,进一步提升了中国在减灾研究中的国际影响力。

地球大数据是应对灾害风险的关键科技手段,灾害信息的有效提取是保障灾害风险认知的基础环节。陈方研究员等所著的《灾害遥感信息提取的理论、方法与应用》,从灾害遥感和灾害遥感信息提取的定义和内涵切入,分灾种、分类别系统论述了灾害遥感信息提取的理论和方法，阐述了灾害遥感信息提取的前沿研究成果。该书对掌握灾害遥感信息提取的方法发展脉络，理解针对不同灾种的遥感信息提取方法的特点和共性因素，以及认知灾害遥感信息提取面临的"准确性、时效性、系统性"难点问题具有重要意义，是一部面向多灾种、多场景、系统性的灾害遥感信息提取研究专著。

该书对我国灾害风险管理研究及灾害地理学科发展有很好的参考作用。相信该书的出版，可为从事减灾研究的科研人员、减灾相关政府部门的管理者和决策者、高校相关专业的研究生等提供系统的参考。也希望能有更多的读者通过阅读该书，了解、热爱、投身到地球大数据及灾害遥感的学习和研究中，为实现全球减灾及可持续发展目标贡献自己的智慧和力量。

中国科学院院士

2021 年 12 月 21 日

前　言

　　自然灾害是阻碍人类社会与经济可持续发展的重要因素之一。近年来，在全球气候变化背景下，地震、洪水、干旱、飓风、海啸等自然灾害波及亚洲、北美、南美、非洲等世界各个角落。严峻的现实推动国际社会不断凝聚共识，过去十几年，为有效应对日益严峻的灾害挑战，世界各国和主要国际减灾机构采取了大量的措施积极应对，《2005—2015 年兵库行动框架》《空间与重大灾害国际宪章》《2015—2030 年仙台减轻灾害风险框架》等一系列国际减灾计划和机制相继出台，人类应对自然灾害的知识和技术不断丰富。

　　中国是世界上自然灾害最严重的国家之一，具有灾种多、分布广、频率高、损失大等一系列突出特点。近年来，我国重大自然灾害风险不断攀升，严重阻碍社会经济发展，危害人民群众生命安全和利益福祉。如何科学应对不断加剧的灾害风险，有效减轻灾害损失，提升综合减灾应急能力，已经成为当前灾害研究和业务应用领域亟须解决的难题。

　　作为地球大数据关键技术之一的灾害遥感，其主要任务是利用多源、动态的遥感数据，检测致灾因子的空间位置，评价承灾体的危害状况态势，刻画灾害发展演化的过程，服务自然灾害风险的认知。受自然灾害分布广泛、突发性强、发生的天气状况迥异、传感器时空匹配欠佳等因素限制，当前灾害遥感研究成果尚难满足灾害应对重大需求。

　　本书系统论述灾害遥感信息提取的理论和方法，介绍灾害遥感信息提取研究的主要方法成果和新进展，具体包括：①灾害遥感及灾害遥感信息提取概况，阐述相关国内外研究的发展与进展；②面向不同灾种的灾害遥感信息提取原理与方法，包括基本原理、主要数据、方法等；③灾害遥感信息提取典型应用，包括特色数据及应用方法。

　　全书共分 8 章。第 1 章"概论"主要介绍自然灾害-灾害遥感-灾害遥感信息提取的研究脉络，阐释灾害遥感信息提取的基本问题和常用数据；第 2 章"地震灾害遥感信息提取的理论与方法"论述利用变化检测、深度学习等进行震后灾情信息提取的方法，如利用深度学习的震后建筑物损毁和滑坡信息提取等；第 3 章"地质灾害遥感信息提取的理论与方法"在阐述地质灾害遥感信息提取的原理基础上，从传统方法、机器学习和深度学习等不同方面，对地质灾害信息提取研究方法进行深入介绍；第 4 章"干旱灾害遥感信息提取的理论与方法"针对干旱灾害自身的特点，围绕水循环过程的关键要素，重点介绍几种常用的干旱遥感监测方法和典型应用；第 5 章"洪涝灾害遥感信息提取的理论与方法"总结常用的研究方法，并重点介绍我国南方和巴基斯坦典型洪涝灾害中遥感信息提取应用的情况；第 6 章"海洋灾害遥感信息提取的理论与方法"阐释海洋灾害的特点和海洋灾害遥感信息提取的原理，着重论述卫星散射计风场反演方法和卫星高度计波高反演方法；第 7 章"森林草原火灾遥感信息提取的理论与方法"针对森林草原火灾的特点，分析火点识别、燃烧面积制图和燃料容载量计算方法，并以在俄罗斯、澳大利亚的典型应用为例进行深入分析；第 8 章"展望与建议"指出在地球大数据时代，灾害遥感信息提取研究正迎来前所未有的新局面。应当着力加强基础空间设施建设、基础理论方法与应用研究和综合减灾信息服务能力。

本书的研究工作得到了中国科学院战略性先导科技专项（A 类）"地球大数据科学工程"项目三"数字一带一路"（XDA19030000）、国家自然科学基金项目（41871345）的资助。全书从构思到编写，承蒙郭华东院士、崔鹏院士、陈大可院士、夏军院士、张人禾院士、单新建、王晓青、祁生文、王鹏新、程晓陶、黄诗峰、陈戈、王力哲、王钦军、刘亚岚等专家的悉心指导。首席作者由中国科学院空天信息创新研究院陈方研究员担任。李斌、王雷、贾慧聪、于博、鹿琳琳、张美美、陈玉、林政阳、阎继宁为合著者执笔各章撰写。本书的相关研究得到地球大数据工程专项总体组和专家组的指导和支持。本书的出版得到"地球大数据科学论丛"的资助，并得到科学出版社的大力支持。支持和指导我们研究工作的领导、专家、学者和朋友还有很多，没有一一列出，在此一并致谢！

灾害遥感的理论、方法与应用研究发展非常迅速，本书力求进行系统反映，限于水平，书中难免存在疏漏之处，恳请读者批评指正。

作 者

2021 年 12 月 17 日于北京

目　录

第 1 章

概　　论

1.1　灾害遥感概述

在灾害科研和管理领域，一项首要的基础性工作就是灾害的科学分类。根据不同的工作需求和背景，灾害的分类会有所不同。较为典型的如 2012 年 10 月发布的国家标准《自然灾害分类与代码》（GB/T 28921—2012），将自然灾害分为气象水文灾害、地质地震灾害、海洋灾害、生物灾害和生态环境灾害五大类。这种分类可被视为以自然灾害的主要成因来划分，如由大气圈变异活动主导引起的气象水文灾害、由水圈变异活动主导引起的海洋灾害、由岩石圈变异活动主导引起的地质地震灾害等（张宝军等，2013）。

《第一次全国自然灾害综合风险普查实施方案(修订版)》（简称《方案》），以及《国务院办公厅关于开展第一次全国自然灾害综合风险普查的通知》（国办发〔2020〕12 号）、《第一次全国自然灾害综合风险普查总体方案》（国灾险普办发〔2020〕2 号)等系列文件根据我国灾害种类的分布、程度与影响特征，确定普查的主要类型为地震灾害、地质灾害、气象灾害、水旱灾害、海洋灾害、森林和草原火灾六大类型。其中，地质灾害主要包括崩塌、滑坡、泥石流等。气象灾害主要指台风、干旱、暴雨、高温、低温冷冻、风雹、雪灾和雷电灾害。海洋灾害主要包括风暴潮、海浪、海啸、海冰、海平面上升等。这一工作在指导我国灾害分类的理论研究和应用实践中具有重要意义。

本书的灾害主要依据《方案》进行分类，并以其中代表性的自然灾害为例开展了较系统和全面的研究。同时，参考借鉴《自然灾害分类与代码》，并从气象灾害与水旱灾害的内在关联关系、灾害对我国造成损失的程度等角度考虑，不再将《方案》中的气象灾害单列，而将水旱灾害分为干旱灾害和洪涝灾害，分别开展研究。

灾害遥感是伴随着灾害系统科学和遥感信息技术的快速发展而发展起来的一

门科学体系。尽管灾害具有多种类型，但是作为复杂的地球表层变异系统，灾害一般都由孕灾环境、致灾因子、承灾体等共同组成，灾害的发生是三者共同作用的结果(史培军，1991)，这也是灾害系统科学理论发展的基础。灾害遥感即用遥感技术监测组成各类灾害的要素，其中灾害系统中的致灾因子包括洪涝、滑坡、泥石流、火灾等对象，而承灾体损失则包括人口、经济、房屋、农业、基础设施等各类损失。灾害系统的高度复杂性、多样性决定了要实现多角度、多层面、全方位的灾害目标监测和信息获取，必须应用天基、空基、地基等多种平台，并结合地面调查核查、统计分析等方法，发展一系列灾害风险评估、灾害应急与灾情监测、灾害损失评价、灾害数据挖掘与信息管理等遥感方法、模型等，推动灾害遥感形成系统的科学体系。

从灾害遥感的理论体系看，可分为监测要素、监测手段、技术方法、应用服务和标准规范等(范一大等，2016)。顾名思义，监测要素主要指遥感监测和信息获取的对象或自然实体。监测手段则包括天基、空基、地基等。技术方法主要包括根据不同灾种、不同监测手段和监测对象而发展形成的一系列以遥感信息为基础的数据挖掘、信息处理、灾情分析、应急管理等灾害遥感理论方法、计算模型等。应用服务主要是针对不同灾种和灾害过程的针对性遥感服务。此外还有一系列灾害遥感应用实践中形成的标准规范，为指导规范相关领域工作奠定坚实基础。灾害遥感监测实质是利用遥感技术，对构成灾害的各个要素进行监测的过程。

从灾害遥感监测的具体组成内容看，特别是从业务产品体系和应用服务的角度，灾害遥感监测又可分为基础本底影像、灾害特征参数、灾害损失监测、灾害恢复重建监测和应急救助监测等(杨思全，2018)。

基础本底影像：利用中高分辨率遥感数据进行本底背景影像图的积累和更新，为灾后灾害信息的比对提供辨识分析的依据。同时，基于高分辨率遥感影像对地震等灾害高发区开展房屋信息的提取，积累房屋存量空间分布信息，为灾后实物量损失评估提供本底数据，包括各行政级别本底影像，洪涝高风险监测、旱灾高风险监测、综合高风险监测，周边国家本底影像、非洲等合作国家本底影像等。

灾害特征参数：按照区域灾害系统理论，利用遥感影像获取致灾因子、孕灾环境和承灾体等灾害系统中表征灾害的特征要素和参数指数，包括积雪、植被、水体、居民地、农作物、地表反照率、植被指数、水体指数、雪被指数等。

灾害损失监测：基于遥感影像的光谱、纹理等信息，对受灾范围、灾害损失、灾区环境等进行监测，包括洪涝影响范围、旱灾范围、地震影响范围、过火面积、倒塌房屋、损坏房屋、损毁道路、毁坏工程等。

应急救助监测：利用高分辨率卫星和无人机遥感图像，获取灾后救灾帐篷、救灾物资和安置点的数量及其空间分布状况，为应急救助需求分析与评估提供决策支持。

灾害恢复重建监测：在灾害稳定和结束后，利用卫星遥感手段对灾区持续进行动态监测，获取房屋、道路等基础设施重建进展情况以及植被等生态系统的恢复状态等。

几十年来，国际上和我国灾害遥感相关的科学技术快速发展。当前已形成全天候、全要素、多灾种、三维立体的"天-空-地"一体化监测体系。环境与灾害监测预报卫星、风云卫星、资源卫星、海洋卫星、高分卫星等天基资源有力保障了我国灾害遥感业务的开展，为空间信息技术服务减灾实践提供了强大的基础支撑。然而，由于灾害类型和灾害监测要素多样、灾害监测环境复杂、灾害演变过程监测需求不同等，我国灾害遥感事业仍面临一些重大挑战。从光谱维度看，包括现有可见光、近红外等光谱谱段对不同灾害的应用潜力仍有待深入挖掘，迫切需要加快发展纳米级高光谱卫星用于农业灾害、地质灾害等。多波段多极化微波遥感应用仍然存在较多局限，全天候服务能力不足。一些严重威胁人民群众生命财产的重大灾害观测数据空间分辨率不足，限制了遥感数据快速应用。突发灾害应急监测的时效性还需提高，目前的观测时间间隔偏长。因此，我国灾害遥感监测体系建设仍任重道远，空间基础设施建设亟须多种平台、载荷和多时空分辨率相结合，通过高低轨、中高分辨率卫星组网等提高灾害综合观测和应急服务保障能力(杨思全，2018)。

从风险预警、灾中监测到灾后评价和重建的灾害全过程视角看，现代遥感技术的应用贯穿于减灾管理的各个阶段(徐鹏杰等，2011)。

1) 灾害预警和准备

从灾害系统内在演化规律来看，许多重大自然灾害的发生发展均有一个诱发因素累积的过程，因此，进行灾害预警和风险分析具有重要意义。有效的灾前工作能够真正做到防患于未然，在灾害发生前通过预警、转移等多种方式，有效减轻灾害可能造成的损失。全球性的遥感观测网络能够以多种时空分辨率连续观测陆地、海洋、大气层，为自然灾害预警分析提供潜在的巨量数据。结合已有历史数据、社会经济数据等，通过科学、专业地分析，可以对洪水淹没区、滑坡泥石流影响区、火灾潜在范围等做出估计，及时预警，为提前开展防灾减灾工作提供有力的决策支持，争取宝贵的时间，通过有力措施大幅减少灾害可能造成的损失。

2) 灾害监测与救援

许多重特大自然灾害的发生常常直接带来交通和通信等网络系统破坏，传统监测、调查、通信等技术手段难以获取灾区，特别是中心地区灾情信息。遥感不受地面条件限制，可以在灾害发生过程中动态监测灾害过程，实时监测震中、火点、溃坝点等灾害诱发地或主发地的地理位置及其周围地物特征，监测灾害影响区、极重灾区、重灾区、一般灾区等地区的受损范围变化状况。快速、高效、全面地估计灾损范围、受灾程度、演变动态、交通状况等关键信息，为灾害应急提供决策支持和科学依据。

例如，雷达干涉测量可以获取地表形变信息，因此是地震灾害监测和评估的有效手段。地震发生后，可以采用干涉测量技术进行地震同震形变测量与分析，对于评价地震破坏程度、推断断层性质、研究地震形变和地震孕育特征具有重要的参考价值。

地震的发生常常伴随恶劣的天气条件，因此容易引发滑坡、堰塞湖等次生灾害。滑坡是斜坡上的岩体或土体在重力的作用下，沿一定的滑动面整体下滑的现象，大型滑坡通常发生在存在大量山体临空面的河谷地带，通常会造成植被的大面积破坏。鉴于 SAR 对地表粗糙度和介电特性的敏感性以及立体感强的特点，可以利用 SAR 图像识别滑坡体后壁和前缘等特征。地震引发的山崩、滑坡堵截阻断河道、蓄水而形成的湖泊，即堰塞湖，一旦受冲刷、侵蚀、溶解等作用产生崩塌，便会形成洪灾，淹没居民地，导致新一轮的生命财产损失，因此堰塞湖的识别与监测是非常重要的。水体雷达回波较弱，在 SAR 图像上较容易识别。滑坡、堰塞湖的动态监测是地震次生灾害监测的重要内容，利用高分辨率雷达遥感数据可以成功识别地震灾害引发的滑坡、堰塞湖等次生灾害，确定其分布、规模，量算面积、长度等，在地震灾害应急监测与评估中发挥不可替代的作用。

3）灾后评估与恢复

灾害发生后，对灾害受损情况的快速准确评估意义重大。基于遥感数据的解译、分析，能够快速识别损毁道路、农田、倒塌房屋、堵塞河道等，如利用高空间分辨率光学遥感数据，基于图像纹理和光谱信息，对房屋倒损、基础设施损毁等情况第一时间分等定级。根据灾害严重程度迅速区分重灾区、一般灾区、影响区等，科学界定灾害影响范围、程度。还可通过监测帐篷、救灾物资等的空间分布和动态变化，辅助推进救助工作进度。灾后重建时期，可将遥感数据与其他自然地理、社会经济统计信息结合，对区域进行承载力、脆弱性评价等工作，为灾后重建和恢复提供科学依据。在遥感恢复重建监测体系框架下，利用卫星遥感技术还可以定期开展灾区恢复重建情况监测，结合地面调查和网络舆情，能够客观、直观地分析恢复重建规划的实施进展情况，对恢复重建成果起到决策支持作用。

由于灾害遥感在减灾应急管理当中的特殊重要意义，我国政府对灾害遥感事业的高度重视，灾害遥感较早就已经从科学研究深入到政府相关部门业务应用中。近年来，灾害遥感的业务应用进一步加快发展，已经达到了新的水平和阶段。从早期简单基于商业分析软件 ArcGIS、ENVI 等进行数据分析处理和生成减灾产品，到基于遥感和地理信息系统进行二次开发，形成面向业务的定制化、流程化应用系统，再到现在在大数据、云计算、人工智能等新一代信息技术强力支撑下，信息提取更加精准、软件架构更加灵活、业务实施更加敏捷、资源利用率更高、系统建设更加集约的遥感减灾业务应用系统加快发展，形成了遥感减灾应用服务的新局面。灾害遥感未来发展呈现勃勃生机。

1.2　灾害遥感信息提取概述

灾害遥感信息提取的目标是获取和分析灾害对象目标特有的电磁波波谱及形态信息。主要对象类型包括湿度、降水、温度、风向、电离层结构等，以及地物的光谱、纹理、形状等特征。采用的主要方法包括以下几种。①人工辅助方法：目视解译；②半自动方法：阈值法、统计和物理模型、机器学习等；③自动方法：深度学习。据此可将灾害遥感信息提取分为针对灾害现象的单一解译和综合解译。单一解译主要对象包括大气、水文、生物等构成的孕灾环境，地震、滑坡、洪涝、干旱等极端事件致灾因子，房屋、基础设施等承灾体。综合解译则主要针对群聚群发的灾害群、链式连发的灾害链和要素耦合的灾害体。

由于自然灾害潜在、突发、群发和多原因的特点，准确、快速、系统地获取和分析灾害的范围、数量、属性等信息成为灾害遥感的核心难题。当前灾害遥感研究还远不能满足灾害应对工作的实际需求，突出表现为：①准确性。灾害源区多具有分散、隐蔽性特点，对其进行遥感排查监测时，由于灾害对象较背景地物数量少，且其遥感影像图谱特征的形态性及结构化变异复杂，在整幅影像上发现和提取真实可靠的灾害及隐患的范围、数量信息如同大海捞针，错漏提取的现象仍广泛存在，我国自然灾害防治重点工程"灾害风险调查和重点隐患排查工程"已将灾害及隐患遥感监测的准确性提升列为亟待解决的挑战性问题。②时效性。灾害遥感监测涉及的观测平台及传感器日趋多样、数据量日益庞大，但灾害遥感信息提取仍需大量人工干预进行处理方法优化，以解决模型过拟合及地域、季节应用限制问题，其严重制约了多平台、多传感器、多分辨率遥感数据的互补、协同、高效应用能力，限制了第一手减灾救灾信息获取的时效性。③系统性。《2015—2030年仙台减轻灾害风险框架》提出后，全球减灾研究前沿从单一灾种减灾向综合减灾转变，目前的灾害遥感研究主要针对单灾种、单过程开展，常将一个完整的灾害演化过程人为分割成几个独立部分加以监测研究，因而无法有效掌握灾害过程的状态转化关联，制约了对多灾种、全过程灾害现象的系统性理解和认知。发展灾害遥感信息提取的基础理论和核心技术，突破"准确性、时效性、系统性"应用的难点问题，是灾害遥感领域的重大需求。破解上述困境的核心科学问题是如何利用海量遥感数据蕴含的信息优势，获取和分析灾害对象目标特有的电磁波波谱信息，突破灾害及隐患监测的准确性提升难题，发展具有自动化能力的灾害信息息高效处理方法，满足面向多灾害全过程的系统解译需求。

灾害遥感存在的这些问题导致在灾害遥感信息提取的准确性提升、处理效率提高、信息关联挖掘等层面还具有许多重大挑战：如灾害要素优化提取中亟须解决的像元图谱一致性匹配、图斑特征空间关联、地表异变时序信息传递等难点；又如，灾害图像信息高效提取中灾害场景边界对象自适应分布处理存在的瓶颈，大数据框架下灾害遥感信息提取自动化快速处理仍不成熟，存在许多挑战；再如，研究和应用实践中普遍围绕单一灾种，缺乏特征管理挖掘的灾害过程解译，缺少从遥感数据到灾害过程，再到灾害风险和影响的系统关联。有必要开展覆盖各主要灾种、全面系统的灾害遥感信息提取的理论、方法和应用研究。

本书在概述不同灾种灾害遥感信息提取原理的基础上，系统论述灾害遥感信息提取的方法发展脉络。例如，地震灾害遥感信息提取中，主要论述变化检测、深度学习等灾情信息提取方法；地质灾害遥感信息提取中，论述阈值法等传统方法，以及机器学习、深度学习等新方法；干旱灾害遥感信息提取中，论述了利用降水、蒸散发、遥感指数模型等的干旱监测方法；洪涝灾害遥感信息提取中，论述了利用聚类的洪涝信息提取、图像融合及数据融合的洪涝信息提取等方法。海洋灾害遥感中，则主要论述了卫星散射计风场反演方法、微波成像仪海面风速反演方法、卫星高度计波高反演方法等。在森林草原火灾遥感中，则主要论述了典型的火点识别方法和燃烧面积制图等火灾信息提取方法等。

1.3 灾害遥感信息提取常用数据

当前，遥感技术已经作为灾害信息提取的重要技术手段之一，越来越多地被应用到灾害风险监测、灾害范围监测、灾害损失监测和灾后重建监测等决策支撑业务中。全球航天遥感事业经过几十年快速发展，已能够提供海量的光学和微波卫星遥感数据应用于减灾领域，充分发挥了遥感卫星数据覆盖范围广、获取速度快、信息量大等优势，为提升全球灾害遥感信息提取能力奠定了强大的数据基础。卫星遥感之外，以航空飞机、无人机等为主的空基遥感，具有灵活机动、时空分辨率高等比较优势，可用于灾害应急响应和重点地区的连续动态监测；以高塔、车、船等地面平台支撑的地基遥感，则主要针对灾害重点风险目标等进行持续监测，开展灾害风险隐患排查和风险监测预警等。通过充分发挥多种不同平台下遥感在灾害信息提取中的作用，可以快速、准确地获取风险预警、灾害损失与恢复重建等全链条数据，为灾害防治提供重要支撑(杨思全，2018)。

1.3.1　典型光学卫星数据

光学卫星数据是遥感应用最广泛的一类数据。从卫星遥感探测波段角度分析，可见光、近红外、短波红外等在干旱、洪涝、地震、火灾等各类灾害监测方面均有不同程度的应用。对农业灾害、地质灾害等特定灾害或有其他特殊需求，需要更高分辨率、更精细的辨识，即需要纳米级的高光谱卫星数据(表 1.1)。

表 1.1　用于灾害监测的主要光学观测卫星

卫星	发射时间 (年.月.日)	国家或 地区	波段/光谱	传感器	空间分 辨率/m	重访 周期/d	成像幅宽(除有 说明以外，其余 数据单位为km)
Landsat-1	1972.7.23						
Landsat-2	1975.1.22	美国	4(0.5～1.1μm)	MSS	60	18	185
Landsat-3	1978.3.5						
Landsat-4	1982.7.16	美国	7(0.45～12.5μm)	TM	30	16	185
Landsat-5	1984.3.1						
Landsat-7	1999.4.15	美国	8(0.45～12.5μm)	ETM+	30	16	185
Landsat-8	2013.2.11	美国	11(0.43～12.51μm)	OLI	30，15	16	185
NOAA 系列	1978.10.13	美国	5(0.55～12.5μm)	AVHRR	1000	1	2900
Terra	1999.2.8	美国	36(0.25～1μm)	MODIS	250～1000	1～2	2330
WorldView-4	2014.4.13	美国	4 个多光谱+1 全色 (0.4～1.04μm)	多光谱、 全色	1.24，0.31	1	13.1
SPOT-5	2002.5.4	法国	4 个多光谱+2 全色 (0.49～1.78μm)	HRG	2.5～5	2～3	60
Sentinel-2A/2B	2015.6.23 2017.3.7	欧盟	13(0.44～2.2μm)	MSI	10, 20, 60	5	290
CBERS-02B	2007.9.19	中国	5(0.45～0.73μm)	CCD	19.5	26	113
HJ-1A	2008.9.6	中国	4(0.43～0.90μm)	多光谱，高 光谱	30	4	360
高分一号 (GF-1)	2013.4.26	中国	4 个多光谱+1 全色 (0.45～0.89μm)	16m 和 8m 分辨率多 光谱，全色	16, 8, 2	4	16m: 800; 8m/2m: 60
高分六号 (GF-6)	2018.6.2	中国	4 个多光谱+1 全色 (0.45～0.89μm)	16m 和 8m 分辨率多 光谱，全色	16, 8, 2	4	16m: 800; 8m/2m: >90

当前国际上航天遥感已深度融入灾害管理领域。以 EOS(美国)、Copernicus(欧洲，原 GMES)、灾害监测星座(DMC)等为代表的应对自然灾害的综合性天基系统以及美国的 Landsat、法国的 SPOT、美国的 WorldView、欧盟的 Sentinel 卫星等代表性卫星，提供了广泛用于全球各地灾害的遥感数据，特别是其提供的大量光学卫星数据在灾害应对中发挥了重要作用(周一鸣等，2018)。

我国的在轨对地观测卫星数量目前也已达到 100 余颗，基本形成了"风云""资源""环境减灾""天绘"等系列遥感卫星，同时商业遥感卫星，如"吉林一号""高景"等也发展迅猛，具备了自主遥感卫星数据的接收、处理和分发服务能力，为我国的灾害系统综合观测提供了有效的数据保障。代表性的光学减灾卫星包括环境减灾卫星、高分一号、高分六号等。例如，2008 年 9 月 6 日发射的环境减灾一号 A、B 卫星，在轨期间获取了大量多光谱、红外等遥感数据，在汶川地震、玉树地震、鲁甸地震、舟曲特大泥石流等重特大自然灾害应急救援中发挥了重要作用。2020 年 9 月 27 日，长征四号乙运载火箭作为载体，以一箭双星的方式在太原卫星发射中心成功发射了环境减灾二号 A、B 卫星，其作为我国《国家民用空间基础设施中长期发展规划(2015—2025 年)》中规划的 2 颗 16m 分辨率光学卫星，采用了 CAST2000 平台，具备高精度控制、高机动能力、高稳定度、强载荷适应性、长寿命等特点。

由于配置了 16m 相机、高光谱成像仪、红外相机和大气校正仪 4 种载荷，卫星能够提供 16m 的多光谱、48m 的高光谱和红外图像数据(http://news.china.com.cn/2020-09/27/content_ 76756489.htm)。卫星将用于接替超期运行的环境减灾一号卫星，重点服务于防灾减灾和环境保护等业务，同时还可为自然资源普查与管理、农业调查与动态监管、土地利用与人类扰动监测等提供重要数据支持。

1.3.2 典型微波遥感卫星数据

微波遥感卫星主要探测、接收物体在微波波段(波长 1mm～1m)的电磁辐射和散射特性，以识别物体特征。相比于可见光、红外遥感等技术，微波遥感器不受或很少受云、雨、雾的影响，不需要光照条件，可全天候、全天时地取得图像和数据；能穿透植被，具有探测地表下目标的能力；在灾害遥感应用中发挥着特殊、重要的作用(表 1.2)。

经过几十年的发展，世界各国微波遥感卫星已广泛应用于各种灾害。例如，日本 JERS-1 搭载的 SAR 传感器数据用于洪涝等灾害，ALOS-1、ALOS-2 搭载的 PALSAR 传感器数据用于地震灾害、地质灾害；加拿大 RADARSAT-1、RADARSAT-2 的 SAR 数据用于干旱、洪涝等灾害；欧盟 ERS-1/2、Sentinel-1A/1B 的 SAR 数据用于地震、地质、洪涝灾害等；德国 TerraSAR、TanDEM-X 的 SAR 数据用于地震、地质灾害等。

表 1.2　用于灾害监测的主要微波观测卫星

卫星	发射时间(年.月)	国家或地区	波段/光谱	传感器	空间分辨率/m	重访周期/d	成像幅宽/km
Seasat	1978.6	美国	L 波段	SAR	25	3	100
JERS-1	1992.2	日本	L 波段	SAR	18	44	75
ALOS-1	2006.1	日本	L 波段	PALSAR	7~44	46	40~70
ALOS-2	2014.5	日本	L 波段	PALSAR	10	14	70
RADARSAT-1	1995.11	加拿大	C 波段	SAR	30	24	100
RADARSAT-2	2007.12	加拿大	C 波段	SAR	3	24	20
ERS-1/2	1991.7 1995.4	欧盟	C 波段	SAR	25	35	80
ENVISAT	2002.3	欧盟	C 波段	ASAR	30~150	35	56~105
Sentinel-1A/1B	2014.4 2016.4	欧盟	C 波段	IW	5×20	12	250
TerraSAR	2007.6	德国	X 波段	SAR	3	11	30
TanDEM-X	2010.6	德国	X 波段	SAR	3	11	30
COSMO-SkyMed	2007.6, 2007.12, 2008.10, 2010.11	意大利	X 波段	SAR	3, 15, 30,100	16	10~200
DMSP	1987.9	美国	19.35~85.5 GHz	SSM/I	2500	1	1394
HJ-1C	2012.11	中国	S 波段	SAR	20	4	40, 100
高分三号	2016.8	中国	C 波段	SAR	5	3	50

我国 HJ-1C、高分三号搭载的 SAR 数据，近年来也广泛用于洪涝灾害、地质灾害、干旱灾害监测等。HJ-1C 卫星是中国首颗 S 波段合成孔径雷达卫星，与 HJ-1A/1B 光学卫星共同构成我国第一个专门用于环境与灾害监测预报的小卫星星座，使得"环境减灾一号"具有中高空间分辨率、高时间分辨率、高光谱分辨率，能综合运用可见光、红外与微波遥感等观测手段，有效实施大范围、全天候、全天时的动态监测，支撑我国开展大范围、多目标、定量化的灾害和环境遥感业务(王桥等，2010)。"环境减灾一号"卫星系统的建设在国家环境监测发展中具有里程碑意义。在气象相关灾害应用方面，我国的风云气象卫星也已经形成了静止和极轨两个序列的卫星。面向灾害性天气过程的监测与预报预警任务，风云卫星配备有微波温度计、微波湿度计、光谱成像仪、微波成像仪等多型传感器。针对强对流天气的监测和跟踪，风云卫星能每 15 分钟对地球圆盘扫描成像一次。卫星

的遥感数据空间分辨率一般为公里级，最高达 250m，可为各类突发灾害天气系统的动态监测、短时预报和临近天气预报提供大尺度、高频次的卫星观测资料。此外，针对风暴潮、赤潮、海冰、海浪等海洋灾害事件的预防、预警、监测、评估等应用需求，我国还发展了海洋水色环境(海洋一号)、海洋动力环境(海洋二号)等系列卫星，配置有海洋水色扫描仪、微波散射计、雷达高度计和微波辐射计等多种遥感载荷，提供的遥感数据资料具有谱段范围宽、覆盖范围广、中低分辨率为主等特点。

1.3.3　无人机等航空遥感数据

航空遥感又称机载遥感，是以高空有人机、中空有人机、低空有人机、低空无人机、飞艇等作为航空飞行平台，采用航空摄影光学相机、数字航空摄影系统、机载雷达(激光 LiDAR、SAR、InSAR)、机载航空成像光谱仪等开展航空遥感测量的技术手段。航空遥感是卫星遥感的有益补充，在获取陆地、海洋、大气电磁波信息、几何形态信息，开展地球系统要素探测、区域资源环境演变规律研究、地球系统响应研究中发挥重要、独特的作用。其中搭载于无人机平台的无人机遥感(unmanned aerial vehicle remote sensing，UAVRS)系统具有灵活机动、快速敏捷、成本低、风险小等突出优势，通过搭载光学、激光雷达等不同传感器，能够获取现势性强、高时空分辨率的遥感影像数据，有效弥补卫星因天气、时间等无法实时获取目标区遥感影像的不足，且克服了航空及航天遥感空间分辨率低、航时过长、机动不足、受恶劣气象条件影响大等困难，为地面灾情解译、确定受灾范围、指挥组织救援等提供丰富的高精度影像数据，在灾害应急管理中日益得到广泛应用(王晓刚，2019)。

依托中国科学院空天信息创新研究院等院所，我国着力打造航空遥感领域的综合遥感集成平台和国家级大型实验平台，建设飞行性能好、观测效率高、设备集成度大、综合指标优异的代表国家水平的航空遥感系统。2019年，系统已完成联调实验和地面试验，航空遥感系统设备集成适航首飞成功。在 2008 年汶川地震、2010 年玉树地震、2010 年舟曲特大泥石流灾害、2013 年雅安地震、2014 年鲁甸地震等多个重特大灾害应急事件中，系统的多套设备提供的高分辨率影像数据为有关部门的应急响应、指挥决策工作提供了重要的技术支撑。

无人机遥感在灾害管理应用方面也发挥着重要作用，国外 UAVRS 在灾害中已有广泛应用。例如，美国交通部门建立的基于无人机的遥感系统，利用获取的近实时遥感影像，对地震后出现问题的道路、桥梁进行评估，快速确定震后救灾线路。日本有关机构利用 YANMAHA 无人机携带高精度数码摄像机和雷达扫描仪对正在喷发的火山进行调查，快速获取地面手段难以得到的灾情信息。对城市火灾，UAVRS 也能发挥重要作用。无人机可在最短时间内获取灾情现场第一手数据，持续动态观测消防员无法抵达的区域，从而帮助制定科学、有效的减灾应对方案(李德仁等，2014)。

　　我国近年来发生的地震、泥石流、滑坡、洪涝、火灾等灾害中，UAVRS 也得到了广泛应用。2008 年 5 月 12 日，汶川 M_S 8.0 地震发生，国家减灾中心等机构利用"千里眼"无人机航空遥感系统，采用低空(相对高差 200m 左右)云下飞行方式，获取了北川县城南部地区高分辨率影像(0.1～0.2m)和视频数据，然后立即将航测影像提供给现场指挥部，为评价北川县城受灾情况，制订抗震救灾方案提供科学依据；之后又利用该航测系统采集了唐家山堰塞湖的航空遥感影像数据，对堰塞湖抢险指挥发挥了重要作用(雷添杰等，2011)。2017 年 8 月 8 日，四川九寨沟发生 M_S 7.0 地震，四川测绘地理信息局测绘应急保障中心无人机分队在灾区成功获取九寨沟沟口至五彩池、彭丰村等区域 0.2m 高分辨率影像 70km^2，以及九寨沟县城 0.16m 高分辨率影像 30km^2，为后续有关部门应急救援、灾情研判、次生灾害排查等应急响应工作提供了有力支撑(王晓刚等，2019)。

参 考 文 献

范一大，吴玮，王薇，等. 2016. 中国灾害遥感研究进展. 遥感学报，20(5)：1170-1184.

雷添杰，李长春，何孝莹. 2011. 无人机航空遥感系统在灾害应急救援中的应用. 自然灾害学报，20(1)：178-183.

李德仁，李明. 2014. 无人机遥感系统的研究进展与应用前景. 武汉大学学报(信息科学版)，39(5)：505-513，540.

史培军. 1991. 论灾害研究的理论与实践. 南京大学学报(专刊)，11(3)：37-42.

王桥，吴传庆，厉青. 2010. 环境一号卫星及其在环境监测中的应用. 遥感学报，14(1)：104-121.

王晓刚，高飞云，杨磊，等. 2019. 无人机遥感技术在自然灾害应急中的应用及前景. 四川地质学报，39(1)：158-163.

徐鹏杰，邓磊，徐鹏杰，等. 2011. 遥感技术在减灾救灾中的应用. 遥感技术与应用，(4)：512-519.

杨思全. 2018. 灾害遥感监测体系发展与展望. 城市与减灾，(6)：12-19.

张宝军，马玉玲，李仪. 2013. 我国自然灾害分类的标准化. 自然灾害学报，22(5)：8-12.

周一鸣，郭世亮，梁巍. 2018. 航天遥感技术与重大自然灾害管理. 城市与减灾，(6)：88-92.

Voigtl S, Tonolo F G, Lyons J, et al. 2016. Global trends in satellite-based emergency mapping. Science, 353(6296)：247-252.

第 2 章

地震灾害遥感信息提取的理论与方法

2.1 地震灾害遥感概述

2.1.1 地震灾害概述

地震是地壳快速释放能量过程中造成振动从而产生地震波的一种自然现象。其成因主要包括以下几个方面。①构造地震：由地壳运动引起地壳岩层断裂错动而发生的地壳震动。地球不停地运动变化导致地壳内部产生巨大地应力作用。在地应力长期缓慢的作用下，地壳的岩层发生弯曲变形，当地应力超过岩石本身能承受的强度时便会使岩层断裂错动，其巨大的能量突然释放，形成构造地震，世界 90%左右的地震都属于构造地震。②火山地震：火山活动时岩浆喷发冲击或热力作用而引起的地震。火山地震数量较小，数量约占地震总数的 7%。地震和火山通常存在关联。火山爆发可能会激发地震，而发生在火山附近的地震也可能引起火山爆发。一般而言，影响范围不大。③塌陷地震：地下水溶解可溶性岩石(多为碳酸岩)或地下采矿形成巨大空洞，造成地层崩塌陷落而引发的地震。这类地震约占地震总数的 3%，震级也都比较小。④人工地震：主要指部分人为活动直接破坏地壳，包括矿藏开采爆破、武器测试核试验等活动导致的地震。

地震灾害的表征主要体现在时间和空间分布上的不均匀性。全球性的地震带空间分布有三条：环太平洋地震带、欧亚地震带(又称阿尔卑斯地震带)、大洋中脊地震带(又称海岭地震带)。在全球地震震中分布图上，这三个条带非常醒目，它们与板块运动导致的构造地震密切相关。我国是一个地震多发国家，也是世界上地震灾害最严重的国家之一。除了台湾地区及青藏高原的地震外，我国的地震主要属于板内地震，具有频次高、分布广、强度大、震源浅等特点。我国大陆绝大多数强震主要分布在 107°E 以西的西部广大地区，主要受印度板块碰撞影响，地震活动的强度和频次都大于东部地区。

地震作为表现最为激烈的自然灾害之一，其危害性主要表现在地震引起的生命伤亡、财产损失、社会与经济动荡以及环境退化等方面。以 2000~2017 年为例，全球共发生 8 起典型特大地震，造成的人员伤亡、经济损失及特点如表 2.1 所示。

表 2.1　2000~2017 年全球典型特大地震事件(贾晗曦等, 2019)

发生日期	国家或地区	震级	经济损失	死亡人数/人	特点
2001 年 1 月 26 日	印度	$M_W 7.8$	约 133.3 亿美元	约 2 万	震中地区最大的城市仅有 15 万人，人口密度 245 人/km²，不属于人口密集地区；印度第二个经济发达地区；无次生灾害；建造质量不达标且大部分未设置相应的抗震设防措施；无家可归人口 100 万，受影响人口 1698 万；印度政府在应急响应方面的准备不够充分，对灾情的实时评估不准确，缺乏应急反应预案和救灾防灾体系，缺乏受过专业训练的应急救援队伍
2003 年 12 月 26 日	伊朗	$M_W 6.5$	约 10 亿美元	约 4 万	极震区为旅游城市，人口密度高；经济落后；滑坡 6000 多处，土体滑坡 70 多处；建筑物抗震性能差，大多无法抵御地震，地基条件差，震中巴姆城约有 90%的建筑被毁；当年伊朗地震不断，人民抗震意识差，政府抗震宣传不够；政府缺乏相应的救援能力；缺乏完整的应急救援队伍和机制
2004 年 12 月 26 日	印度尼西亚苏门答腊岛	$M_W 9.0$	约 42 亿印度尼西亚卢比	约 20 万	受灾地区人员密集，很多地区为旅游城市；地震产生近 10m 的海啸；受灾最严重的印度尼西亚约 13 万间房屋被损毁，约 60 万人无家可归；印度洋沿岸国家不具备海啸预警系统；涉及国家众多，如印度尼西亚、马来西亚、斯里兰卡和泰国等
2005 年 10 月 8 日	巴基斯坦	$M_W 7.6$	超过 100 亿美元	约 8 万	国家相对落后，应急救援水平不高；克什米尔首府接近 70%的房屋倒塌，大多数建筑物缺乏抗震措施；大量土体、边坡、山体及几万个滑坡分散在灾区各处；从未进行防灾抗灾演习，居民缺乏危机防范意识
2008 年 5 月 12 日	中国	$M_W 8.0$	约 1200 亿美元	约 7 万	震中区域属于人口密集地区；震区经济状况相差较大，导致灾情不同；次生灾害特别是伴生的地质灾害严重，如崩塌、滑坡、泥石流等地质灾害及其隐患点 13000 余处，较大的堰塞湖 35 处；796.7 万间房屋倒塌，大部分建筑有抗震设计；受灾人口接近 5000 万人，其中一半以上人口在地震发生后没有房屋可住；地震危险性评估能力仍处于较低水平

发生日期	国家或地区	震级	经济损失	死亡人数/人	特点
2010年 1月12日	海地	M_W 7.3	数亿美元	约22万	震中位于人口较密集的城市地区；经济落后；建筑质量较差，以框架填充墙和未加固的砌体房屋为主，造成大量建筑物倒塌和人员伤亡；极度贫困地区人民以温饱为本，防灾意识薄弱；政府没有相应的应急救援体系
2011年 3月11日	日本	M_W 9.0	约3000亿美元	约1万	经济发达；次生地质灾害包括海啸、滑坡和核电站泄漏等；震后3分钟启动海啸预警；长期对民众进行深刻、持久的防灾教育，民众防灾意识强；拥有较完善的应急救援体系
2015年 4月25日	尼泊尔	M_W 8.1	约70亿美元	约0.8万	灾区人口密度较稀疏；经济落后；次生灾害包括滑坡和崩塌等；约50万间房屋毁坏，建筑施工质量差，几乎未采取抗震设防措施；地震造成800万人受灾；民众应急意识薄弱；专业救援人员和物资缺乏，首都机场停机位不足10个，严重延缓国际救援的速度

　　中华人民共和国成立以来，我国发生过比较强烈的地震约有15次。仅2005～2018年我国因地震造成的直接经济损失(不含台湾)合计高达1.13万亿元，死亡数万人(表2.2)。

表2.2　2005～2018年中国地震直接经济损失

年份	2005	2006	2007	2008	2009	2010	2011
直接经济 损失/万元	2.63×10^5	8.00×10^4	2.02×10^5	8.59×10^7	2.74×10^5	2.36×10^6	6.02×10^6

年份	2012	2013	2014	2015	2016	2017	2018
直接经济 损失/万元	8.29×10^5	9.95×10^6	3.33×10^6	1.79×10^6	6.69×10^5	1.48×10^6	3.03×10^5

注：不含台湾数据，据《中国统计年鉴》

2.1.2　灾害遥感在地震灾害中的应用

　　灾害遥感信息提取技术在地震灾害中的应用整体上可分为两方面：地震灾前预测与震后灾前调查评估。其中地震灾前预测主要基于地震前可能出现的地表热异常(康春丽等，2003)、地表形变、气体逸出、电离层扰动(Tronin，2006)特征开展相关探索性应用研究，这些研究自20世纪70年代以来逐步发展，但大部分是在地震发生后基于地震发生前数据开展的个别震例的补救性"预测"研究,目前还没有在地震发生前成功应用于地震预测的实例。而遥感信息在地震灾后调查评估中的应用较为广泛,也相对较成功,早在 20 世纪 60 年代就被引入地震灾害的调查中。在许多发达国家(如美国、日本等)的地震应急反应中,遥感技术已作为快速获取灾情信息的主要技术手段之一。我国自 1966 年邢台地震开始,也把遥感技术引入大地震的震害调查中,获得了许多很有价值的研究成果和应用上的经验,特别是 2008 年汶川地震以来,国家大力发展科技救灾,灾害遥感信息提取技术在空-天-地多平台传感器迅猛发展的助力下得以高速发展,并在后续 2010 年玉树地震、2014 年雅安地震、2018 年九寨沟地震中科技救灾进一步取得明显成效。

　　具体来说,遥感技术在地震灾前预测应用中主要提取的信息包括:①地表热异常。利用卫星遥感特别是红外波段,监测"地-气"系统热场分布及其变化,通过对震前热辐射特征与地震发生关系的研究开展地震监测预报。②地表形变。利用雷达干涉测量技术(InSAR)开展地壳应力变化导致的地表形变测量研究,确定地震危险区,并综合利用地面手段对危险区震情的发展进行监测。③气体逸出。利用卫星遥感特别是高光谱数据监测地震前 O_3、CH_4、CO_2、CO、H_2S、SO_2、HCl、气溶胶等气体的异常聚集情况,为地震监测预报提供新的指标参数(崔月菊,2014)。④电离层扰动。利用电磁卫星对电离层的电子、离子和高能粒子以及电离层结构扰动进行观测,结合地表站点观测数据对地震前兆电磁现象开展研究(赵国泽等,2007)。

　　遥感技术在地震灾后调查评估应用中主要提取的信息包括:①建筑损毁。利用震后第一时间获取的高分辨率卫星、航空、无人机影像(光学为主)对地震重灾区建筑损毁情况(损毁程度、分布情况)开展调查。②生命线工程破坏。对影响震后救援效率的道路、桥梁、通信线路等破坏情况进行排查。③地表破裂。基于光学及雷达影像,对地表同震破裂带的几何学特征及破裂机制开展研究,以探索地震破裂的传播过程和发震机制(付碧宏等,2008)。④次生地质灾害。对地震导致的崩塌、滑坡、碎屑流、地表塌陷、堰塞湖等次生地质灾害的分布开展调查,并基于 GIS 技术分析其发生发展趋势,以指导救灾及灾后重建。⑤生态环境影响。对地震导致的灾区水土流失加剧、生物多样性锐减、资源消耗剧增、生态功能退化等影响开展调查评价。⑥灾后恢复重建进展。动态监测灾区各类灾情的恢复进展情况,以科学评估各种救灾举措的效果,指导改进后续的工作安排。当然,上述各类灾情信息之间并非孤立的,而是存在着关联交叉。例如,地表破裂往往以规律性的建筑损毁、次生灾害分布为体现形式,而生态环境与生命线工程的破坏也与地表破裂及各类次生地质灾害的分布密切相关。

2.1.3 地震灾害遥感信息提取国内外研究进展

1. 基于地震灾前预测的遥感技术研究进展

20 世纪 70 年代，基于卫星影像首次成功绘制出地震活动断层(Tronin, 2010)，标志着卫星遥感技术应用于地震灾害研究的开始。在地震预测研究方面，基于红外热异常的研究开展得最为广泛。1988 年苏联科学家 Gorny 等利用地球表面的卫星热红外图像进行分析后发现 1984 年加兹利的地震震前卫星热红外异常的时间与地震断层激活时间高度吻合(Gorny et al., 1988; 张祖基等, 1991)。Tronin(1996)通过分析大约 10000 张 NOAA 图像发现，热红外异常与中亚地震活动区的地震活动之间存在统计学上的显著相关性。在苏联学者的引领下，中国(徐秀登, 2003; 张祖基和徐秀登, 1991)、日本(Tronin et al., 2002)、印度(Singh et al., 2003)、西班牙、意大利、美国等国家也陆续开展了该方面的研究(Tronin, 2000, 2010; Zhang and Meng, 2019)。例如，Wu 等(2012)选择了 GEOSS 提供的昼夜温度范围(DTR)、大气温度和地表温度，提出了一种时空热偏差(DTS-T)EAR 方法及其程序，以 2008 年于田 M_S 7.3 级地震、2008 年汶川 M_S 8.0 级地震和 2010 年新西兰克赖斯特彻奇 M_S 7.1 级地震为例，表明综合热异常对地震预报有重要影响。

目前，开展地震地表形变的研究有很多，但大部分研究的是地震前后地表形变特征(Peyret et al., 2008; Ryder et al., 2007; Simons et al., 2002)，而基于震前地表形变地震预测遥感技术方面的研究案例较少(Tronin, 2006)。Kuzuoka 和 Mizuno(2005)在日本 Tokai 地震区域开展的基于 InSAR 和地面 GPS 技术相结合的震前形变监测研究，用于揭示该区域未来发生地震的可能性。Zakaria 和 Ahmadi(2020)对伊朗克尔曼沙阿 7.3 级地震进行研究后表明，地震发生前地表开始发生沉降，而且沉降速度持续增大，在观测到第一次沉降后的 19 天内发生了地震。

基于气体逸出地震预测的遥感技术研究方面存在着两种思路(崔月菊等, 2015)。一种是监测震前由温室气体(如 CO_2、CH_4 等)逸出增加导致的热红外(TIR)辐射时空瞬态异常。该思路的研究与前文的红外热异常方面相统一(Tramutoli et al., 2013; 张祖基和徐秀登, 1991)。例如，Bonfanti 等(2012)通过鲁棒性卫星技术(RST)进行数据分析，在意大利拉奎拉(L'Aquila)地区进行调查后，发现在主震发生前几天记录的与流体异常有关的信号，与通过 3 种不同类型卫星数据的 RST 分析独立检测到的最明显的 TIR 异常吻合。另一种是直接反演气体浓度本身的异常增加。20 世纪 90 年代，基于遥感云探测的激光雷达在航天飞机和和平号空间站上进行了测试，在 350~400km 的高度评估星载探测异常表面气溶胶排放的可行性(Matvienko et al., 1998)。Amani 等(2014)利用高分辨率大气红外测深仪(AIRS)

和臭氧柱评估伊朗西部巴姆市 2003 年 12 月 26 日的地震,结果表明能够明显检测到地震发生前一天臭氧浓度(列密度)的降低。Singh 等(2010)利用 MOPITT 数据研究发现 2010 年 Gujarat M_S 7.7 地震前 CO 气体浓度增大,推断 CO 可能是地震气体前兆信息(Singh et al., 2010)。

　　基于电离层扰动的地震预测方面,可以通过使用全球定位系统(GPS)卫星观察电离层上方卫星发射的接收无线电信号的载波相位延迟监测电离层扰动进而开展地震预测研究(Erken et al., 2019)。Gokov 等(2000)探讨了由强震造成的电离层等离子体中频干扰的雷达遥感监测结果,提出了发展这种大范围电离层等离子体参数扰动的机制。日本国家空间开发局于 1996 年设立了旨在为短期地震预报做贡献的前沿 Frontier 项目,通过充分利用不同种类的观测项目来全面了解岩石圈-大气-电离层(LAI)耦合,通过使用亚电离层 VLF/LF 传播对其进行了广泛研究,发现了 1995 年神户地震前电离层扰动的一些重要证据(Hayakawa and Molchanov, 2003; Hayakawa et al., 2004a, 2004b)。

　　我国在地震预测遥感技术方面的研究紧跟苏联的步伐,中国地震局地质研究所马瑾院士于 20 世纪 80 年代末对苏联进行学术访问时,带回了苏联在这方面的研究进展情况。该所的强祖基研究员在获知该信息基础上与浙江师范大学徐秀登、国家卫星气象中心赁常恭等人合作开始了这一领域的探索(黄永明, 2008),如利用卫星热红外异常对 1989 年 10 月山西大同地震等进行了实际监测和试报,初步探索了利用该手段进行临震预报的思路和方法(强祖基等, 1990)。20 世纪 90 年代初开始,在地震科学联合基金、国家科学技术委员会、国防科学技术工业委员会和国家自然科学基金的支持下,通过实验室对不同岩性不同结构岩石、混凝土、钢材等固体物质的多次红外遥感、无源微波遥感和有源微波遥感试验,证实了应力引起岩石等固体物质的红外辐射温度、微波辐射亮度和微波反射强度变换,为遥感应用于地震预报提供了实验依据(黄永明, 2008)。1991 年,强祖基等利用卫星热红外影像总结了中国和苏联边界附近斋桑泊 1990 年两次地震震前地面气温异常,并对热红外异常的形成机制进行了初步分析,认为岩石在大破裂前出现的微裂隙导致地层气体逸出,这些逸出气体吸收太阳红外辐射、增温放热导致了地面温度异常。此外,震前底层大气静电异常也可能是地面增温的原因之一(Qiang et al., 1998; 张祖基和徐秀登, 1991)。强祖基等(1992)对 1990~1991 年中国发生的多次 3.0 级以上地震的气体逸出及热红外异常进行了总结。刘德富等(1997)利用卫星遥感地面射出长波辐射(OLR)资料,分析我国 1976~1985 年在龙陵、唐山、松潘、乌恰、共和 5 个地区发生的 7 级以上大地震前的 OLR 异常现象,发现强震发生地区,在时间上和空间上,震前一个月都存在较为显著的热红外辐射异常。

　　21 世纪以来,随着遥感卫星数据种类的发展及应用普及,更多的相关研究也逐步开展，康春丽等(2003)以卫星热红外遥感长波辐射强度(月际资料)和亮度温度(日际资料)产品为基础，对2001年11月14日昆仑山口西8.1级地震前后的卫星热红外变化特征进行了分析。结果表明，在8.1级地震发生前一个月长波辐射强度出现增强异常；震前6～7天出现亮度温度的增强，异常现象在空间分布上呈现为条带状，与震中区的构造分布一致。杨芳等(2008)论述了近地空间电磁场和电离层探测的要素及其在地磁模型、电离层模型建立等方面的应用需求，并结合地震短临预测中的具体应用分析，阐述了我国建立近地空间电磁探测系统的初步研究结果，包括电磁环境探测要素、星载探测仪器配置、卫星系统组成设想和卫星平台技术需求等。张元生等(2010)选用静止卫星红外遥感亮温资料，对2008年汶川8.0级特大地震再次进行了研究。结果表明，在大地震发生之前亮温变化存在明显的特征周期和振幅以及热异常分布区域。这些红外异常特征易于识别和应用，可作为一种识别地震热异常信息的判据。崔月菊基于AIRS和MODIS数据通过对汶川M_S8.0地震、墨西哥下加利福尼亚M_W7.2地震和玉树M_S7.1地震前后震中区的气体地球化学信息进行分析，发现CO高值异常与地震的发生对应关系较好(曹丙霞，2011；崔月菊，2014, 2012)。魏从信等(2013)应用中国静止气象卫星FY-2C/2E遥感亮温和长波辐射资料，通过小波变换和相对功率谱估计，分析2010年4月14日玉树M_S7.1级地震热红外亮温与长波辐射异常特征，发现长波辐射异常更接近震中附近且相对集中，而亮温异常在时间方面的指示作用优于长波辐射。张璇等(2013)以中国静止气象卫星FY-2C/E亮温资料为数据源，采用功率谱相对变化法对2013年4月20日四川芦山7.0级地震进行震例数据处理和分析，发现震前热异常具有明显时空特征，易于识别，进一步验证了卫星热红外异常在地震预判方面的作用。刘海博等(2020a, 2020b)基于AQUA AIRS传感器提取了2014年2月12日新疆于田M_S7.3级地震前后CO和O_3数据，分析了数据变化与地震活动的关系，结果表明，卫星高光谱遥感数据获得的CO和O_3的地球化学信息与地震有密切联系。孟亚飞等(2020)选取2014～2018年发生在新疆地区的主要地震作为研究对象，利用RST算法和MODIS_LST数据提取出热异常，分析发现随着震级增大，地震被热异常检测到的可能性逐渐增大。

2. 基于地震灾后调查评估的遥感技术研究进展

利用遥感技术快速获取大地震震后灾情信息最早可以追溯到1906年劳伦斯利用风筝拍摄旧金山地震后的灾情信息。随着空间技术的不断发展，特别是卫星遥感数据空间分辨率的不断提高，自20世纪60年代尤其是21世纪以来，美国、法国、加拿大、日本等国家将遥感技术广泛用于大地震后灾情调查和灾害损失评估工作中。通过目视判读及人机交互可快速获取受灾范围、生命线损害情况以及受灾区的各种次生地质灾害的分布等灾情信息。国际上由于某些发达国家遥感数据源相对丰富，所以应用效果较好。例如，2000 年 10 月，欧洲航天局(ESA)、加拿大国家航天局(CSA)和法国国家空间研究中心(CNES)签订协议，决定联合对发生重大灾害的国家提供帮助，包括动用 3 个部门所管辖的遥感卫星(包括 ERS、SPOT、RADARSAT 以及发射的 ENVISAT)、远程医疗、导航设施、地面设施和存档数据以及"阿蒂米斯"(ARTEMIS)和"宏声"(Stentor)通信卫星。国内将遥感技术用于大地震后灾害信息的快速获取与动态分析以及灾损评估工作始于 1999 年的台湾南投地震，快速发展于汶川地震之后。目前，在技术方法上及应用实践上处于国际前列，中国科学院遥感与数字地球研究所在 2008 年汶川地震、2010 年玉树地震、2013 年芦山地震和 2017 年九寨沟地震中，利用高分辨率卫星遥感/机载遥感数据，通过目视解译或人机交互，快速获取地震灾区房屋建筑损毁、交通道路桥梁破坏、次生地质灾害、生态环境破坏等方面的灾情信息，对潜在次生地质灾害易发性及灾损进行了动态评估，在第一时间上报给国家抗震救灾决策部门，为灾害应急救援提供了重要的空间信息依据。中国地震局、民政部国家减灾中心及其他科研机构和高等院校也积累了大量的研究成果。

从应用来说，在震后建筑物损毁调查方面，目前各类方法层出不穷，有基于形态学特征知识的检测方法(Andre et al., 2003; Duan et al., 2010; Wang et al., 2020)、面向对象分类的方法(Wang et al., 2015; Zhao et al., 2018)、基于深度学习的方法(Ma et al., 2020; Wu et al., 2019)等。在数据源使用上也逐步多元化，除高分辨率光学卫星数据外，航飞数据(Ma and Qin, 2012)、无人机数据(Lei et al., 2018)、SAR(Dong et al., 2011; Du et al., 2019)、LiDAR 数据(Dong et al., 2013; Jiang et al., 2014; Kruse et al., 2014)也逐步应用其中，如 Brunner 等(2010)提出了一种新颖的方法，可以使用事前 VHR 光学和事后检测的 VHR SAR 图像检测地震中被毁的建筑物，并应用该方法于 2008 年在汶川地震重灾区映秀镇开展了验证。Kruse 等(2014)研究了基于多光谱图像(MSI)、高光谱图像(HSI)和 LiDAR 多源遥感数据建立图像基线数据获取地表信息，以用于计划，实时响应和监测地震后的建筑损毁等灾情信息获取的方法。Andre 等(2003)尝试一种基于检测建筑物边界上的形态异常的新方法，以便使用高分辨率光学图像在元素尺度上检测损坏，并在 2001 年 1 月印度古吉拉特邦地震中开展了示范应用。

在震后生命线工程调查评估方面，许多学者针对震后道路、桥梁、输电线路等损毁情况开展调查评估，发展了基于形态学特征知识的检测方法(Wang et al., 2015)、面向对象的方法(Liu et al., 2013)、多时相变化检测等方法(Gong et al., 2012)。例如，Wang 等(2015)针对灾前数据难以获取的问题，提出了一种仅基于灾后高分辨率遥感影像的基于知识的道路损伤检测方法。首先，根据预设的道路种子点提取道路中心线。然后，从知识模型中选择诸如道路亮度、标准偏差、矩形度、纵横比之类的特征。最后，通过知识模型提取灾后道路，对受损道路进行检测。该文使用该方法利用 WorldView-1 影像在 2008 年汶川地震研究中起到了应用示范。

在震后地表破裂调查评估方面，20 世纪 90 年代，Massonnet 等(1993，1994，1996)通过将地形信息与 ERS-1 卫星在地震前后获得的 SAR 图像相结合来构造干涉图，成功绘制了 1992 年美国加利福尼亚州 Landers 地震的地表变形特征。Konca 等(2010)通过结合 SPOT 影像、GPS、InSAR 等分析了 1999 年土耳其 7.1 级 Duzce 地震的破裂过程，绘制出长达 55km 的断层迹线。

在震后次生地质灾害调查评估方面，除基于专家目视解译(Xu, 2015)识别地震次生地质灾害的传统方法外，还发展了基于形态学特征(Wu et al., 2014)、深度学习(Fan et al., 2015; Qi et al., 2020)等震后次生地质灾害分布提取方法，以及基于专家知识(Ghosh and Bhattacharya, 2010; Huang et al., 2020; Sezer et al., 2011; Yalcin, 2008)、统计分析(Ba et al., 2017; Brenning, 2005; Guzzetti et al., 2005; Sharma et al., 2015)、机器学习等(Niu et al., 2014)震后地质灾害发展趋势的易发性评价方法。在数据源使用上主要包括卫星光学(Ehrlich et al., 2009)、无人机、航飞数据(Chang et al., 2005)、InSAR(Calo et al., 2012; Goorabi, 2020; Rathje et al., 2006)、LiDAR(Chen et al., 2006)等多种类型。另有许多学者针对特定地震事件总结了遥感技术应用情况，如 Shafique 等(2016)总结了遥感技术在 2005 年巴基斯坦北部的克什米尔地震诱发次生地质灾害中的应用，包括编制地震触发滑坡的清单、分析空间分布、总结分布规律以及开发滑坡敏感性图。Guo(2009)和 Li(2009)分别对遥感技术在 2008 年汶川地震灾害中的应用做了总结和展望。

在震后生态环境影响方面，研究人员采用遥感技术对滑坡造成的地表侵蚀(Liu et al., 2015)、植被及景观破坏(Hara et al., 2016)、森林生态系统损坏(Zeng et al., 2016)、生态系统综合响应仿真(Chiang et al., 2014)等开展影响分析。

在震后恢复重建进展方面，遥感技术充分发挥其多时相、宏观性的技术优势，在灾区安居工程重建(Contreras et al., 2016)、地质灾害和植被恢复(Jiao et al., 2011; Peduzzi, 2010)、生态环境修复(Zhang et al., 2014)等方面发挥重大作用。

2.2　地震灾害遥感信息提取的主要原理与方法

2.2.1　地震灾害遥感信息提取的原理

1. 基于遥感技术地震灾前预测的原理

地震在孕育的过程中到发震前的若干时间内，震源体及其周围介质受力状况将逐渐发生变化并发生巨大变化，引起了地下介质的物性变化，从而介质的介电常数、构成地下介质的原子、分子的运动状态也随之发生变化，原子、分子获得的机械能，一部分转换为热能，一部分转换为电磁能，于是造成介质的温度发生变化，介质向外辐射电磁能量发生变化，这两个变化量分别就是基于热红外遥感及电离层异常遥感用于地震预报的基础(邓明德等，1993)。这些受到应力挤压的岩石圈可能会发生位置的移动，这就是基于地表形变地震预报的基本原理。震前断层的破裂导致地球内部气体扩散，地下的 CO、水蒸气、CH_4 等气体沿微裂隙溢出地面，这些气体易于吸收太阳和地面的红外波段辐射和反射，产生局部温室效应，导致孕震区地面-低层大气增温，即"地球放气说"。

关于卫星红外异常的形成机理存在几种观点：①断层摩擦或岩石变形的应变能转变成辐射能；②活动断层是地下流体泄漏的通道，地下流体在构造变形中表现最为活跃，深部流体流出地表将直接辐射到大气中，并导致卫星红外增温异常；③地壳变形沿裂隙释放大量的温室气体，吸收太阳和地面辐射，导致温室效应，使区域范围增温；④地壳活动较强时将伴随电磁场异常，它与太阳光的共同作用使大气产生更大的增温效应；⑤地壳活动的增强导致温室气体大量释放和电(磁)异常场(邓志辉等，2003)。电离层是日地空间观测环境中的一个重要组成部分，地震孕育和发生过程也会引起孕震区上空电离层特征参量的异常变化，称为地震电离层现象。它是地震在电离层中的一种表象，是岩石圈-大气层-电离层通过某种途径耦合的结果，被认为是捕捉地震短临信息较有前景的手段之一(何宇飞等，2020)。

2. 基于遥感技术地震灾后调查的原理

应用遥感技术开展地震灾后调查的原理主要基于如下特征。

1) 震害信息的光谱特征

在地震前后，遥感影像上地物的光谱值会因地物的倒塌、损坏发生变化，利用遥感影像中变化了的光谱值进行变化检测从而提取震害信息。单幅震后遥感影像中，则可以利用不同的震害具有不同的光谱值，可以用图像分类方法提取震害信息。

2) 震害信息的纹理特征

在震害遥感图像上，承载体(建筑设施、道路桥梁、边坡等)纹理规则性受到破坏，其纹理密度、纹理方向等较震前图像都会有较大的变化，可以把纹理空间展布的各种物理量作为特征参数，对震害图像进行空间纹理分析，提取震害信息。

3) 震害目标的结构特征

完好建筑物具有特有的空间结构特征，除自身的光谱与纹理特征外，还与周

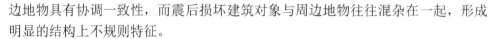

边地物具有协调一致性，而震后损坏建筑对象与周边地物往往混杂在一起，形成明显的结构上不规则特征。

4）SAR 影像震害信息特征

在高分辨率图像中，建筑物的形状清晰可辨。高分辨率 SAR 图像中建筑物的特征由建筑物的强散射点、反射光线和暗区形成。一般来说，SAR 图像中完好建筑物包含几个部分：叠掩、二次反射、屋顶和阴影区域。从雷达图像特征的角度来看，完好建筑显示出相对有规律的布置，彼此之间的空间关系具有楼群的特征。由于 SAR 是侧视图成像，发射的电磁波经过地面和建筑物立面发射，形成了高强度的后向散射，称为二次反射或角反射，因此会呈现"1"或"L"形的强回波特性，强回波位置仍然满足建筑物的排列关系；屋顶区域的单次反射较弱；对于背面的雷达电磁波入射方向，通常可以看到具有清晰阴影区域的规则形状。

完全倒塌或者严重破坏的建筑物会造成碎砖和瓦砾的堆积，原有的叠掩、二次反射、阴影等特征无法从图像上观测到；同时，由于建筑材料的堆积，会形成许多小的二面角发射器，造成回波信号较强，因此会存在高亮的点。建筑物在图像上的灰度均值可能会变大或变小，但是由于墙面二次反射和阴影的消失，图像对比度会有所降低，灰度标准差也会相应降低。

5）LiDAR 震后灾情信息调查原理

在震后地表破裂研究方面，地面 LiDAR 技术通过对获取的精细点云数据进行三维建模及定量分析，可实现地震地表破裂分布、产状、错动方式及幅度的任意角度测量与分析。在震害评估方面，可以获取震后建筑物及地形的三维坐标，生成 LiDAR 点云数据和数字高程模型，快速判断地震对房屋、道路造成的三维形变，检测房屋的形变特征(包括倾斜角度、位移、形变量等)，从而判断房屋的受损状况。

2.2.2 主要数据

可应用于地震遥感信息提取的遥感数据比较广泛。在震前遥感预测研究方面包括：用于热红外异常监测研究的 AVHRR/OLR、MODIS/Terra、国内的 FY-2C/2E等；用于气体逸出遥感监测的 Aqua/AIRS、MOPITT 数据等；用于地表形变监测的 TerraSAR-X、RADARSAT-2、ALOS/PALSAR、COSMO-SkyMed、ERS-1/2 等；用于电离层扰动异常监测的 INTERCOSMOS 24、GPS 等。特别是法国在综合参考国际卫星观测资料的基础上，成功发射了世界上第一颗专门服务于地震和火山监测的 DEMETER 卫星，开创了地震电离层现象研究的新局面。在借鉴 DEMETER卫星研究经验基础上，中国于 2018 年 2 月 2 日成功发射了第一颗用于防震减灾研究的"张衡一号"卫星，相关的研究工作也正在有序地开展。在震后灾情信息提取方面主要针对时效性要求较高，但为变化监测需要，各类震前中高分辨率卫星影像也被广泛应用，包括震前震后中分辨率的 ETM/TM 影像、ASTER 影像等，高分辨率的 SPOT 系列、IKONOS、GeoEye、QuickBird、国产 GF-1/2 系列等，特别是近年来为应对地震灾害时效性要求，各类航空遥感、无人机遥感影像也被大量用于建筑、道路等人工地物破坏识别与定量分析，地震次生地质灾害识别与评估，灾后重建进展监测等。

2.2.3　利用鲁棒性卫星数据分析技术的震前热红外异常提取

基于鲁棒性卫星数据分析技术（Robust satellite techniques, RST）的震前热红外异常提取是基于这样的基本假设：同一历史卫星观测多时相条件下，地球表面的环境相对恒定，因此同一时间地表区域内的高温和低温也相对一致。因此指导 RST 的基本原理是构造背景场以提取热异常，地表温度（land surface temperature, LST）的均值和方差用于评估 TIR 异常的程度（Eleftheriou et al., 2016; Zhang and Meng, 2019）。该方法由 Tramutoli 在通用鲁棒性 AVHRR 卫星分析技术（Robust AVHRR technique, RAT）方法基础上扩展而来。

公式如下：

$$R = \frac{\Delta T(x;y;t) - \mu_{\Delta T}(x;y)}{\sigma_{\Delta T}(x;y)} \tag{2.1}$$

$$\Delta T(x;y;t) = T(x;y;t) - T(t) \tag{2.2}$$

式中，R 为热异常的估计值；$\Delta T(x;y;t)$ 为相对于区域均值的差值；$\mu_{\Delta T}(x;y)$ 为 $\Delta T(x;y;t)$ 多年相同位置、相同时刻的平均值；$\sigma_{\Delta T}(x;y)$ 为对应的标准差；$T(x;y;t)$ 为 x、y 位置处 t 时刻的影像值；$T(t)$ 为 t 时刻影像均值。由于在构建背景场所用到的数据中有大量的干扰噪声，需进一步将其去除：

$$A(x;y;t) = a_1(x;y;t) \cdot a_2(x;y;t) \tag{2.3}$$

$$a_1(x;y;t) = \begin{cases} 1, & \text{云像元} < 80\% \\ 0, & \text{其他} \end{cases} \tag{2.4}$$

$$a_2(x;y;t) = \begin{cases} 1, & |V(x;y;t) - \mu_v(x;y;t)| < k\sigma_v(x;y;t) \\ 0, & \text{其他} \end{cases} \tag{2.5}$$

$A(x;y;t)$ 为背景场的干扰掩模，由 $a_1(x;y;t)$ 和 $a_2(x;y;t)$ 点乘得到，$a_1(x;y;t)$ 用来剔除云层干扰，$a_2(x;y;t)$ 用来剔除异常值干扰；对于 $V(x;y;t)$ 时间序列，将与均值之差大于 k $(k \geqslant 2)$ 倍标准差的值作为异常值剔除，$\mu_v(x;y;t)$ 为 $V(x;y;t)$ 相同位置 x, y 多年相同时间 t 的平均值；$\sigma_v(x;y;t)$ 为对应的标准差。该过程可以反复迭代，直至满足要求。在计算出 $A(x;y;t)$ 之后，依据公式：

$$\mu_{\Delta T}(x;y) = \frac{\sum_{\forall t \in T}[\Delta T(x;y;t) \cdot A(x;y;t)]^2}{\sum_{\forall t \in T} A(x;y;t)} \tag{2.6}$$

$$\sigma_{\Delta T}(x;y) = \sqrt{\frac{\sum_{\forall t \in T}[\Delta T(x;y;t) \cdot A(x;y;t) - \mu_{\Delta T}(x;y)]^2}{\sum_{\forall t \in T} A(x;y;t)}} \tag{2.7}$$

通过式(2.6)计算出 $\mu_{\Delta T}(x;y)$，进而运用式(2.7)得到对应的标准差 $\sigma_{\Delta T}(x;y)$，通过式(2.1)处理遥感影像，计算出空间中每个像元相对于背景场的偏离程度，进而通过阈值分割提取热红外异常，通过分析热红外异常的变化情况预测可能发生的地震。

2.2.4 利用目视解译的震后灾情信息提取

基于目视解译的震后灾情信息提取最早出现在 1906 年，商业摄影师劳伦斯利用几个风筝将自制的大幅照相机送到 2000ft[①](约合 609m)的高度拍摄了一幅全景照片，震撼地展现了变成一片废墟的旧金山景象。这场地震夺去了 3000 多人的生命，22.5 万人受伤，经济损失高达 4 亿美元，可怕的破坏性由此可见一斑。对于高分辨率的光学遥感影像，有经验的专家甚至一般民众均可以直观地通过目视解译感受到震后灾情的分布。本质上，所有的目视解译均基于对典型震害相关地物影像特征的认识。典型震害相关地物影像解译标志主要是描述不同影像上典型震害相关地物的影像特征。例如，建筑物、道路和大坝等的遥感震害分级情况、图像表现等(表 2.3～表 2.5)。

表 2.3　震后建筑物解译标志

损毁类型	标准(倒塌率)	图像表现
轻微损毁	指采集样本影像中房屋基本完好或少量破坏(倒塌率：<30%)	灰度：无明显色调突变，会有少数亮斑 纹理：可以看见清晰的矩形和线条纹理 几何：轮廓清晰，多为长方形或其组合，规则有序
中等损毁	指采集样本影像中大概一半数量的房屋倒塌或破坏(倒塌率：30%～70%)	灰度：部分倒塌形成小规模废墟造成影像局部色调相对变化 纹理：规则纹理特征被打破 几何：几何形态遭到破坏，部分建筑物几何形态完整
严重损毁	指采集样本影像中绝大部分房屋倒塌或全部倒塌破坏(倒塌率：>70%)	灰度：不同色调的杂乱斑点状 纹理：线状纹理特征破坏，明显不对称 几何：无完整、规则的几何形态，轮廓不清晰

---

① 1 ft=0.3048m

表 2.4　震后道路损毁解译标志

损毁类型	标准	图像表现
基本完好	未破坏或轻微破坏，不影响车辆通行	光谱：灰度比较均匀，光谱比较相近，灰度与周边区域差异大，有比较明显的边缘
		几何：几何形态比较规则，宽度基本一致，具有一定的连通性
部分破坏	被部分掩埋或塌陷，掩埋和塌陷的车道稍加修整可通行车	光谱：灰度表现不均匀，光谱差异较大，被掩埋道路表现出和周边区域相近的光谱特征
		几何：几何形态发生变形，公路边线中的一条发生改变或消失
毁坏	被完全掩埋或坍塌，丧失通行能力，必须经过大工程量的抢修才能通行	光谱：灰度降低，影像变暗，被掩埋道路表现出和周边区域相近的光谱特征
		几何：几何形态消失，空间不连续，公路边线被破坏而不连续

表 2.5　震后大坝损毁解译标志

损毁类型	标准	图像表现
基本完好	未破坏或轻微破坏，表面无明显裂缝，不漏水	光谱：呈灰色或灰白色，有明显的边缘
		几何：主体呈直线型，横跨河流，宽度基本一致，有的有网格状图形，垂直于大坝主体方向具有规则排列的短线
部分破坏	受损但未倒塌或垮塌，表明有明显裂缝，漏水程度不明显	光谱：局部灰度不均匀
		几何：规则几何图形局部破坏，下游水体无明显变化
毁坏	已倒塌或垮塌，有明显漏水	光谱：灰度变暗，纹理粗糙
		几何：直线宽度发生局部变化，边缘不规则，规则几何图形被破坏，下游水体明显增加

2.2.5　利用知识库的震后灾情信息提取

一些学者在目视解译总结的各类地震受灾体损毁解译标志的基础上，进一步发展了基于知识库的震害提取技术，将专家决策的过程纳入推理规则系统。例如，赵福军(2010)构建了基于遥感知识库的震害信息提取技术，将遥感系统库、典型震害相关地物影像特征库、特征参数库和推理规则库相结合，目的是为影像分析人员提供震害知识，为影像分类时特征参数的选择提供依据，进而提高遥感影像震害信息提取的精度。

遥感震害知识库中知识主要包括常识性知识、经验性知识(专家解译知识)、空间关系知识、地物纹理知识、时相知识、地物波谱知识、地学辅助数据(如 GIS 属性知识)等。一般来说，这些知识最终要转化为影像对象特征参数的数学模型形式存储在计算机中，因此，遥感震害信息提取以影像对象的各种特征(或特征组合)

为基础。

知识的表示有多种方法，产生式规则是目前使用最广泛的知识表示方法，如ERDAS IMAGINE 遥感图像处理软件中的专家分类器就采用了产生式规则表示知识。产生式规则以"IF(条件)THEN(结论)(置信度)"的形式来表示。模糊分类常使用带有一定置信度的产生式规则来表示，如果只有一个条件，可由一维隶属度函数定义，对于多个条件，可利用"逻辑与""逻辑或""逻辑非"的模糊规则运算建立组合条件，取置信度高的类别作为判定结果。利用产生式规则来进行影像分类是一种决策树分类法。由此可见，面向对象影像分类的方法越来越趋向于模糊数学分类法、决策树分类法、专家分类法的综合运用。针对典型人工地物(建筑物、道路、桥梁)和典型次生灾害(滑坡、泥石流、堰塞湖等)的不同震害特征，分别建立不同震害信息提取的推理规则集，这些规则集构成了遥感震害知识库中的推理规则库。由于遥感震害知识库中的知识最终以影像特征的形式来表达，所以震害识别的推理规则需依据震害影像特征和特征参数的优选原则。例如，在识别建筑物震害的过程中，基于建筑物的顶部大多是矩形的事实，一般首先考虑影像对象的矩形度特征参数；当在大尺度上分离草地与建筑区时，可以首先考虑利用归一化植被指数(NDVI)特征参数。当某一种影像特征参数不足以识别出目标地物时，需考虑多种特征参数的组合，而当用多种特征参数进行分类时，还要考虑各自的权重和优先级。上述推理过程中涵盖了常识、经验等多种知识以及一些判断依据。遥感图像自动解译仍处于不断发展和完善当中，知识库中的特征推理规则不能完全实现所有影像的自动分类。对于给定的一幅遥感影像，要以特征推理规则为分类原则，根据该幅影像本身的光谱、形状、纹理、上下文等多种特征和信息提取目的建立分类决策树。

2.2.6　利用面向对象的震后灾情信息提取

近年来，随着遥感影像分辨率的提高，影像上涵盖了地物丰富的细节信息，传统的基于像元的分类方法已经不能满足信息提取精度的要求，人们越来越倾向于使用基于对象(面向对象)的分类方法。面向对象分类技术的基本原理是根据像元的形状、颜色、纹理、上下文关系等特征，把具有相同特征的像元组成一个对象，然后根据每一个对象的特征进行分类。面向对象的分类方法充分考虑了地物的形状、大小、结构等几何特征，可以充分利用对象和周围环境之间的联系等因素，借助对象特征知识库来完成信息提取，有利于提高分类的精度。此外，由于高分辨率影像的局部异质性大，而基于像元的分类方法没有充分考虑像元与邻近像元的上下文关系，会出现"椒盐现象"，面向对象的分类能有效避免"椒盐现象"的发生，并减少基于像元分类方法的"同物异谱"和"同谱异物"现象对分类精度的影响。

面向对象影像分析涉及三个方面的关键技术：对象的生成(影像分割)、对象特征的定量描述方法和影像分类。其中，影像分割是至关重要的一步，它直接影响最后地物目标的分类结果和精度，目前最为成功的面向对象影像分割技术是多尺度分割技术。对象特征的定量描述方法通常是对影像对象的光谱、形状、纹理等特征用一定的数学模型来表达。影像分类通常采用模糊数学分类方法。

对于地震灾情信息提取来说，面向对象方法首先利用"影像对象内部标准差和局部自相关 Geary 系数"的最优分割尺度选择方法对震后遥感影像进行多尺度分割，有时也可以利用 GIS 等辅助数据参与影像分割。之后，利用先验知识对震后遥感影像进行影像特征分析，根据不同震害选择各类地物在光谱、形状、纹理等方面的"明显特征"；结合 GIS 等其他辅助数据，对特征参数进行优选和组合；建立类层次结构(决策树)，对震后遥感影像分别进行多特征、多分类器(模糊分类、最邻近分类)的影像分类，最终提取震后不同目标对象的损毁信息。

2.2.7　利用变化检测的震后灾情信息提取

震后灾情信息提取的变化检测方法包括基于像元的变化检测、基于特征的变化检测、基于目标的变化检测。其中基于像元的变化检测主要通过对比遥感图像各波段上对应像元的辐射强度来检测变化信息。这类方法中常见的有图像灰度差值法、图像灰度比值法、变化向量分析法和图像回归法。图像灰度差值法和图像灰度比值法的基本原理类似，是将经配准后多时相图像上的对应像元灰度值按波段相减或相除，生成一幅新的差值或比值图像，然后通过选择合适的阈值找出发生变化的区域。基于特征的变化检测主要通过对比地震前后遥感图像中承载体特征的形状、纹理和光谱特征来检测变化信息，主要包括主成分分析法、植被指数差值法、纹理分析法和形状分析法。基于目标的变化检测是利用图像识别、分类等方法识别出多时相图像上的地物目标(对象)的变化，这是目前最高层次的变化检测，常见的有直接多时相分类法、分类后比较法、人工神经网络法等。

根据变化结果，结合遥感震害知识库中的推理规则，识别典型震害信息。例如，对于建筑物，未变化区域说明建筑物属于"基本完好"级别建筑物，变化区域说明建筑物属于"破坏"和"毁坏"级别建筑物。如果检测出震后建筑物在某个地区有增加的变化类别，则说明可能有建筑物出现整体位置移动的情况，可以推断该建筑物为"毁坏"建筑物。对于堰塞湖，可以根据检测出的水体变化情况、水体周围是否出现滑坡等信息来识别。根据震害提取结果进行地震破坏情况的定量计算。例如，在影像上统计出建筑物破坏和毁坏类别的面积，进而计算建筑物的倒塌率，为后期的损失评估提供量化数据。

2.2.8 利用深度学习分类算法的震后灾情信息提取

近年来，深度学习分类算法得到了很大的发展。相对于传统的以统计学为基础的分类方法，深度学习分类算法具有自学习和容错能力强的特点，因此被广泛应用于遥感图像处理。目前发展了多种深度学习方法应用于地震灾情信息提取。相比于传统方法，它的优点是以分层特征提取来代替手工特征识别。深度学习在地震灾情信息提取方面的应用主要体现在图像分割方面，呈现的主要网络模型包括 FCN、Mask R-CNN、U-Net 和 DeepLab 系列等。本章将在案例部分重点介绍两种深度学习方法在震后建筑及滑坡灾害信息提取中的典型应用。

2.3 地震灾害遥感信息提取新应用

2.3.1 基于多任务深度学习的震后建筑物损毁信息提取

1. 研究区概况

研究区位置如图 2.1 所示，位于海地太子港西部，该区域 2010 年 1 月 12 日发生了 M_W 7.0 地震。该地震被认为是 21 世纪最致命的事件之一。从 1 月 12 日到 1 月 24 日发生了 52 次余震。地震影响了将近 300 万居民，死亡人数中有 1/4 死

图 2.1　研究区域的演示(标记为黄色边框)

A、B、C 和 D 表示研究区域示例子图像的索引

于建筑物倒塌。整个研究区内大约 20%的建筑物倒塌或严重受损。从图 2.1 的子图像中可以看到建筑物密集且杂乱地分布。许多建筑物完全倒塌，碎片散落在各处，占据了建筑物之间的空隙和开放区域或街道的空间。此外，大量幸存建筑物的屋顶与背景街道和公共广场具有相似的光谱和纹理特征。这些障碍使建筑物损坏测绘成为一项颇具挑战性的任务。

2. 数据与方法

1）数据

采用 Google Earth 中截取的高空间分辨率遥感图像，空间分辨率为 0.15m。具有三个光谱带，包括红色、绿色和蓝色，并且可以清楚地看到坍塌的建筑物。如图 2.1 所示，可以看到建筑物和背景地物之间存在较大的光谱和纹理相似性。因此，采用人工目视解译的方法对影像的建筑物进行制图勾画作为建筑物的真实分布，用来训练建筑物提取模型。

2）方法

提出了一种基于多任务深度学习框架的逐像素损坏建筑物提取模型。主要任务是区分完好建筑物和损坏建筑物，次要任务是将图像语义分割为多个地面对象。次要任务用于补充主要任务的地物信息。图 2.2 展示了提出的主要框架，通过共享多任务框架中的大量参数，避免过拟合。输入图像是一个具有固定高度和宽度的 3 通道矩阵。

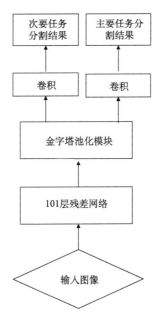

图 2.2　建筑损毁信息提取架构

共享层的网络结构是基于 PSPNet 修改而来的，主要由两部分组成，一个是 ResNet101-v2，另一个是金字塔池化模块。主要任务和次要任务的权重在共享层中共享，共享层后的特征图用于分别训练每个任务的分割结果。分割结果随相应目标而变化。次要任务的输出是带有多个标签的图像，包括道路、正方形、树木、完好建筑物和损坏建筑物，而主要任务的结果是带有三个标签的图像、完好建筑物、损坏建筑物和背景对象。

(1)多任务深度学习框架。多任务深度学习框架出于生物学动机，当学习新任务时，将其认为是主要任务，并与其相关知识做关联到次要任务中。通过分享相关任务的知识，学习模型会更容易学习新任务。多任务学习框架已被广泛应用于机器学习的各个方面，例如图像识别、对象检测和自然语言处理。图 2.3 展示了多任务深度学习框架的典型模型结构。

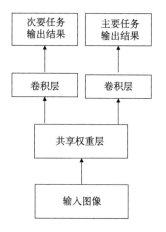

图 2.3　典型多任务深度学习框架

(2)语义分割模型。语义分割模型提高了在像素级别理解上下文图像的能力。通过将输入图像同时分割为多个对象，它为图像中的每个像素分配了预定的标签。通过对遥感图像进行语义分割，可以实现土地利用分析和城市环境分析等大量实际应用。由于 CNN 具有通过卷积捕获上下文特征的功能，它们为探索深度学习相关方面的最新方法奠定了坚实的基础。在语义分割方面，卷积神经网络也提高了准确性，并提出了许多典型的网络结构，例如 FCN 和 PSPNet。利用原始 PSPNet 框架将 ResNet101 替换为 ResNet101-v2，因其计算更高效，提出了多任务建筑物提取模型。模型所包括的残差网络和金字塔池化模块的详细结构。

残差网络的典型结构演示在图 2.4 中给出。它的动机是解决网络退化的问题，即随着网络深度的增加，网络的性能逐渐变好直至饱和，然后迅速下降。从图 2.4

的典型结构中，可以看到残差网络是将传统的单路径网络修改为残差映射和恒等映射之间的相加网络。传统网络的输出 $Y_{n+1} = F_{\text{active}}\left[F_{\text{active}}(Y_{n-1} \times W_n) \times W_{n+1}\right]$，而在残差网络结构中，$Y_{n+1} = F_{\text{active}}\left[F_{\text{active}}(Y_{n-1} \times W_n) \times W_{n+1} + Y_{n-1}\right]$。$F_{\text{active}}$ 为激活函数，被设为 ReLU 函数(rectified linear unit)。它已被认为是更合理的生物学方法，因而已成为深度学习相关研究中最受欢迎的激活函数之一。ReLU 的定义在式(2.8)中给出，并且仅在比较操作的情况下才有效。直接从 Y_{n-1} 到相加运算的连接是恒等映射。

$$F_{\text{active}}(x) = \max(0, x) \tag{2.8}$$

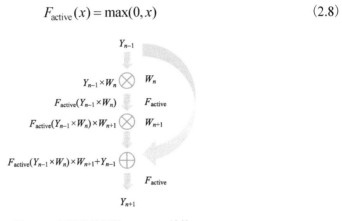

图 2.4　典型残差网络 ResNet 结构

ResNet101 是一个 101 层网络，包括 ResNet 的 33 个构建块，如图 2.4 所示。框架中使用的 ResNet 101 是 ResNet 101-v2，而不是原始 PSPNet 中使用的 ResNet 101，因为 ResNet 101-v2 运算更高效，它在包含成千上万张图像的 ImageNet 图像数据库中实现了更高的识别精度。

金字塔池化模块综合上下文信息提取多尺度特征。金字塔池模块的详细结构如图 2.5 所示。多尺度平均池化将输入的特征图降采样为多个尺度，1×1 卷积运算用于从池化的特征图中提取上下文信息，对像素进行上采样。使用双线性方法将多尺度的特征图卷积为相同大小的输入特征图，最后对输入特征图和上采样特征图进行相加，作为输出特征图。框架中池化过程中采用的多尺度大小为 4，分别为 1×1、2×2、3×3 和 6×6。

(3)模型实现。该框架在 Caffe 平台上实现,使用了 NVIDIA 合作的两个 GPU,每个 GPU 的内存为 12 GB。在模型训练方面采用了多元学习策略,其学习率根据式(2.9)设置:

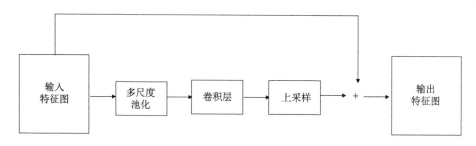

图 2.5 本框架选用的金字塔池化模块

$$lr_{iter} = lr \times \left(1 - \frac{iter}{max\_iter}\right)^{m} \qquad (2.9)$$

式中，lr 为原始学习率，将 lr 设置为 0.001；iter 表示迭代次数；max_iter 表示最大迭代次数；m 为学习率变化的指数。在数据扩充方面，应用随机镜像并以 5 个比例调整训练样本的大小，空间比例分别为 0.5、0.75、1.0、1.25 和 1.5。为了进一步增加训练样本的随机性，还进行了随机裁剪以将输入图像裁剪为特定大小，即 473 像素×473 像素。

3. 结果与讨论

总共有 68 幅图像覆盖了研究区域，尺寸为 2560 像素×2560 像素，其中一半图像用于训练提出的网络结构，在另一半中随机选择 10 幅具有密集建筑物的图像，作为测试数据，以评估模型。具体的提取结果如下。

1）建筑损毁制图

为了验证提出的建筑物提取模型的有效性，将训练得到的网络用于测试数据中的建筑物提取，并分别计算了完好建筑物和损坏建筑物的召回率、精度和 F1 分数。召回率评估的是所有分类为 L 的像素中正确分类为 L 的像素的百分比，而精度表示在所有类别 L 的地面真实像素中正确分类为 L 的像素的百分比。如表 2.6 所示，提出的模型在检测完好建筑物和损坏建筑物中表现很好。完好建筑物平均召回率达到 95.29%，表明大多数完好建筑物均已被正确检测，而且平均精度达到 92.06%。此外，10 幅测试图像中损坏建筑物检测的召回率和精度大多在 90%左右，这也表现出模型良好的性能。然而，从表 2.6 中可以看到，标记为 1、9 和 10 的图像中，损坏建筑物检测的召回率低于 80%。为了探究这种现象的可能原因，在图 2.6 中列出了标记为 1、9 和 10 相应的提取结果图。同时，为了进行比较，将提取结果比较好的标记为 6 的提取结果图也列于图 2.6 中。

从图 2.6 中可以看到损坏建筑物的漏分主要是由树木的阴影以及屋顶碎片较

少的建筑物引起的[如图 2.6(a2)中的黄色边框所示]。相邻建筑物之间的高度差触发的阴影会增大检测难度,并经常导致损坏建筑物的漏分率增高,而且与图 2.6(d)相比,图 2.6(a1)~图 2.6(c3)中的建筑物大部分被海和裸土占据作为背景物体。此外,即使在复杂背景地物条件下,通过观察这些建筑物提取结果,可以发现提出的模型可以将整体建筑物提取出来。

表 2.6 基于多任务深度学习框架的 10 景影像建筑损毁评估统计结果

图像标记	完好建筑物			损坏建筑物		
	召回率/%	精度/%	F1 分数	召回率/%	精度/%	F1 分数
1	92.39	80.26	85.90	44.45	64.90	52.76
2	92.19	95.49	93.81	88.15	86.33	87.23
3	96.21	93.28	94.72	89.34	88.10	88.72
4	96.00	94.12	95.05	88.22	88.74	88.48
5	96.14	95.39	95.76	89.19	86.72	87.94
6	95.42	94.03	94.72	91.74	89.44	90.58
7	95.70	92.26	93.95	85.72	89.00	87.33
8	94.27	91.57	92.90	88.10	89.55	88.82
9	97.08	91.30	94.10	74.25	80.80	77.39
10	97.47	92.91	95.14	72.22	80.23	76.01
平均值	95.29	92.06	93.61	81.14	84.38	82.53

2)与传统 PSPNet 方法比较

为了验证提出的多任务提取建筑物框架的性能,还采用原始的 PSPNet 网络结构基于训练影像构建建筑物提取模型,并对同样的测试数据进行检验、提取,得到如表 2.7 所示的评估验证结果。

通过与表 2.6 和图 2.6 进行对比,可以很容易地看到多任务深度学习框架在检测完好建筑物方面的准确性提高了 3%,在检测损坏建筑物方面的准确性提高了 7%。此外,与原始 PSPNet 所检测到的建筑物形状相比,提出的多任务深度学习框架所检测到的损坏建筑物的形状与真实形状更加一致。通过补充包括道路、行人、树木和汽车在内的详细地面物体信息的次要任务,可以改进主要任务,以区分建筑物和背景地物,尤其是那些与建筑物具有相似光谱特征的物体。此外,原始的 PSPNet 可以检测出完好建筑物,其准确度高于 90%,但是损坏建筑物的平均准确度低于 80%。本书的多任务深度学习框架更加稳定,两种情况下的准确性都高于 80%。这进一步验证了次要任务学习不仅可以提高准确性,而且可以增强鲁棒性。

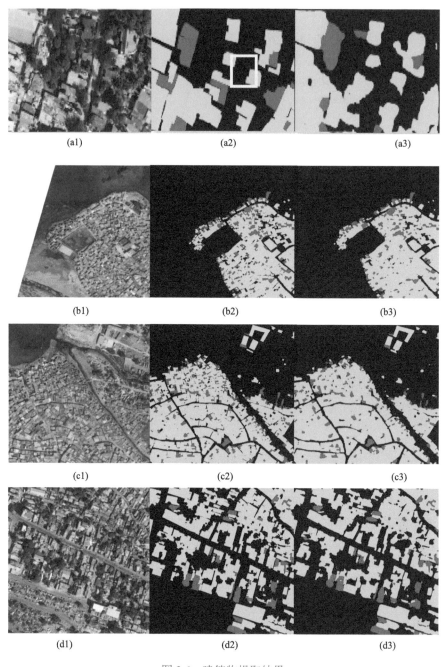

图 2.6　建筑物提取结果

(a1)、(b1)、(c1)、(d1)代表原始图像；(a2)、(b2)、(c2)、(d2)代表地面真实图像；(a3)、(b3)、(c3)、(d3)
代表图像标记为 1、9、10、6 的检测结果图；绿色为完好建筑物，红色为损坏建筑物

表 2.7 基于 PSPNet 方法的 10 景影像建筑损毁评估统计结果

图像标记	完好建筑物			损坏建筑物		
	召回率/%	精度/%	F1 分数	召回率/%	精度/%	F1 分数
1	91.88	76.76	83.64	44.49	64.75	52.74
2	90.04	93.34	91.66	76.51	85.26	80.65
3	94.06	90.34	92.16	80.91	82.31	81.60
4	93.84	91.98	92.90	81.52	81.35	81.43
5	94.78	92.6	93.68	79.98	80.76	80.37
6	92.99	91.94	92.46	81.24	83.77	82.49
7	93.11	91.15	92.12	78.74	83.49	81.05
8	89.43	91.12	90.27	83.58	84.01	83.79
9	95.5	90.15	92.75	65.38	70.54	67.86
10	96.08	92.04	94.02	58.39	70.99	64.08
平均值	93.17	90.14	91.57	73.07	78.72	75.61

切实有效地制作地震引起的建筑物破坏图对于及时救援和评估损失至关重要。目前的提取方法受背景地物的复杂性影响比较大。本节提出了一种多任务深度学习框架，用于在大范围内复杂背景地物条件下高空间分辨率影像中检测建筑物。通过采用次要任务辅助主要任务对完好建筑物和损坏建筑物进行识别，在准确性和鲁棒性方面获得了比较好的检测性能。完好和受损建筑物的平均召回率和精度均达到 80%以上。

2.3.2 基于改进 U-Net 模型的震后滑坡自动提取

1. 研究区概况

2017 年 8 月 8 日，北京时间 21:19，四川省北部阿坝藏族羌族自治州九寨沟县发生了 7.0 级地震，震中位于四川省阿坝藏族羌族自治州九寨沟县漳扎镇比芒村(33.2°N，103.82°E)，震源深度 20km。截至 8 月 13 日晚，共有 25 人死亡，525 人受伤，73671 座房屋不同程度受损。此外，地震区陡峻的地形导致大量同震滑坡发生，造成至少 29 条道路阻塞和破坏，受损道路的总长度约为 4km。调查这些滑坡的空间位置对减灾救灾以及风景区的重建都至关重要。

2. 数据与方法

1)数据

本节以九寨沟地区熊猫海、五花海和箭竹海附近景区的滑坡作为训练集，熊猫海区域影像如图 2.7(b) 所示，该区域影像面积为 34.6km^2，空间分辨率为 0.14m，其中包含约 366 个滑坡，海拔为 1632~3026m。以九寨沟县上四寨至干海子区域的滑坡作为测试集，其中上四寨至干海子区域的影像如图 2.7(a) 所示，该区域影像面积为 12.6km^2，空间分辨率为 0.47m，其中包含约 233 个滑坡，海拔为 2277~3550m。

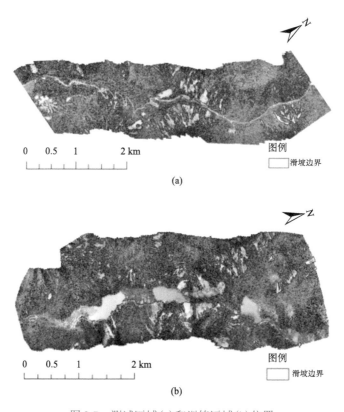

图 2.7　测试区域(a)和训练区域(b)位置

本节构建数字地表模型(digital surface model, DSM)图、坡度图和坡向图，并将其作为影像的空间特征图，首先对此三个图层进行归一化处理，将其值归一化到 0~255，再将归一化后的三个图层叠加在一起，生成一个含有空间信息的三通道影像图。

由于计算机运行内存有限，无法直接将大尺寸的影像输入到网络模型中进行训练，需要对遥感影像进行裁切，从大幅遥感影像中裁切出尺寸为 256 像素×256 像素的影像块，将裁剪得到的小尺寸影像分批送入网络中进行训练。本节利用相同的方法对原图、标签图和测试图进行裁剪，对测试图详细的裁剪过程如图 2.8 所示。

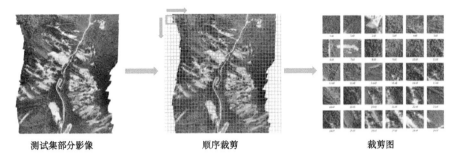

测试集部分影像　　　　　　顺序裁剪　　　　　　　裁剪图

图 2.8　数据集制作

对于深度学习数据集，通常要像自然图像那样进行数据增强，如对图像进行旋转和翻转。对于图像旋转和翻转，主要操作有旋转 90°、旋转 180°、旋转 270°、水平翻转和上下翻转。滑坡在影像上可以显示出各种方向、不同的结构和边界形状，因此，对训练集进行旋转和翻转，一方面增大了样本量，另一方面提高了模型的提取性能。但是在后期的实验过程中发现过度地对图像进行旋转和翻转，容易造成模型的过拟合，仅在训练集上精度很高，在测试集上精度很难提升。经过筛选，本节最终选择的增强方式为图像旋转 90°、旋转 270°和水平翻转。

2）方法

（1）U-Net 模型。U-Net 模型是由 Olaf Ronneberger 等在 2015 年提出的，是基于全卷积神经网络（fully convultional neural network，FCN）进行改进得到的，最初应用在医学影像上，可以对一些较少样本的数据进行训练，其网络结构如图 2.9 所示。

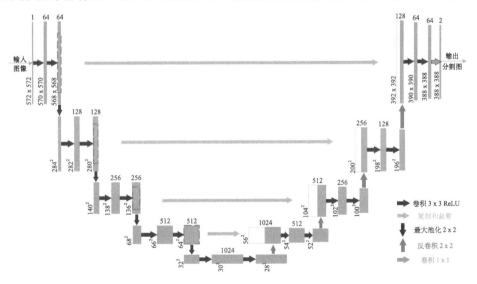

图 2.9　U-Net 模型网络结构

U-Net 模型是一种改进的 FCN 结构，因此结构画出来形似字母 "U" 而得名，它由左半边的压缩通道(contracting path)和右半边的扩展通道(expansive path)组成。压缩通道是典型的卷积神经网络结构，它重复采用 2 个卷积层和 1 个最大池化层的结构，每进行一次池化操作后特征图的维数就增加 1 倍，从 64 经过 128、256、512 到 1024。在扩展通道，先进行 1 次反卷积操作，使特征图的维数减半，然后拼接对应压缩通道裁剪得到的特征图，重新组成一个 2 倍大小的特征图，再采用 2 个卷积层进行特征提取，并重复这一结构。在最后的输出层，用 2 个卷积层将 64 维的特征图映射成 2 维的输出图。

U-Net 模型是 FCN 的改进和延伸，它沿用了 FCN 进行图像语义分割的思想，即利用卷积层、池化层进行特征提取，再利用反卷积层还原图像尺寸。然而 U-Net 融合了编码-解码结构和跳跃网络的特点，在模型结构上更加优雅且巧妙，主要体现在以下两点。

第一，U-Net 模型是一个编码-解码的结构，压缩通道是一个编码器，用于逐层提取影像的特征，扩展通道是一个解码器，用于还原影像的位置信息，且 U-Net 模型的每一个隐藏层都有较多的特征维数，这有利于模型学习更加多样、全面的特征。

第二，U-Net 模型的 "U" 形结构让裁剪和拼接过程更加直观、合理，高层特征图与底层特征图的拼接以及卷积的反复、连续操作，使得模型能够从上下文信息和细节信息组合中得到更加精确的特征图，进而在较少训练样本情况下，U-Net 模型也能得到更加准确的分类结果。

(2)改进的 U-Net 模型。由于滑坡特征的复杂性，传统 U-Net 模型在滑坡提取方面存在着漏提和误提现象，为了解决此问题，需要进行以下两方面的改进。

A. 增加样本的空间特征

滑坡灾害属于坡地重力地貌，其形成与地形特征密切相关，有一定的坡度要求(张明媚等，2016)。仅使用 RGB 图像不能与其他地物进行有效的区分，因此，根据滑坡自身独有的特征，将输入图片的通道数扩展为六通道，分别加入 DSM、坡度和坡向来构建混合特征的输入样本，使样本中包含更多的滑坡空间特征信息，便于网络结构对滑坡的特征提取，达到提高滑坡提取精度的目的。

B. 增加残差网络结构

对于传统的深度学习网络，普遍认为网络深度越大，非线性的表达能力越强，该网络所能学习到的东西就越多。然而，后来在应用过程中，人们发现传统的 CNN 网络结构随着层数加深到一定程度之后，越深的网络反而效果变差。为了解决此问题，何凯明等提出了残差网络。

其基本原理是，假定一个神经网络单元的输入是 x，期望输出是 $H(x)$；另外，定义一个残差映射 $F(x) = H(x) - x$。若把 x 直接传递给输出，则该神经网络单元要学习的目标就是残差映射 $F(x) = H(x) - x$。这种学习残差映射的神经网络单元被称为残差学习单元(residual unit)，残差学习单元的结构如图 2.10(a) 所示。残差学习单元通常有两种形式：两层残差学习单元和三层残差学习单元，本节使用包含两个相同通道数的 3×3 卷积的两层残差学习单元，如图 2.10(b) 所示。

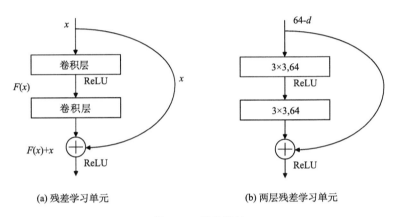

(a) 残差学习单元　　　　　　　　(b) 两层残差学习单元

图 2.10　残差结构

为了充分提取六通道中包含的滑坡特征，在 U-Net 模型结构的基础上加入了残差学习单元，加深了网络层数，进而充分提取样本的六通道特征。相比于传统的 U-Net 模型，其具有更强的特征提取和分类能力；同时解决网络加深时出现的梯度消失或者梯度爆炸的问题，更好地控制梯度的传播,降低训练更深层次 U-Net 网络的难度。复制通道将下采样过程中的低层特征图复制到上采样过程中，和高层特征图进行融合，完成上下文信息的跨层连接，增强网络全局特征的学习能力，进而能有效提升分割的精度。

改进后的 U-Net 网络结构如图 2.11 所示。

本节的主要目标是利用 U-Net 模型自动提取震后滑坡信息，其技术流程如图 2.12 所示。

3) 精度评价

为了定量评价模型的性能，分别采用精度、召回率、F1 分数(Tian et al., 2019)和平均交并比(mIoU)等指标来对模型的提取结果进行定量评估。

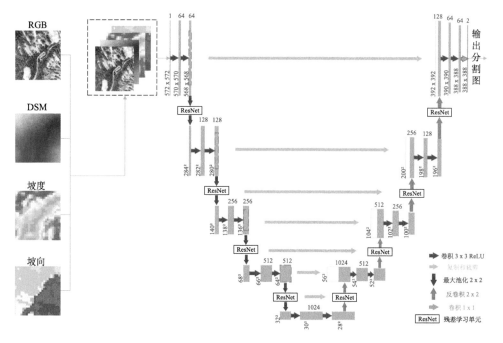

图 2.11　改进后的 U-Net 网络结构图

（1）精度和召回率。精度是指提取的所有结果中正例（即滑坡）所占的比例，召回率指所有的正例中被提取出来的正例所占的比例。精度（Precision）和召回率（Recall）的公式如下：

$$Precision = \frac{TP}{FP + TP} \tag{2.10}$$

$$Recall = \frac{TP}{FN + TP} \tag{2.11}$$

其中，TP、FP 如混淆矩阵表 2.8 所示，TP 为被正确提取的正例数量，FP 为被错误提取为正例的负例数量，FN 为将正例错误提取为负例的数量。

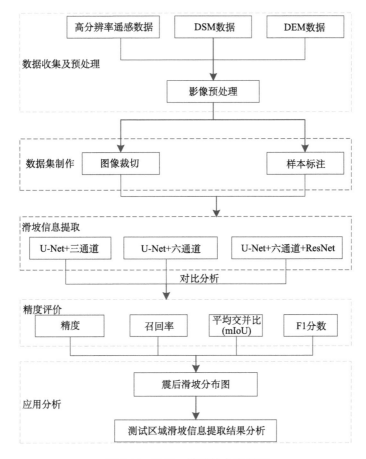

图 2.12 U-Net 模型技术流程图

表 2.8 预测结果与地面真实结果混淆矩阵

	滑坡	其他
滑坡	真阳性(TP)	假阳性(FP)
其他	假阴性(FN)	真阴性(TN)

(2)平均交并比。平均交并比是语义分割的标准度量指标,其计算方式为两个集合的交集和并集之比,在语义分割问题中,这两个集合为真实值和预测值。本节这两个集合为滑坡解译图的数量和滑坡预测图的数量,这个比值越大,则说明精度越高。这个比例可以变形为 TP 与 TP、FP、FN 之和的比,其计算公式为

$$\text{mIoU} = \frac{1}{k+1} \sum_{j=0}^{k} p_{ij} \frac{p_{ii}}{\sum_{j=0}^{k} p_{ij} + \sum_{j=0}^{k} p_{ji} - p_{ii}} \tag{2.12}$$

$$\text{mIoU} = \frac{\text{TP}}{\text{FP} + \text{TP} + \text{FN}} \tag{2.13}$$

式中，$k+1$ 是类别的数量，本节中 $k=1$；i 是地面真实值的标签；j 是预测值的标签；p_{ii} 是标记为 i 但是预测为 i 的像元数；p_{ij} 是标记为 i 但是预测为 j 的像元数；p_{ji} 是标记为 j 但是预测为 i 的像元数。

(3) F1 分数。F1 分数用来评价模型的性能，被定义为精度和召回率的调和平均数，F1 分数的数值越高，模型的性能越好。其计算公式如下：

$$\text{F1} = (1+\beta^2) \frac{\text{Precision} \times \text{Recall}}{\text{Precision} + \text{Recall}} \tag{2.14}$$

β 为精度平衡参数；$\beta=1$ 时，为 F1 分数。

3. 结果与讨论

本实验的硬件环境为，显卡为 RTX2080Ti，处理器为 Intel i7-8700K，内存为 32G。模型的软件环境为，U-Net 模型及改进后的模型都是由 PyTorch 实现的。

基于上述提到的软硬件环境和前文概述的数据集，设计了三个实验进行对比，即利用传统 U-Net 模型对 RGB 三通道的数据集进行训练和测试、传统 U-Net 模型对六通道的数据集进行训练和测试，以及使用本节改进后的 U-Net 模型对六通道的数据集进行训练和测试。用上述三个实验训练好的模型分别对上四寨至干海子区域的滑坡进行提取，结果如图 2.13 所示。

0   0.5   1   2 km

图例
☐ 滑坡边界

(a) 滑坡解译图

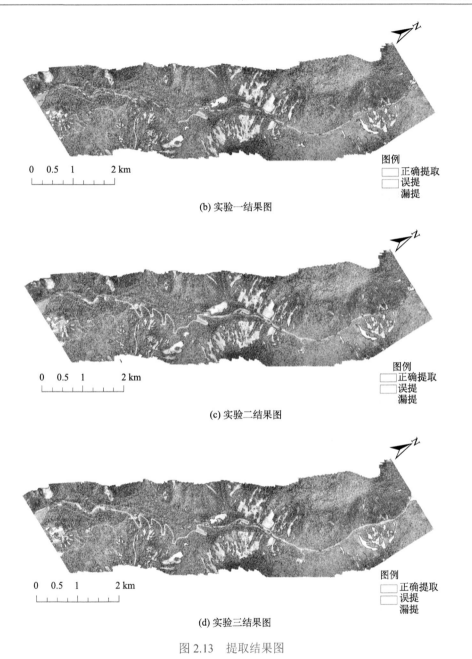

(b) 实验一结果图

(c) 实验二结果图

(d) 实验三结果图

图 2.13　提取结果图

图 2.14(a) 是通过人工目视解译获得的滑坡分布图，为模型的提取结果提供参考。

(a) 误提1   (b) 误提2   (c) 漏提

图 2.14   典型误提图像

图 2.14 (b) 是 U-Net+三通道的提取结果，从图中可以看出，误提和漏提的情况较为明显，导致提取结果的精度并不令人满意。导致误提的因素主要是道路：一些山区小路或者震后造成道路上有土的轻微堆积，导致其在色调上与滑坡比较接近[图 2.14 (a)]。同时，一些在色调上相近的房屋也被误提为滑坡[图 2.14 (b)]；而漏提的情况主要是由于滑坡的边界不能被较好地识别出来，边界的位置出现了漏提的现象。对一些较大的滑坡体，其部分表面覆盖了大量的植被，在测试时对图像进行裁剪造成了漏提[图 2.14 (c)]。

图 2.13 (c) 是 U-Net+六通道的提取结果，从图中可以看出，漏提的情况改变不大，滑坡的边界和上述提到的图像块仍存在漏提现象；但是误提的情况有了改善，由于加入了空间信息，对道路的识别能力增强，一些被误提为滑坡的道路得到了剔除，仍然存在部分道路被误提为滑坡。

图 2.13 (d) 是 U-Net+六通道+ResNet 的提取结果，从图中可以看出，整体的提取效果较为满意，对空间信息的充分挖掘使道路误提的现象有了改善，同时边界问题也有了改善。不过，仍然存在部分房屋和裸露地面被误提为滑坡，这种房屋在色调和纹理上与滑坡较为相似[图 2.15 (a)]，而被误提的地面主要是一些形状与滑坡相似的椭圆形、长条状的裸地；同时一些裸地上长了少许的植被，也容易出现误提的现象[图 2.15 (b)]。

为了定量评估模型的性能以及对测试区域的提取结果，通过计算提取结果的混淆矩阵来计算各个精度指标，对三种实验结果进行比较，结果见表 2.9。表中的精度、召回率是调整阈值使 F1 分数最大时获得的。本节改进的最终模型 U-Net+六通道+ResNet 在测试集上的精度为 91.3%、召回率为 95.4%、平均交并比为 87.5%，相对于传统 U-Net+三通道模型均获得了明显的提升，分别提升了 13.8%、13%和 17.1%。精度和平均交并比的提升主要是因为将三通道替换为了六通道，

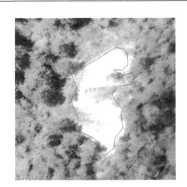

(a) 误提1　　　　　　　　　　　　　　(b) 误提2

图 2.15　典型误提图像

表 2.9　U-Net 与两种改进后的模型性能对比表

模型	精度/%	召回率/%	平均交并比/%	F1 分数/%
U-Net+三通道	77.5	82.4	70.4	79.8
U-Net+六通道	83.2	85.1	76.1	83.1
U-Net+六通道+ResNet	91.3	95.4	87.5	93.3

并且加入了残差学习单元，使模型的整体性能有了提升，使测试区域误提和漏提的现象有了较大改善；同时召回率的变化更能说明模型的改进效果，模型在一开始时已经提出了 82.4%的滑坡，而精度只有 77.5%，说明误提和漏提的现象严重，后面模型的改进减少了这种现象，同时对剩余难分辨的滑坡进行了提取。因此，实验结果表明，本节所建立的滑坡自动提取模型是有效的。

本案例利用地震后航空遥感影像标注了一个遥感图像滑坡数据集，提出了利用改进型 U-Net 模型对震后滑坡的遥感提取方法，取得了较好的效果。

(1)在 U-Net 模型中，增加了样本的空间特征，减少了误提和漏提的现象。

为了提高提取的精度，将输入图片的通道数从三通道扩展为六通道，分别加入 DSM 数据、坡度、坡向，使其样本中包含空间特征信息，对道路、房屋等干扰地物有了较好的区分。

(2)在 U-Net 模型中加入了残差学习单元，提高了结果的精度。

为了充分提取六通道中的滑坡特征，在传统 U-Net 模型中加入了残差学习单元，加深了网络层数。实验结果表明，改进后的 U-Net 模型(U-Net+六通道+ResNet)在提取滑坡时具有良好的鲁棒性，在测试集上的精度为 91.3%，召回率为 95.4%，平均交并比为 87.5%，相对于传统 U-Net+三通道模型分别提升了 13.8%、13%和 17.1%。

(3)改进型 U-Net 模型用于震后滑坡提取是可行的。

以九寨沟地震滑坡的提取为例开展实验，结果表明，改进后的 U-Net 模型（U-Net+六通道+ResNet），用于震后高空间分辨率遥感影像中的滑坡提取的可行性和有效性。

由于地震滑坡的数据量相对较少，提取结果与地面真实结果相比仍存在一定误差。因此，为了获得更佳的提取效果，并使模型的实用性更佳，扩展训练数据集，包括类型与分辨率不同的遥感影像，是进一步需要完善的工作。

2.4 小 结

随着越来越多卫星的成功发射及资料的应用实践，卫星遥感技术得到了快速发展，遥感资料在地震综合预测、地震监测和地震灾害评估等方面发挥了显著的成效。

地震预报仍是当今世界性的科学难题之一，目前我国已采用多手段综合预测的方法进行观测研究，传统的地球物理、地球化学及地壳形变等观测手段多受观测环境和有效范围等因素的局限，卫星遥感技术以其精度高、宏观性强和不受地面条件制约等优势弥补了常规方法的不足和缺点。卫星可得到大气底层同时包括地表物体的热辐射，其数据具有速度快、覆盖面广、数据连续可靠以及重复测量周期短等特点，同时获得大面积与震情监测相关的热图像。我国西部地区人口密度小、空气湿度低、构造活动强且地震频度高，利用热红外遥感技术监测地震活动具有很好的实践效能及广阔的应用前景。近年来各国专家利用热红外遥感技术在地震预报预测工作中取得了不小的进展，其中主要体现在对发震时间和发震地点的预测以及断层活动变化的研究方面，但对于地震强度的预测还未得到有效的提取依据，红外异常与地震孕育的关系还未得到合理解释，距离理想的预报水平还存在一定差距。加之地震活动本身具有相当的复杂性和特殊性，每一种预测方法都会受到各方面因素的限制，卫星热红外遥感技术也不例外，为使其未来更好地应用和发挥作用，仍需将以下工作内容作为研究重点：① 发展先进的数据处理技术、开发有效的资料处理软件；② 加强地震热红外异常机理研究，针对性地进行各项实验和科学考察工作；③ 制订长远的统筹的发展计划，综合多种卫星观测数据，创立数据处理和共享平台；④ 加强国际交流合作，融合最新研究成果。目前，应用热红外技术手段进行地震监测、预报工作仍然任重道远，由于热红外提供的发震时段和发震地点尺度较大，因此临震预报还要综合其他短临前兆方法，希望随着科学技术的进步以及研究水平的提高，该技术方法能为防震减灾事业发挥更大的效能(张璇等, 2016)。

　　在地震灾后调查与评估方面,随着高分辨率卫星遥感、雷达遥感以及无人机遥感技术的发展,地震遥感灾情信息提取精度也必将得到提高,震害信息提取结果将更加准确。展望未来可以在以下几个方面开展工作:① 利用 LiDAR 技术获取建筑物的高度信息,结合高分辨率卫星影像和 LiDAR 点云数据提取建筑物震害信息;② 地震典型次生灾害很多,而且滑坡、崩塌、泥石流等次生灾害联系密切,有时遥感影像特征区别不明显,今后将进一步研究不同的典型地震次生灾害的信息提取方法;③ 雷达遥感技术有其自身的优势,随着高分辨率极化、干涉等雷达卫星的逐步普及应用,将突破天气条件限制,真正服务于震后应急高时效性监测;④ 遥感震害信息提取技术的最终目的是有效地服务于地震应急和震害评估等防震减灾工作,今后将从遥感地震应急的数据共享、地震应急技术规范以及防震减灾的国家战略和国际合作的角度,研究建立更加高效、层次更高的遥感地震应急软件平台。

参 考 文 献

曹丙霞. 2011. 地震先兆电离层舒曼谐振异常监测方法研究. 哈尔滨: 哈尔滨工业大学.

崔月菊. 2014. 大地震前后 CO、O_3 和 CH_4 遥感地球化学异常特征. 北京: 中国地质大学(北京).

崔月菊, 杜建国, 张德会, 等. 2012. 应用于地震预测的遥感气体地球化学. 地球科学进展, 27(10): 1173-1177.

崔月菊, 李静, 王燕艳, 等. 2015. 遥感气体探测技术在地震监测中的应用. 地球科学进展, 30(2): 284-294.

邓明德, 崔承禹, 耿乃光. 1993. 遥感用于地震预报的理论及实验结果. 中国地震, 9(2): 163-169.

邓志辉, 王煜, 陈梅花, 等. 2003. 中国大陆几次强地震活动的卫星红外异常分析. 地震地质, 25(2): 327-337.

付碧宏, 时丕龙, 张之武. 2008. 四川汶川 M_S 8.0 大地震地表破裂带的遥感影像解析. 地质学报, 82(12): 1679-1687.

何宇飞, 杨冬梅, 和少鹏. 2020. 基于地震电离层现象研究结果的分析与总结. 中国地震, 36(2): 244-257.

黄永明. 2008. 邓明德: 地震预报的遥感探索. 科技导报, 26(10): 25.

贾晗曦, 林均岐, 刘金龙. 2019. 全球地震灾害发展趋势综述. 震灾防御技术, (4): 821-828.

康春丽, 陈正位, 陈立泽, 等. 2003. 昆仑山口西 8.1 级地震的卫星热红外前兆特征分析. 西北地震学报, 25(1): 12-15.

刘德富, 罗灼礼, 彭克银. 1997. 强烈地震前的 OLR 异常现象. 地震, 17(2): 126-132.

刘海博, 崔月菊, 辛存林. 2020a. 探测与 2014 年新疆于田 M_S 7.3 地震相关的大气 CO 和 O_3 异常变化. 地震, 40(1): 99-111.

刘海博, 辛存林, 崔月菊. 2020b. 基于 AIRS 传感器的新疆于田 M_S 7.3 地震前后 CO 变化特征. 矿物岩石地球化学通报, 39(2): 327-335.

孟亚飞, 孟庆岩, 周世健, 等. 2020. 基于 RST 算法统计分析新疆地区热异常与地震的关系. 地震学报, 42(2): 1-11.

强祖基, 孔令昌, 王弋平, 等. 1992. 地球放气、热红外异常与地震活动. 科学通报, 37(24): 2259-2262.

强祖基, 徐秀登, 赁常恭. 1990. 卫星热红外异常——临震前兆. 科学通报, 35(17): 1324-1327.

魏从信, 张元生, 郭晓, 等. 2013. 玉树 7.1 级地震热红外与长波辐射异常. 地球物理学进展, 28(5): 2444-2452.

徐秀登. 2003. 卫星红外异常预测短临地震的系统研究 I ——研究历史与可行性. 科学技术与工程, 3(6): 533-539.

杨芳, 申旭辉, 吴云, 等. 2008. 电磁环境卫星系统及在地震短临预测中的应用. 航天器工程, 17(1): 68-73.

张明媚, 薛永安, 李军, 等. 2016. 基于 DEM 辅助的崩塌与滑坡灾害遥感提取研究. 矿山测量, 44(6): 28-31.

张璇, 张元生, 魏从信, 等. 2013. 四川芦山 7.0 级地震卫星热红外异常解析. 西北地震学报, 35(2): 272-277.

张璇, 张元生, 张丽峰. 2016. 卫星热红外遥感在地震预测和断层活动中的应用研究进展. 地质论评, 62(2): 381-388.

张元生, 郭晓, 钟美娇, 等. 2010. 汶川地震卫星热红外亮温变化. 科学通报, 55(10): 904-910.

张祖基, 徐秀登. 1991. 卫星热红外遥感在地震预测中的应用: 以中苏边界附近的斋桑泊 1990 年两次地震为例. 遥感信息, (3): 25-26.

赵福军. 2010. 遥感影像震害信息提取技术研究. 哈尔滨: 中国地震局工程力学研究所.

赵国泽, 陈小斌, 蔡军涛. 2007. 电磁卫星和地震预测. 地球物理学进展, 22(3): 667-673.

Amani A, Mansor S, Pradhan B, et al. 2014. Coupling effect of ozone column and atmospheric infrared sounder data reveal evidence of earthquake precursor phenomena of Bam earthquake, Iran. Arabian Journal of Geosciences, 7(4): 1517-1527.

Andre G, Chiroiu L, Mering C, et al. 2003. Building Destruction and Damage Assessment after Earthquake Using High Resolution Optical Sensors. The Case of the Gujarat Earthquake of January 26, 2001. Toulouse, France: 2003 IEEE International Geoscience and Remote Sensing Symposium.

Ba Q Q, Chen Y M, Deng S S, et al. 2017. An improved information value model based on gray clustering for landslide susceptibility mapping. International Journal of Geo-Information, 6(1): 18.

Bonfanti P, Genzano N, Heinicke J, et al. 2012. Evidence of CO_2-gas emission variations in the central Apennines (Italy) during the L'Aquila seismic sequence (March-April 2009). Bollettino Di Geofisica Teorica Ed Applicata, 53(1): 147-168.

Brenning A. 2005. Spatial prediction models for landslide hazards: Review, comparison and evaluation. Natural Hazards and Earth System Sciences, 5(6): 853-862.

Brunner D, Lemoine G, Bruzzone L. 2010. Earthquake damage assessment of buildings using VHR optical and SAR imagery. IEEE Transactions on Geoscience and Remote Sensing, 48(5): 2403-2420.

Calo F, Calcaterra D, Iodice A, et al. 2012. Assessing the activity of a large landslide in southern Italy by ground-monitoring and SAR interferometric techniques. International Journal of Remote Sensing, 33(11): 3512-3530.

Chang K J, Taboada A, Chan Y C. 2005. Geological and morphological study of the Jiufengershan landslide triggered by the Chi-Chi Taiwan earthquake. Geomorphology, 71(3): 293-309.

Chen R F, Chang K J, Angelier J, et al. 2006. Topographical changes revealed by high-resolution airborne LiDAR data: The 1999 Tsaoling landslide induced by the Chi-Chi earthquake. Engineering Geology, 88(3-4): 160-172.

Chiang L C, Lin Y P, Huang T, et al. 2014. Simulation of ecosystem service responses to multiple disturbances from an earthquake and several typhoons. Landscape and Urban Planning, 122: 41-55.

Contreras D, Blaschke T, Tiede D, et al. 2016. Monitoring recovery after earthquakes through the integration of remote sensing, GIS, and ground observations: The case of L'Aquila(Italy). Cartography and Geographic Information Science, 43(2): 115-133.

Dong L G, Shan J. 2013. A comprehensive review of earthquake-induced building damage detection with remote sensing techniques. ISPRS Journal of Photogrammetry and Remote Sensing, 84: 85-99.

Dong Y F, Li Q, Dou A X, et al. 2011. Extracting damages caused by the 2008 M_s 8.0 Wenchuan earthquake from SAR remote sensing data. Journal of Asian Earth Sciences, 40(4): 907-914.

Du Y K, Gong L X, Li Q, et al. 2019. Earthquake-induced building damage assessment on SAR multi-texture feature fusion. Yokohama, Japan: 2019 IEEE International Geoscience and Remote Sensing Symposium.

Duan F Z, Gong H L, Zhao W J. 2010. Collapsed houses automatic identification based on texture changes of post-earthquake aerial remote sensing image. Beijing: The 18th International Conference on Geoinformatics: 223-227.

Ehrlich D, Guo H D, Molch K, et al. 2009. Identifying damage caused by the 2008 Wenchuan earthquake from VHR remote sensing data. International Journal of Digital Earth, 2(4): 309-326.

Eleftheriou A, Filizzola C, Genzano N, et al. 2016. Long-term RST analysis of anomalous TIR sequences in relation with earthquakes occurred in Greece in the Period 2004-2013. Pure and Applied Geophysics, 173(1): 285-303.

Erken F, Karatay S, Cinar A. 2019. Spatio-temporal prediction of ionospheric total electron content using an adaptive data fusion technique. Geomagnetism and Aeronomy, 59 (8) : 971-979.

Fan J S, Li W D, Shan X J. 2015. Seismic landslide hazard identification and assessment based on BP neural network. Proceedings of the 2015 International Conference on Sustainable Energy and Environmental Engineering, 14: 183-185.

Ghosh J K, Bhattacharya D. 2010. Knowledge-based landslide susceptibility zonation system. Journal of Computing in Civil Engineering, 24 (4) : 325-334.

Gokov A M, Martynenko S I, Rozumenko V T, et al. 2000. Large-scale disturbances originating from remote earthquakes in the plasma at mesospheric heights. Juneau, USA: 2000 MMET Mathematical Methods in Electromagnetic Theory, International Conference.

Gong L X, An L Q, Liu M Z, et al. 2012. Road damage detection from high-resolution RS image. 2012 IEEE International Geoscience and Remote Sensing Symposium: 990-993.

Goorabi A. 2020. Detection of landslide induced by large earthquake using InSAR coherence techniques-Northwest Zagros, Iran. Egyptian Journal of Remote Sensing and Space Sciences, 23 (2) : 195-205.

Gorny V I, Salman A G, Tronin A A, et al. 1988. Terrestrial outgoing infrared radiation as an indicator of seismic activity. Proceedings of the Academy of Sciences of the USSR, 301 (1) : 67-69.

Guo H D. 2009. Guest editorial: Remote sensing of the Wenchuan Earthquake. Journal of Applied Remote Sensing, 3 (1) : 031699.

Guzzetti F, Reichenbach P, Cardinali M, et al. 2005. Probabilistic landslide hazard assessment at the basin scale. Geomorphology, 72 (1-4) : 272-299.

Hara K, Zhao Y, Tomita M, et al. 2016. Impact of the great east Japan earthquake and Tsunami on coastal vegetation and landscapes in Northeast Japan: Findings based on remotely sensed data analysis //Urabe J, Nakashizuka T. Ecological Impacts of Tsunamis on Coastal Ecosystems. Tokyo: Springer: 253-269.

Hayakawa M, Molchanov O A. 2003. Ionospheric perturbation associated with earthquakes, as revealed from subionospheric VLF/LF propagation. Hangzhou: Asia-Pacific conference on environmental electromagnetics (CEEM' 2003) .

Hayakawa M, Molchanov O A, Team N U. 2004a. Achievements of NASDA's earthquake remote sensing frontier project. Terrestrial Atmospheric and Oceanic Sciences, 15 (3) : 311-327.

Hayakawa M, Molchanov O A, Team N U, et al. 2004b. Summary report of NASDA's earthquake remote sensing frontier project. Physics and Chemistry of the Earth, Part A/B/C, 29 (4-9) : 617-625.

Huang F, Cao Z, Guo J, et al. 2020. Comparisons of heuristic, general statistical and machine learning models for landslide susceptibility prediction and mapping. Catena, 191: 104580.

Jiang H B, Su Y Y, Jiao Q S, et al. 2014. Typical geologic disaster surveying in Wenchuan 8. 0 earthquake zone using high resolution ground LiDAR and UAV remote sensing. Beijing: SPIE

Asia Pacific Remote Sensing.

Jiao Q J, Zhang B, Liu L Y, et al. 2011. Estimating fractional vegetation cover in the Wenchuan earthquake disaster area using high-resolution airborne image and Landsat TM image. Proceedings of SPIE-The International Society for Optical Engineering, 8006: 7.

Konca A O, Leprince S, Avouac J P, et al. 2010. Rupture process of the 1999 M_{W} 7.1 Duzce earthquake from joint analysis of SPOT, GPS, InSAR, Strong-Motion, and Teleseismic Data: A supershear rupture with variable rupture velocity. Bulletin of the Seismological Society of America, 100(1): 267-288.

Kruse F A, Kim A M, Runyon S C, et al. 2014. Multispectral, hyperspectral, and LiDAR remote sensing and geographic information fusion for improved earthquake response. Baltimore M D: Algorithms and Technologies for Multispectral, Hyperspectral, and Ultraspectral Imagery Xx (Vol. 9088).

Kuzuoka S, Mizuno T. 2005. Land motion monitoring in Japan using PSInSAR technique. IEEE International Geoscience and Remote Sensing Symposium, 8: 5681-5682.

Lei T J, Zhang Y Z, Lu J X, et al. 2018. The application of UAV remote sensing in mapping of damaged buildings after earthquakes. Shanghai: 10th International Conference on Digital Image Processing.

Li D. 2009. Remote sensing in the Wenchuan earthquake. Photogrammetric Engineering and Remote Sensing, 75(5): 506-509.

Liu F, Li J F, Yang S H. 2015. Landslide erosion associated with the Wenchuan earthquake in the Minjiang River watershed: Implication for landscape evolution of the Longmen Shan, eastern Tibetan Plateau. Natural Hazards, 76(3): 1911-1926.

Liu X L, Li X, Li J G, et al. 2013. Object-oriented remote sensing image classification and road damage adaptive extraction. Proceedings of the 2013 the International Conference on Remote Sensing, Environment and Transportation Engineering, 31: 140-143.

Ma H J, Liu Y L, Ren Y H, et al. 2020. Detection of collapsed buildings in post-earthquake remote sensing images based on the improved YOLOv3. Remote Sensing, 12(1): 44.

Ma J W, Qin S X. 2012. Automatic depicting algorithm of earthquake collapsed buildings with airborne high resolutionimage. Munich: 2012 IEEE International Geoscience and Remote Sensing Symposium: 939-942.

Massonnet D, Feigl K, Rossi M, et al. 1994. Radar interferometric mapping of deformation in the year after the landers earthquake. Nature, 369(6477): 227-230.

Massonnet D, Rossi M, Carmona C, et al. 1993. The displacement field of the landers earthquake mapped by Radar interferometry. Nature, 364(6433): 138-142.

Massonnet D, Thatcher W, Vadon H. 1996. Detection of postseismic fault-zone collapse following the Landers earthquake. Nature, 382(6592): 612-616.

Matvienko G G, Kokhanenko G P, Shamanaev V S, et al. 1998. Project of the aerosol spaceborne lidar Tectonica-A//Devir A D, Kohnle A, Schreiber U, et al. Atmospheric Propagation, Adaptive Systems, and Lidar Techniques for Remote Sensing Ⅱ. Bellingham: The International Society for Optical Engineering.

Niu R Q, Wu X L, Yao D K, et al. 2014. Susceptibility assessment of landslides triggered by the Lushan Earthquake, April 20, 2013, China. IEEE Journal of Selected Topics in Applied Earth Observations and Remote Sensing, 7(9): 3979-3992.

Peduzzi P. 2010. Landslides and vegetation cover in the 2005 North Pakistan earthquake: a GIS and statistical quantitative approach. Natural Hazards and Earth System Sciences, 10(4): 623-640.

Peyret M, Rolandone F, Dominguez S, et al. 2008. Source model for the M_W 6.1, 31 March 2006, Chalan-Chulan earthquake(Iran)from InSAR. Terra Nova, 20(2): 126-133.

Qi W W, Wei M F, Yang W T, et al. 2020. Automatic mapping of landslides by the ResU-Net. Remote Sensing, 12(15): 2487.

Qiang Z J, Li L Z, Dian C G, et al. 1998. Use remote sensing technique to predict earthquakes//Singh U N, Hu H, Wang G. Optical Remote Sensing for Industry and Environmental Monitoring. Bellingham: SPIE-Int Soc Optical Engineering.

Rathje E, Kayen R, Woo K S. 2006. Remote sensing observations of landslides and ground deformation from the 2004 Niigata Ken Chuetsu earthquake. Soils and Foundations, 46(6): 831-842.

Ryder I, Parsons B, Wright T J, et al. 2007. Post-seismic motion following the 1997 Manyi(Tibet)earthquake: InSAR observations and modelling. Geophysical Journal International, 169(3): 1009-1027.

Sezer E A, Pradhan B, Gokceoglu C. 2011. Manifestation of an adaptive neuro-fuzzy model on landslide susceptibility mapping: Klang valley, Malaysia. Expert Systems with Applications, 38(7): 8208-8219.

Shafique M, van der Meijde M, Khan M A. 2016. A review of the 2005 Kashmir earthquake-induced landslides from a remote sensing prospective. Journal of Asian Earth Sciences, 118: 68-80.

Sharma L P, Patel N, Ghose M K, et al. 2015. Development and application of Shannon's entropy integrated information value model for landslide susceptibility assessment and zonation in Sikkim Himalayas in India. Natural Hazards, 75(2): 1555-1576.

Simons M, Fialko Y, Rivera L. 2002. Coseismic deformation from the 1999 M_W 7.1 Hector Mine, California, earthquake as inferred from InSAR and GPS observations. Bulletin of the Seismological Society of America, 92(4): 1390-1402.

Singh R P, Kumar J S, Zlotnicki J, et al. 2010. Satellite detection of carbon monoxide emission prior to the Gujarat earthquake of 26 January 2001. Applied Geochemistry, 25(4): 580-585.

Singh R P, Ouzounov D. 2003. Earth processes in wake of Gujarat earthquake reviewed from space. EOS Trans. AGU, 84(26): 244.

Tian Y, Yang G, Wang Z, et al. 2019. Apple detection during different growth stages in orchards using the improved YOLO-V3 model. Computers and Electronics in Agriculture, 157: 417-426.

Tramutoli V, Aliano C, Corrado R, et al. 2013. On the possible origin of thermal infrared radiation (TIR) anomalies in earthquake-prone areas observed using robust satellite techniques (RST). Chemical Geology, 339: 157-168.

Tronin A A, Hayakawa M, Molchanov O A. 2002. Thermal IR satellite data application for earthquake research in Japan and China. Journal of Geodynamics, 33 (4-5): 519-534.

Tronin A A. 1996. Satellite thermal survey-A new tool for the study of seismoactive regions. International Journal of Remote Sensing, 17 (8): 1439-1455.

Tronin A A. 2000. Thermal IR satellite sensor data application for earthquake research in China. International Journal of Remote Sensing, 21 (16): 3169-3177.

Tronin A A. 2006. Remote sensing and earthquakes: A review. Physics and Chemistry of the Earth, Parts A/B/C, 31 (4-9): 138-142.

Tronin A A. 2010. Satellite remote sensing in seismology. Remote Sensing, 2 (1): 124-150.

Wang C, Qiu X, Liu H, et al. 2020. Damaged buildings recognition of post-earthquake high-resolution remote sensing images based on feature space and decision tree optimization. Computer Science and Information Systems, 17 (2): 619-646.

Wang J H, Qin Q M, Zhao J H, et al. 2015. A knowledge-based method for road damage detection using high-resolution remote sensing image. Milan: 2015 IEEE International Geoscience and Remote Sensing Symposium.

Wang L W, Li J P, Liu Y H, et al. 2015. Object-oriented method of building damage extraction from high-resolution images. Wuhan: 2015 23rd International Conference on Geoinformatics.

Wu F, Wang C, Zhang B, et al. 2019. Discrimnation of collapsed buildings from remote sensing imagery using deep neural networks. Yokohama: 2019 IEEE International Geoscience and Remote Sensing Symposium.

Wu J A, Chen P, Liu Y L, et al. 2014. The method of earthquake landslide information extraction with high-resolution remote sensing. Wuhan: Remote Sensing of the Environment: 18th National Symposium on Remote Sensing of China.

Wu L X, Qin K, Liu S J. 2012. GEOSS-based thermal parameters analysis for earthquake anomaly recognition. Proceedings of the IEEE, 100 (10): 2891-2907.

Xu C. 2015. Preparation of earthquake-triggered landslide inventory maps using remote sensing and GIS technologies: Principles and case studies. Geoscience Frontiers, 6 (6): 825-836.

Yalcin A. 2008. GIS-based landslide susceptibility mapping using analytical hierarchy process and bivariate statistics in Ardesen (Turkey): Comparisons of results and confirmations. Catena, 72 (1): 1-12.

Zakaria Z A, Ahmadi F F. 2020. Possibility of an earthquake prediction based on monitoring crustal deformation anomalies and thermal anomalies at the epicenter of earthquakes with oblique thrust faulting. Acta Geophysica, 68 (1): 51-73.

Zeng H C, Lu T, Jenkins H, et al. 2016. Assessing earthquake-induced tree mortality in temperate forest ecosystems: A case study from Wenchuan, China. Remote Sensing, 8(3): 252.

Zhang J D, Hull V, Huang J Y, et al. 2014. Natural recovery and restoration in giant panda habitat after the Wenchuan earthquake. Forest Ecology and Management, 319: 1-9.

Zhang Y, Meng Q Y. 2019. A statistical analysis of TIR anomalies extracted by RSTs in relation to an earthquake in the Sichuan area using MODIS LST data. Natural Hazards and Earth System Sciences, 19(3): 535-549.

Zhao Y, Ren H Z, Cao D S, et al. 2018. The research of building earthquake damage object-oriented change detection based on ensemble classifier with remote sensing image. Valencia, Spain: Igarss 2018-2018 IEEE International Geoscience and Remote Sensing Symposium: 4950-4953.

第3章

地质灾害遥感信息提取的理论与方法

3.1 地质灾害遥感概述

3.1.1 地质灾害概述

地质灾害是由自然因素或者人为因素引发的地质作用或者地质现象，这些地质作用和现象对人类的生命财产构成了一定威胁，对生存环境造成了严重破坏(潘懋和李铁锋, 2002)。随着经济的快速发展，人类社会城镇化需求日益旺盛，对自然资源的过度开采破坏了自然环境的稳定性，导致地质灾害频发，造成巨大的人员伤亡和经济损失。我国是地质灾害频发的国家之一，受地理环境制约，我国人口分布相对集中。随着经济的快速发展，人们对自然环境的干扰愈加强烈，不合理的经济建设工程加剧了地质灾害的发生。

地质灾害主要包括滑坡、泥石流、崩塌、地面塌陷、地裂缝和地面沉降。滑坡是斜坡上的土或者岩体沿着软弱面(带)，整体或者分散顺坡向下滑动的自然现象(崔宗培, 1991)。重力是滑坡发生的主要驱动力，其他影响边坡稳定性的因素，包括岩土类型、地质构造条件、地形地貌条件、水文地质条件和人类工程活动等，也会形成特定情况触发滑坡事件。滑坡的活动时间主要与其诱发因素有关，包括地震、降雨、海啸、风暴潮、冻融以及人类不合理的开挖和爆破等活动。滑坡是世界范围内主要自然灾害之一，在导致人类死亡的自然灾害中位列第三，会掩埋房屋、冲断公路和铁路等基础交通设施，以及堵塞河流导致堰塞湖险情等众多危害(Guha-Sapir et al., 2016; Martinez, 2011)。泥石流是在暴雨和洪水作用下含有大量泥沙、石块且松软的土质山体经过饱和稀释后形成的洪流(辞海编辑委员会, 1999)。泥石流的体积密度通常与岩石崩塌和其他类型的滑坡一致，但是由于高孔隙流体压力导致的沉积物液化，它们几乎可以像水一样流动(Iverson, 1997)。由于其具有高含沙量和高流动性，泥石流具有非常大的破坏性。泥石流常发生于峡谷地区和火山多发区，是瞬间爆发的泥石洪流，比洪水的破坏性更强。崩塌是指山坡上岩石和土体在重力作用下发生的急剧滑落运动。崩塌是一种平移事件，因为岩体大致沿着平坦的表面运动，几乎没有旋转或者向后倾斜(Cruden and Varnes，1958)。岩石沿着均匀的软弱面突然以难以置信的速度下坡滑落，使其他岩石松散，释放基岩，会砸碎路径中的所有物体，包括建筑物、居民点、公路和铁路，使交通中断，因此是最危险的大规模块体坡移。地面塌陷是地表岩石和土体由自然或者人为因素导致的向下陷落，形成塌陷坑洞的地质现象(河海大学《水利大辞典》修订委员会，2015)。地下空洞是地面塌陷发生的基本条件，其常发生于地下采矿空区或者喀斯特地区，破坏城镇建筑设施、铁道公路交通运输和水以及地下矿产资源的开采利用。地裂缝是地表岩石和土层在内外力作用下发生变形，岩土层破裂，连续性遭到破坏，形成裂缝(赵忠海，2006)。地裂缝是地质灾害中主要的地表形变灾害之一，直接导致城镇房屋破坏、道路变形和农田漏水等问题，恶化生活环境，对人类的生产生活威胁极大(吴玉涛等，2020)。地面沉降又称为地面下沉，是由于地下松散地层固结压缩，地壳表面标高降低的一种局部下降的地质现象(黄汉江，1990)。造成地面沉降的主要原因包括大量人类经济活动工程、地下水不合理开采、地壳运动和海平面上升(罗跃，2016)。其发生的频率与当地经济发展有一定关系，是目前世界各大城市共同面临的一个工程地质问题。地面沉降可破坏城镇地基的稳定性，会导致海边城市海水倒灌等现象，损坏生产设施，影响人们的正常生活。

　　根据我国自然资源部每年发布的全国地质灾害通报(自然资源部地质灾害技术指导中心，2019)，通过对近 10 年数据的统计分析(2010～2019 年，其中 2017 年数据不全)，发现我国每年发生的地质灾害事件呈逐年递减的趋势(图 3.1)，其中

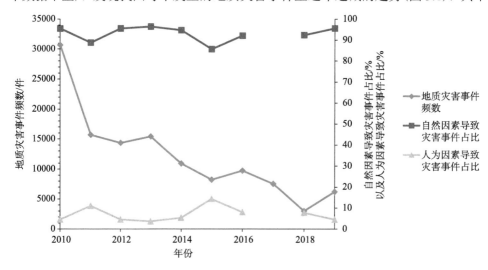

图 3.1　2010～2019 年全国地质灾害事件分布(2017 年导致灾害事件的因素统计缺失)

降雨和冰雪消融等自然因素导致的灾害事件占 90% 左右，采矿和切坡等人为因素导致的灾害事件占比不到 10%。在所有地质灾害中，滑坡、崩塌和泥石流是发生频率最高的三种灾害(图 3.2)，分别占地质灾害事件的 71.50%、18.02% 和 7.35%，而地面塌陷、地裂缝和地面沉降共占 3.13%。地质灾害事件频数的降低主要归因于滑坡、崩塌和泥石流灾害事件减少。而这些事件减少可能的原因之一是地质灾害预警能力的提高。从图 3.3 中可以看出，成功预报灾害事件占整体灾害事件的比

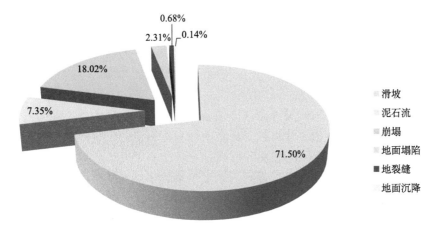

图 3.2　2010～2019 年地质灾害事件发生频率所占比例(2017 年数据缺失，不在统计内)

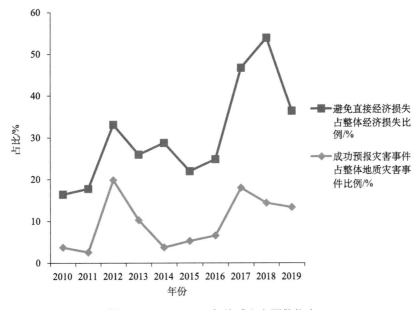

图 3.3　2010～2019 年地质灾害预警能力

例呈逐年上升的趋势，这里的整体灾害事件包括实际发生的地质灾害事件和成功预报的灾害事件。同时，避免直接经济损失占整体经济损失的比例也呈上升趋势，整体经济损失包括实际直接经济损失和避免的直接经济损失。虽然随着减灾工作的深入，灾害预警能力得到了一定提升，但是这些提升多归因于当地人工勘察和多个高价传感器的密集布设，成本高昂且费时费力（刘鹏程，2018）。此外，地质灾害在我国近 10 年平均每年会造成 600 多人死亡、失踪，200 多人受伤，导致的直接经济损失高达 44.8 亿元，对人民群众的生命财产构成了严重的威胁。因此，开展大面积地质灾害监测工作，在加深灾害机理研究、分析灾害发生成因、构建灾害风险预警模型和加快应急响应、减少生命财产损失等方面均有重要意义。

3.1.2 灾害遥感在地质灾害中的应用

目前，灾害遥感在地质灾害监测中的应用多集中于不同地质灾害的位置和形状信息的获取。利用航拍照片可以对历史滑坡和泥石流的位置、形状进行解译，得到滑坡编目图（Eeckhaut et al., 2009）。将地质灾害事件发生前后的现场调查与航空立体像片的解译相结合，可以得到近期发生滑坡事件的分布、类型，之前已经存在的滑坡分布和类型，以及斜坡位移（Ardizzone et al., 2012）。除了地质灾害的分布和类型，基于遥感技术还可以利用光学影像和激光雷达数据获取滑坡、泥石流的大小（面积）、长、宽、深度和体积（Malamud et al., 2004），以及来源、行程和沉积区域（Bajracharya and Bajracharya, 2008）。同时，结合高空间分辨率遥感影像可以区分浅层滑坡（Gao and Maro, 2010）和深层滑坡（Fiorucci et al., 2011）。此外，每个地区的易受滑坡影响度（Galli and Guzzetti, 2007）也可以从灾害遥感中获取。这是一个很有必要但是目前计算比较少的信息。针对崩塌，灾害遥感可以获取位置、体积和面积（Francioni et al., 2019）。而对于地面塌陷、地裂缝和地面沉降这些地质灾害，由于其规模比较小，而且在解译过程中有较大的不确定性，需要高空间分辨率遥感影像结合实地勘测获取其发生位置和大小（高丽琰，2018）。

3.1.3 地质灾害遥感信息提取国内外研究进展

本章主要介绍目前国内外基于遥感数据在滑坡、崩塌、泥石流、地面塌陷、地裂缝和地面沉降监测方面取得的研究进展。由于地面塌陷、地裂缝和地面沉降灾害规模比较小，这里将其统称为地表形变。

在地质灾害提取方面，美国、欧洲、加拿大和日本等发达国家已于 20 世纪 70 年代就采用遥感技术对地质灾害进行调查。Sauchyn 和 Trench（1978）尝试采用 Landsat 影像对美国科罗拉多州滑坡进行解译，发现有一些滑坡，由于其周围地理环境影响而在影像中的光谱特征不明显，很难解译出来。Macdonald 和

Grubbs(1975)结合 Landsat 影像和雷达影像分析滑坡周边地理地形,进而判断高速公路发生滑坡的风险。意大利最早于 1279 年就有关于崩塌、岩滑、岩崩和泥石流事件的详细记录(何雪洲, 2003),很多学者结合航拍影像对历史滑坡做了比较详细的解译工作(Eeckhaut et al., 2009)。通过立体航片识别滑坡需要较强的经验、系统的方法和明确的标准(Antonini et al., 2002)。然而这些标准和方法并不存在,需要解译者根据图像中的形状、面积、颜色、地形和周边环境等因素自行判断(Ardizzone et al., 2012)。随着商业卫星的发展和计算机计算能力的提升,越来越多的卫星遥感影像和先进的图像处理方法应用于地质灾害信息提取方面。Fiorucci等(2011)基于全色卫星影像、假彩色卫星影像以及合成卫星影像对滑坡进行目视解译。Haneberg 等(2009)基于 LiDAR 和 DEM 数据对滑坡进行解译。同时,很多学者基于 ALOS、ASTER、 SPOT、QuickBird、IKONOS 等商业卫星影像和高空间分辨率无人机航空影像,采用变化检测(Ramos-Bernal et al., 2018)、指数阈值法(Pradhan et al., 2015)和聚类分析(Piralilou et al., 2019)等方法对滑坡进行提取。近年来,随着立体卫星影像三维可视化技术的日益成熟,基于高分辨率 DEM 数据对滑坡进行半自动提取得到了快速发展(Passalacqua et al., 2010)。此外,基于中分辨率 Landsat 卫星影像、高空间分辨率的商业卫星影像和无人机航空影像提出的面向对象分类方法(Lu et al., 2011)、图像分割方法(Piralilou et al., 2019)、机器学习方法(Ghorbanzadeh et al., 2019)以及基于变化检测构建的半自动滑坡、崩塌和泥石流提取方法(Lu et al., 2019)均得到了快速发展。

　　我国地质灾害遥感的研究起步于洪涝灾害防治工作(张意祜, 2015)。1983 年 9月,铁道部科技局设立 "采用遥感技术进行铁路泥石流普查和动态变化的研究",对成昆铁路北段的航片的泥石流分布进行解译(潘仲仁, 1987)。20 世纪 90 年代起,我国在公路沿线和选线防灾工程等方面开始大面积采用灾害遥感技术(王龙飞,2014)。自 21 世纪以来,大量学者基于高空间分辨率的商业卫星影像,包括GeoEye、QuickBird、ASTER、WorldView 等和激光雷达数据开展了局部地质灾害调查工作(童立强和郭兆成, 2013; 王钦军等, 2011; 赵佳曼, 2019)。随着计算机技术的快速发展和计算机存储能力的提高,越来越多的高新技术被快速、高效地应用于地质灾害自动或者半自动提取工作中,并取得了良好的成果。贾利萍等(2016)基于 SPOT-5 影像采用面向对象的分类方法分别对安徽省矿山开采引起的地表形变、滑坡和崩塌进行提取。张海涛(2017)采用印度资源卫星构建随机森林模型对印度某一河流的流域提取滑坡,得到 77%的总体精度。郑重等(2017)采用深度学习网络从高分影像中对地表形变进行识别,取得了 96.5%的总体精度。近年来,我国航天卫星技术在不断发展,并自主研制了多个高分辨率卫星,包括天绘一号、资源一号 02C、资源三号、高分一号和高分二号。这些卫星数据重访周期短,获取成本比国外商业卫星低，性价比高，为开展大范围地质灾害调查提供了有力的数据支撑。贾菊桃(2020)基于云变换与快速广义模糊 C-均值聚类方法对贵州省水城县高分一号卫星影像中的滑坡自动识别，总体精度达到了 88.07%。高丽琰(2018)基于高分二号卫星对宁夏的滑坡、崩塌、泥石流和地表形变均进行了解译和风险分析。

3.2 地质灾害遥感信息提取的主要原理与方法

3.2.1 地质灾害遥感信息提取的原理

地质灾害主要包括滑坡、崩塌、泥石流、地面塌陷、地裂缝和地面沉降。当地质灾害发生时，会在遥感影像中呈现典型的光谱、纹理和几何形态特征。这里主要介绍各个地质灾害基于遥感信息提取的原理，以及其在高空间分辨率遥感影像中的特征。

滑坡监测主要依赖滑坡体与其背景地物之间的光谱、形状、纹理和图形的差异。大部分滑坡发生后，会形成一些明显的易于识别的特征。在形态上表现为圈椅状、双沟同源地貌、"箕"状形态和"大肚子"斜坡(童立强和郭兆成, 2013)。其原始地面的整体一致性被破坏，受到挤压和扰动，一般有松脱现象，而且岩体或者土体破碎，地表粗糙不平滑。滑坡体后部常出现镜面或者陡峭地形等特征(童立强和郭兆成, 2013)。在具体到某个滑坡时，其识别特征通常只占其中的几个。由于滑坡类型繁多，形态各异，背景地物多较复杂。本章以图 3.4 和图 3.5 为例，列出两处典型的滑坡影像，分别位于宁夏西吉县和四川九寨沟。其中，宁夏西吉县的滑坡(黄色框线)为黄土滑坡，其植被覆盖率低，规模也比较大。从图 3.4 中可以看到，黄土滑坡的边界主要是圈椅状，双沟同源地貌明显，而且多分布于沟谷处。在高分影像中的光谱特征多呈白色或者暗绿色。四川九寨沟的滑坡背景地物主要为植被，多分布在山坡处，而且其整体纹理和光谱特征与背景地物有明显差别。

崩塌监测主要依据坡体的地形、地貌和地质结构特征。大部分山体崩塌发生后，坡体较陡、高差较大，呈孤立山嘴或凹状陡坡。崩塌体上部滑源区和下部岩土体堆积区多数较宽，中间部分较窄，呈"哑铃"状。本章以贵州省纳雍县鬃岭镇大型崩塌为例，阐述崩塌灾害在高空间分辨率遥感影像中的解译特征。如图 3.6 所示，崩塌壁影像多样，光谱和纹理特征与背景地物相差较大，而且新发生的崩塌颜色多呈亮色，发生时间比较久的崩塌壁多呈暗灰色，而且崩塌体的中、下部滑落和堆积较多破碎岩土体。

图 3.4　宁夏西吉县苏堡乡苏堡村黄土滑坡示意图

黄色框线，截图于 2017 年 7 月 1 日

图 3.5　四川九寨沟滑坡示意图

截图于 2019 年 9 月 27 日

图 3.6　贵州省纳雍县鬓岭镇崩塌示意图

截图于 2017 年 5 月 4 日

　　泥石流包括形成区、流通区和堆积区（高丽琰，2018）。泥石流多于地形陡峭的河流上游沟谷形成，形态多呈漏斗形、椭圆形和勺形。流动区比较窄，堆积区多呈扇形和长条形。对于中小型泥石流，流通区通常较难分出。本章以四川阿坝藏族羌族自治州小金县宅垄镇元营村泥石流为例对基于高空间分辨率影像的泥石流解译特征做阐述。如图 3.7 所示，此处的泥石流面积较大，流动区细长，而且地形陡峭，岩土体堆积区呈扇形。其光谱和纹理特征与背景地物相差较大。

图 3.7　四川阿坝藏族羌族自治州小金县宅垄镇元营村泥石流示意图

截图于 2011 年 8 月 29 日

　　地面塌陷在遥感影像中多呈细长形、圆形或者椭圆形，会沿着一定方向成群分布，大多伴有阴影。其多发于矿区，可以将影像中白色矿区作为解译的辅助标志。本章以宁夏中卫市校育川为研究区，为了便于阐述，将其地面塌陷发生前后的两景影像同时列于图 3.8 中。如图 3.8 所示，黄色框内是发生的地面塌陷，形态均呈椭圆形，而且规模较小。

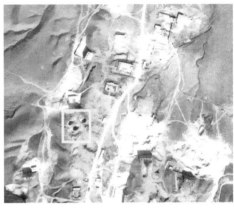

(a) 截图于2013年3月10日　　　　　　　　(b) 截图于2013年10月4日

图 3.8　宁夏中卫市校育川地面塌陷示例图(标记于黄色框内)

　　地裂缝多发于基岩裸露区、农业种植区和草原覆盖区(王娅娟, 2011)。其形状一般呈线型，长几米到几百米，宽几厘米到几米。地裂缝的光谱特性与背景地物有较大差异，但是由于其规模比较小，容易受植被等背景地物干扰。因此，针对地裂缝的遥感解译，多选择初春或者秋季成像的高空间分辨率遥感影像(王娅娟, 2011)。本章选取陕西省神木大柳塔选煤厂的典型地裂缝(图 3.9，标注黄色箭头)为示例。可以看到该处的地裂缝较长，分布密集，呈线型，有一定阴影覆盖，与背景地物的光谱和纹理特征有明显差异。

　　地面沉降多发于城市地面，其形变缓慢，人肉眼很难察觉(李陆和王宁, 2019)。目前针对地面沉降遥感监测主要利用合成孔径干涉雷达技术计算研究区不同时相高程和地形信息，进而评估城市地面沉降情况。

3.2.2　主要数据

　　基于航拍影像对地质灾害进行目视解译一直是研究者们通常采用的方法(Brunsden, 1993)。立体航拍的使用在过去的 20 年已经成了衡量滑坡制图新技术的标准。航拍影像的广泛使用主要归因于四点：①受过训练的地貌学家可以借助

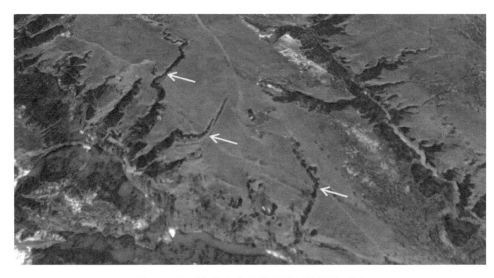

图 3.9　陕西省神木大柳塔选煤厂地裂缝示例

截图于 2012 年 11 月 23 日

立体相对轻松地找到发生地质灾害的地形变化，识别并绘制滑坡(Rib and Liang, 1978)；②对立体航片解译滑坡是一个简单、直接的过程，不需要复杂的技能 (Nichol et al., 2006)；③航空照片可以覆盖大量滑坡，方便解译；④航拍照片的获取历史悠久，在很多地区，如欧洲、北美、日本和中国台湾就有 20 世纪 50 年代甚至更早的航拍照片记录可供地质灾害解译，并分析其演变(Fiorucci et al., 2011; Mondini et al., 2011)。与传统的航拍照片相比，高分辨率全色遥感影像可以有效地补充地质灾害信息背景和纹理。

　　随着遥感技术的不断发展，越来越多卫星遥感数据被应用到地质灾害信息提取方面，主要有光学数据和雷达等数据。光学遥感数据可以直观地展现灾害体和周边背景地物，提供丰富的光谱、纹理等地物信息。目前在滑坡、泥石流、山体崩塌和地表形变等地质灾害的遥感监测中应用比较广泛的有无人机航空影像 (Arenson et al., 2016; Karantanellis et al., 2020; Liu et al., 2015; 唐尧等, 2019)和国外卫星影像，包括 TM 数据(Barlow et al., 2003)、SPOT-5 数据(Chen et al., 2010a; Elkadiri et al., 2014; Yamaguchi et al., 2003)、ALOS 数据(Adriano et al., 2020; Zhao et al., 2012)、RapidEye 数据(Ghorbanzadeh et al., 2019)、Planet 数据(Shao et al., 2019)、IKONOS 数据(Fiorucci et al., 2011; Huggel et al., 2006; Lagios et al., 2005)、OrbView 数据(Elkadiri et al., 2014; Rathje et al., 2006; Tsutsui et al., 2007)、RESOURCESAT 数据(Martha et al., 2011; Martha and Kumar, 2013; Perumal et al., 2005)、ASTER 数据(Crowley et al., 2003; Danneels et al., 2007; Kääb, 2002;

Leprince et al., 2007)、Sentinel 数据(De Simone et al., 2020; Li et al., 2019; Lu et al., 2019; Yokoya et al., 2020)、QuickBird 数据(Casagli et al., 2005; Deguchi et al., 2006; Mondini et al., 2011)、WorldView 数据(König et al., 2019; Nagai et al., 2017; Ruiguo, 2016; Bui et al., 2018)、GeoEye 数据(Elkadiri et al., 2014; Gama et al., 2015; Lu et al., 2011)、Pleiades 数据(Salvi et al., 2015; Zizioli et al., 2014)、KOMPSAT 数据(Lee and Lee, 2006)和 Landsat 数据(Chen et al., 2019; Ding et al., 2016; Elkadiri et al., 2014)。同时，国产高空间分辨率卫星数据在地质灾害监测方面也发挥着越来越重要的作用，包括资源三号(刘采等，2015; 彭令等，2018)、高分一号(Ding et al., 2016; Li et al., 2016a; Liu et al., 2020)和高分二号(Huang, 2019; 高丽琰，2018; 唐尧等，2019)数据。但是，光学遥感数据容易受云、雨等天气影响，雷达数据影像对云、冰雪和森林均有一定的穿透力，对地表形变信息比较敏感。常用于监测滑坡、山体崩塌、泥石流和地表形变地质灾害的数据包括 TerraSAR-X(Motagh et al., 2013; Przyłucka et al., 2015; Semakova and Bühler, 2017)、COSMO-SkyMed(Chen et al., 2018a; Guida et al., 2010; Konishi and Suga, 2018; Rosa et al., 2013)、ENVISAT(Elkadiri et al., 2014; Lu et al., 2019; Suganthi et al., 2017; Tian et al., 2010)、RADARSAT(Luo et al., 2016; Rudy et al., 2018; Sakagami et al., 2011)、FORMOSAT(Chen et al., 2010b; Han et al., 2009; Liu, 2006; Sato and Harp, 2009)、Cartosat(Champatiray et al., 2018; Kumar et al., 2019; Martha et al., 2010)、ALOS-PALSAR 卫星(Bayuaji et al., 2014; Dong et al., 2018; Huang et al., 2015; Nagai et al., 2017)、ERS 卫星(Chorowicz et al., 1998; Elkadiri et al., 2014; Raucoules et al., 2003)和高分三号卫星(Ding et al., 2019; Wang et al., 2019)。此外，便携式地面雷达干涉仪(Walter et al., 2020)、陆地激光扫描仪(Bremer and Sass, 2012)和机载激光扫描仪(Mezaal et al., 2017)均可以用于实时获取灾害发生区的雷达数据。同时，ALOS World 3D DEM、SRTM DEM 和 ASTER DEM 等提供的 DEM 数据产品也常用作滑坡(Liu and Yamazaki, 2008)、山体崩塌(Nagai et al., 2017; Penna et al., 2016)、泥石流(Elkadiri et al., 2014)和地表形变(Yu and Ge, 2010)地质灾害监测地形信息的辅助数据。Google Earth 和 Microsoft Bing Maps 等网络平台提供的数据也可以用来收集就近发生的特定地质灾害事件信息。

3.2.3　传统地质灾害遥感信息提取方法

灾害遥感对地质灾害，包括滑坡、泥石流、山体崩塌、地面塌陷和地表裂缝监测采用的传统方法主要有目视解译和特征阈值法。目视解译是经过训练的专家通过影像的纹理、光谱特征和背景地物分布对目标地物进行人工标记，是目前认为最可靠的一种方法，也是获取影像中真实地质灾害的主要途径之一(Guzzetti et al., 2012)。特征阈值法是指根据遥感影像中的目标地物特征计算光谱指数、纹理特征图、形态学指数或者采用数字图像处理算法得到信息增强后的图像,通过人工设置经验阈值,对目标地物进行提取。Martha 等(2011)采用面向对象的方法对影像进行恰当的分割,结合 DTM 计算得到的地形曲率对山区滑坡进行分类和提取。NDVI[如式(3.1)所示]是基于多光谱光学影像监测地质灾害常用的植被指数。Yang 和 Chen(2010)通过比较不同时期影像的 NDVI,对滑坡进行监测。Mondini 等(2011)结合 NDVI、主成分分析、独立成分分析和光谱角度特征,对不同时期的影像通过变化检测监测滑坡(Mondini et al., 2011)。周志华等(2012)以对象为单位,分析其 NDVI、纹理和水体指数等特征,对滑坡进行提取。

$$\text{NDVI} = \frac{\rho_{\text{NIR}} - \rho_{\text{R}}}{\rho_{\text{NIR}} + \rho_{\text{R}}} \tag{3.1}$$

式中,ρ_{NIR} 和 ρ_{R} 分别代表像素在近红外和红波段的反射率。除了 NDVI 以外,其他指数和影像变换在地质灾害监测中也发挥了重要作用。苏凤环等(2008)计算了亮度指数[Bright,如式(3.2)所示]、绿度指数[Green,如式(3.3)所示]和湿度指数[Wet,如式(3.4)所示],并通过缨帽变换、影像差值、密度分割和构建掩膜等方法实现了地质灾害快速提取(苏凤环等, 2008)。

$$\begin{aligned}\text{Bright} = &\ 0.3037\text{TM1} + 0.2793\text{TM2} + 0.4743\text{TM3} \\ &+ 0.5585\text{TM4} + 0.5082\text{TM5} + 0.1863\text{TM7}\end{aligned} \tag{3.2}$$

$$\begin{aligned}\text{Green} = &-0.2848\text{TM1} - 0.2435\text{TM2} - 0.5436\text{TM3} \\ &+ 0.7243\text{TM4} + 0.084\text{TM5} - 0.18\text{TM7}\end{aligned} \tag{3.3}$$

$$\begin{aligned}\text{Wet} = &\ 0.1509\text{TM1} + 0.1973\text{TM2} + 0.3279\text{TM3} \\ &\pm 0.3406\text{TM4} - 0.7112\text{TM5} - 0.4572\text{TM7}\end{aligned} \tag{3.4}$$

式中,TM1,$\cdots$,TM5,TM7 分别是 TM 影像各个波段的灰度值(TM6 是热红外波段,常用于监测与人类活动有关的特征,因此没有用于地质灾害监测中)。除了光学影像外,赵祥等(2009)结合 SAR 数据、光学遥感影像及其他辅助数据,计算植被指数、水体指数和光谱比值指数,通过对相邻时相影像变化分析对滑坡泥石流进行检测。同时,基于 LiDAR 数据计算得到的 DEM 也被广泛用于计算滑坡地面形态特征,包括斜率和坡度等,进而对山区滑坡进行监测(Chen et al., 2014)。近年来,水平集和变化张量分析在泥石流监测方面也取得了良好的效果(Li et al., 2016b)。在地面塌陷监测方面,毕晓佳(2015)利用坍塌积水这一特征,通过计算研究区多个时相 TM 影像的水体指数,设置阈值得到了煤矿坍塌面积。在地裂缝提取方面,王娅娟等(2011)采用方向性特征增强算子对大柳塔采空区地裂缝进行监测,得到了与实地调查结果相吻合的地裂缝信息。但是,由于地面坍塌和地表裂缝的规模都比较小，在影像中很难直接判断，需要借助实地勘测进一步验证。而地面沉降过程比较缓慢，难以从光学影像中直接判断，因此基于灾害遥感对地面沉降的监测主要采用的传统方法包括水准测量、干涉雷达技术和 GPS 测量(李陆和王宁，2019)。

3.2.4　利用机器学习的地质灾害信息提取方法

机器学习作为计算机视觉领域的一个重要分支技术，主要包括随机森林(Surhone et al., 2010)、支持向量机 SVM(Saunders et al., 2002)、决策树(Rokach and Maimon, 2005)和 k-means 聚类(Rokach and Maimon, 2005)等模型，已经广泛应用于灾害遥感地质灾害监测中，尤其是对滑坡和泥石流的监测，并取得了良好的应用效果。其具体的应用过程如图 3.10 所示，主要包括三部分：特征选取、训练数据构建；模型训练；模型测试。常用于构建滑坡、泥石流提取模型的特征主要包括坡度、高程、坡向和曲率地表形态学特征；湿度指数、流向等水文特征；土地利用类型、GLCM 纹理特征、NDVI 和路网距离等土地覆盖特征；岩性、断层距离和地形结构等地理特征；降雨密度等特征(Prakash et al., 2020)。根据地质灾害的真实标记图可以得到其与背景地物的真实样本，并计算其选取的用来区分灾害与背景地物的各个特征值，构建训练数据集。基于训练数据集，采用机器学习的经典模型进行训练，学习模型中各个参数阈值用来提取地质灾害。最后，将基于训练得到的模型在其他数据集中进行测试，检验模型的可移植性和精度。

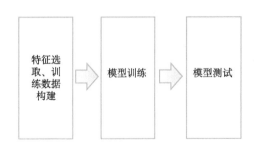

图 3.10　机器学习应用示意图

Gong 等(2012)基于 SVM 模型对汶川地震发生前后的遥感影像地物进行分类，分析了滑坡和堰塞湖等情况。Keyport 等(2018)采用 k-means 聚类方法分别构建基于像素的滑坡分类模型和面向对象的滑坡分类模型，对其精度进行比较和分析。Chen 等(2014)基于根据 DTM 计算得到的地表形态学特征训练随机森林模型对森林中的滑坡进行提取。近年来，由于随机森林模型学习过程很简单，模型精度较高，尤其在处理高维特征时表现优异，在地质灾害监测中得到了越来越多的应用。Chen 等(2018b)利用影像增强对滑坡潜在区进行提取，以每个潜在滑坡区为单位,计算其光谱和纹理特征,构建随机森林模型,对尼泊尔全国区域的滑坡、泥石流进行提取,可以去除99%的背景地物。Yu 等(2018)基于 Google Earth Engine 对 Landsat 影像进行合成,并计算 NDVI 等光谱和纹理指数,结合 DEM 地形信息构建随机森林模型,对尼泊尔中部滑坡进行提取,并得到了77.01%的用户精度。除了构建分类模型以外,Chen 等(2017)基于随机森林模型构建回归模型,计算影像中每个像素是滑坡的概率。在地面塌陷监测方面,赖永标和乔春生(2008)通过计算岩性影响系数、岩体结构影响系数、地下水影响系数、覆盖层影响系数、地形地貌影响系数和环境条件影响系数构建了 SVM 模型以对岩溶塌陷进行识别。在地表裂缝检测方面,马志丹(2018)采用 k-means 聚类方法构建地表裂缝检测模型,通过计算连通区面积、长宽比特征对公路图像的裂缝进一步提取。在地面沉降监测方面,孟祥磊和赵新华(2007)以地下水累计开采量为特征构建 SVM 模型对地面沉降量进行计算,得到的拟合平均误差要低于 BP 神经网络方法,具有良好的泛化能力。

3.2.5　利用深度学习的地质灾害信息提取方法

随着计算机视觉的发展,深度学习在人工智能领域已经取得了卓越的进展,并扮演着举足轻重的位置。由于深度神经网络可以直接从原始影像中学习目标地物提取需要的特征,避免了传统方法和机器学习方法中特征选择这一过程,很多灾害遥感学者将深度卷积神经网络用于地质灾害监测中,并取得了精度上的显著提高。其具体的应用流程如图 3.11 所示,主要包括三部分:训练数据集构建、模型训练、模型测试。其中,训练数据集多采用遥感影像斑块,其尺寸大小可以固定也可以随机,主要取决于深度学习模型的结构和运行模型计算机硬件存储的大小。模型训练过程主要随选取的网络结构而定,这里以残差网络为例进行阐述。如图3.12所示,残差网络的模块结构主要由两个卷积层和一个恒等快捷连接构成,具体可以表达为式(3.5),其中 X 是模型的输入图像,W_1 和 W_2 是模型需要学习的卷积层中的卷积核,Φ 是激活函数,这里采用 ReLU(rectified linear unit),其表达

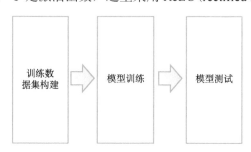

图 3.11　深度学习应用流程示意图

式如式(3.6)所示。在图 3.13 中对残差网络的结构进行详细描述，可以看到残差网络具体由卷积层 CONV、归一化层 BN、尺度层 SCALE 和激活函数 ReLU 构成。在卷积层中对模块的输入特征图 Y_{L-1} 进行卷积操作，然后对其根据式(3.7)和式(3.8)分别进行归一化和尺度计算，最后采用激活函数得到下一层的输入特征图。

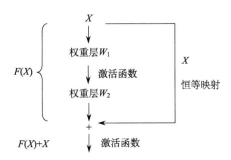

图 3.12　残差网络模块示意图

$$Y = W_2 \times \varPhi(W_1 \times X) + X \tag{3.5}$$

$$\varPhi(x) = \max(0, x) \tag{3.6}$$

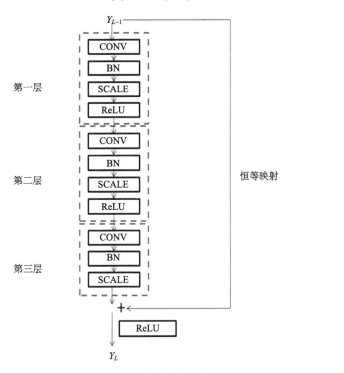

图 3.13　残差网络结构图

$$F_{bn} = \frac{F - F_{mean}}{F_{std}} \tag{3.7}$$

$$F_{scale} = \alpha \times F_{bn} + \beta \tag{3.8}$$

式中，α 和 β 均为模型需要学习的参数；F 为特征图；F_{mean} 为特征图均值；F_{std} 为特征图误差；F_{bn} 为归一化后的特征图；F_{scale} 为尺度延展后的特征图。残差网络作为经典的网络模块常用于提取输入影像的特征图，同时作为其他网络模块的输入用于目标提取或者实例分割。由于卷积神经网络具有可移植性强、自动学习特征和精度高的特点，在基于遥感影像对地质灾害提取方面得到了较多的应用和发展。

Anantrasirichai 等（2018）基于 Sentinel-1 影像构建卷积神经网络自动提取火山地表形变。Ghorbanzadeh 等（2019）将卷积神经网络与不同的机器学习方法进行对比，对喜马拉雅山脉地区的滑坡进行自动提取，发现卷积神经网络的提取精度更高。Sameen 和 Pradhan（2019）采用 U-Net 语义分割深度学习神经网络（Ronneberger et al.，2015）对滑坡进行提取，发现其精度比滑动窗口的卷积神经网络高。Prakash 等（2020）采用改进的 U-Net 语义分割深度学习神经网络对滑坡进行提取，并与基于像素和面向对象的机器学习方法相比，发现改进的 U-Net 网络精度更高，错分率更低。Yu 等（2020）以连通区为对象构建 PSPNet 语义分割深度神经网络。Zhao 等（2017）对 2015 年尼泊尔全国的滑坡泥石流进行提取，模型获得的检测精度比随机森林机器学习方法得到的精度高 44%。在山体崩塌监测方面，Bejiga 等（2016）采用 GoogleNet 对无人机航空影像的山体崩塌进行自动提取，并取得了 97.59% 的精度。郑重等（2017）采用受限玻尔兹曼模型 RBM（Smolensky，2014）对开采矿区的地面塌陷进行识别，得到 96.5% 的总体精度。目前，由于地质灾害样本较难获取，样本量有限，而深度学习需要大量的训练样本，基于灾害遥感对地质灾害的监测方法多集中采用机器学习，用深度学习方法的研究较少。随着今后深度神经网络的逐渐轻量化，样本的自动生成能力越来越强，以及不同地质灾害样本量的逐渐积累，会有越来越多高效的神经网络地质灾害提取模型被提出，灾害遥感在地质灾害监测方面会发挥越来越重要的作用。

3.3 地质灾害遥感信息提取新应用

3.3.1 利用概率回归的滑坡提取——以汶川为例

1. 研究区概况

研究区位于四川省成都市西北部的汶川县。2008 年发生在龙门山断裂沿线处的汶川地震引发了近 20 万处山体滑坡。地震造成了 69000 多人死亡。滑坡引起 3

万人死亡。研究收集了 2018 年 5 月 12 日汶川地震后覆盖汶川县的两景 Landsat-7 影像。图 3.14 列出了这两景影像的详细情况,可以看出该研究区覆盖密集的滑坡,背景地物复杂,包括城区、岩石、裸土和植被。

 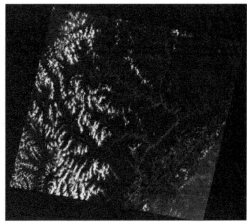

(a) 影像1   (b) 影像2

图 3.14 研究区的 Landsat-7 影像

2. 数据与方法

本节研究还收集了 SRTM DEM 数据提供的研究区的地形信息,辅助滑坡提取。同时,研究区真实的滑坡信息是 Xu 等(2014)结合研究区的航空影像、IKONOS 影像、SPOT-5、ASTER、 QuickBird、ALOS 以及 CBERS-02B,参考谷歌地球影像,人工目视解译得到的。

研究采用随机森林训练逻辑回归模型,通过计算每个像素属于滑坡的概率对滑坡进行提取(Chen et al., 2017)。具体的方法流程如图 3.15 所示。整体包括四部分:①去云;②特征提取;③训练随机森林逻辑回归模型;④精度验证。在去云部分,采用 SVM 分类方法将第一波段影像自动分成三类地物,将云提取出来,得到的提取结果如图 3.16 所示。在特征提取部分,选取 HOG(Dalal and Triggs, 2005)、LBP(Song et al., 2013)、DEM 梯度信息以及第二、四、五波段影像归一化后的灰度值来计算每个像元属于滑坡的概率。HOG 和 LBP 常用于描述每个像元在其一定邻域范围内的光谱和纹理特性。由于滑坡常发生于斜坡处,所以研究计算 DEM 梯度信息时须将城区、河流、道路以及其他平坦的裸地去除。采用 Sobel 滤波器(Kanopoulos et al., 1988)计算 DEM 梯度,得到如图 3.17 所示的 DEM 梯度图，可以看到崎岖的山地地区信息被增强，而平坦地物信息被弱化。

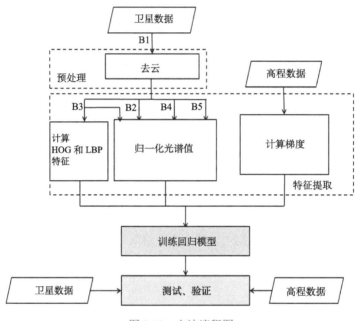

图 3.15　方法流程图

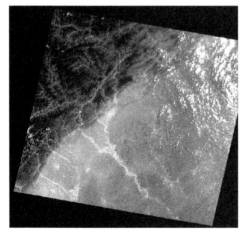 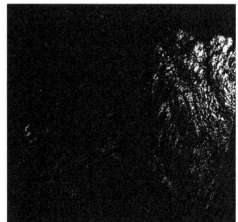

(a) B1原始影像　　　　　　　　　　　　　　　　(b) 云提取结果图

图 3.16　云提取示例图

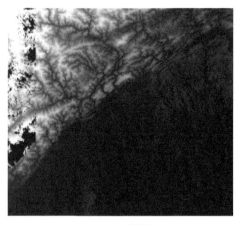 

(a) DEM原始图   (b) DEM梯度计算结果图

图 3.17 DEM 梯度计算图

研究采用逻辑回归模型对滑坡进行提取，主要是为了克服滑坡与背景地物样本量相差悬殊导致的分类模型发生偏移的问题。采用如图 3.18 所示的原理计算每个像元属于滑坡的概率。图中灰色的连通区是真实滑坡的一个示例，A、B、C 是像素相对于滑坡位置的三种典型情况。以每个像元为中心，计算其 3×3 邻域范围内滑坡的分布概率，即为该像素属于滑坡的概率。针对 A 情况的像元，其属于滑坡的概率为 5/9×100%。针对 B 情况的像元，其属于滑坡的概率为 100%。针对 C 情况的像元，其属于滑坡的概率为 0。根据这一规则，计算研究区影像中每个像元属于滑坡的概率用作模型训练和验证。由于研究区比较大，因此随机从图 3.16(a)中选取 20%的像元作为训练数据(15 万个像元)，训练随机森林模型，计算每个像元属于滑坡的概率。同时，分别从图 3.16(a)和图 3.16(b)中随机选取 4 个子图作为测试数据对模型进行验证。

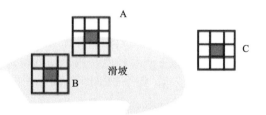

图 3.18 滑坡概率计算示意图

3. 结果与讨论

通过计算 8 个测试数据[标记为(a)、(b)、…、(h)]中所有像元属于滑坡的真实概率，和模型模拟得到概率之间的线性相关系数(表 3.1)，可以观察出用回归模型计算得到的滑坡概率与真实值一致性很好，而且在不同测试数据中的表现都比较稳定。在这 8 个测试数据中，标记为(a)、(b)、(c)、(d)的图像是从与模型训练数据相同的影像中随机选取的，标记为(e)、(f)、(g)、(h)的图像是从另一景影像中选取的。模型对(f)、(g)和(h)图像的回归表现甚至比与其样本分布一致的(a)、(b)、(c)、(d)图像好。这进一步验证了训练模型的稳定性和可靠性。

表 3.1　测试数据像元滑坡概率与真实概率之间的相关系数

图像序号	相关系数	图像序号	相关系数
(a)	0.834367	(e)	0.774381
(b)	0.985281	(f)	0.996067
(c)	0.994249	(g)	0.997055
(d)	0.931515	(h)	0.996841

基于回归模型对每个图像计算得到的概率，归一化成 0～255 灰度图。随机设定一个滑坡提取阈值 T，并计算提取的滑坡与背景地物的灰度平均值 M_L、M_B。重新迭代 $T=(M_L+M_B)$，并计算 M_L 和 M_B，直至 T 收敛不变，并以 T 作为该图像提取滑坡自动计算得到的阈值。基于此规则，研究对标记为(a)、(b)、…、(h)的影像做自动滑坡提取，并将提取结果图与对应的原始图和真实滑坡标记图同时列于图 3.19 中。可以看到，选取的测试图像中大部分滑坡都被成功提取了出来，而且它们的形状也得到了完好的保存。通过对比滑坡真实标记图和提取图可以看到滑坡的内在结构也被很好地提取了出来。结合表 3.1 和图 3.19 的提取结果可以发现图 3.19(e)的提取精度相对较差，一些道路的边缘和部分河流被当作滑坡误提了出来。这表明用来区分滑坡与背景地物的特征需要进一步改进。此外，研究还计算了各个测试图像滑坡提取的生产者精度、用户精度和 F-measure 来定量评价训练模型，并列于表 3.2 中。显然，每个测试图像的生产者精度都是 100%，表明所有真实滑坡像素都被模型成功提取。虽然存在着一定的误提，但是大部分图像的用户精度都在 99%左右，高于 98%，而且大部分图像的综合评价指标 F-measure 都高于 0.94，表明训练模型可以很好地将滑坡提取出来。结合图 3.19 和表 3.2 可以看到，该研究方法可以很好地将以植被为主要背景地物的滑坡提取出来，但是对于有裸土和岩石这类与滑坡有相似光谱和纹理特征的背景地物的情况，训练模型

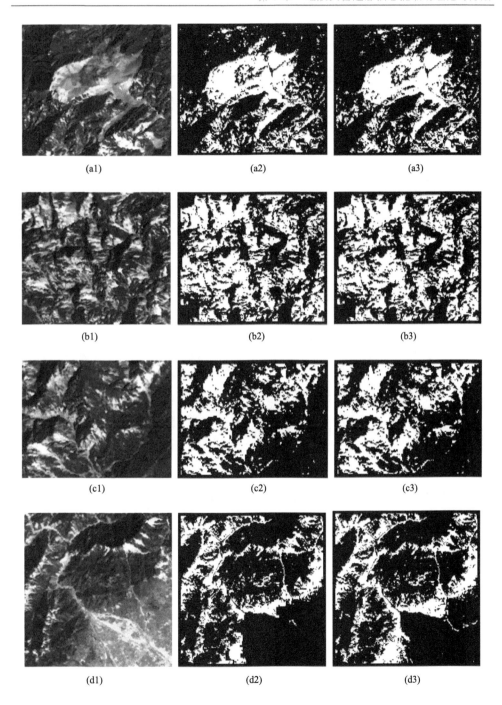

(a1)　　　　　　　　　　　(a2)　　　　　　　　　　　(a3)

(b1)　　　　　　　　　　　(b2)　　　　　　　　　　　(b3)

(c1)　　　　　　　　　　　(c2)　　　　　　　　　　　(c3)

(d1)　　　　　　　　　　　(d2)　　　　　　　　　　　(d3)

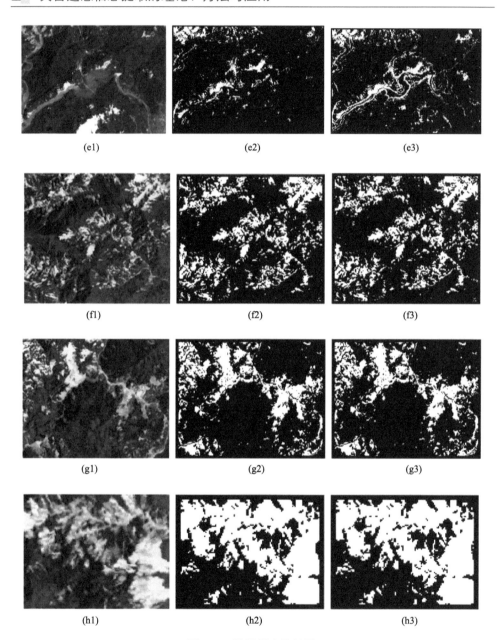

图 3.19　滑坡提取结果图

第 1 列为以假彩色合成显示的原始图像；第 2 列为滑坡真实标记图；第 3 列为滑坡提取结果图

会产生很多误提，如图 3.19(d) 和 (e) 所示，这也是其用户精度和 *F*-measure 相对比较低的原因。因此，如何设计可以更好地区分滑坡与裸土等背景地物的特征是下一步研究的关键。同时，由于该研究目标是提取滑坡，而滑坡是一种特定性的灾害，一定范围内的误提是可以接受的。研究表明，提出的方法使复杂背景地物条件下的大范围滑坡提取结果的可靠性和鲁棒性都比较强，为滑坡提取的实际应用提供了一种解决思路。

表 3.2　滑坡提取精度定量评价

图像序号	生产者精度/%	用户精度/%	*F*-measure
图 3.19(a)	100	99.655	0.998
图 3.19(b)	100	98.256	0.991
图 3.19(c)	100	99.246	0.996
图 3.19(d)	100	89.865	0.947
图 3.19(e)	100	62.724	0.771
图 3.19(f)	100	99.461	0.997
图 3.19(g)	100	99.422	0.997
图 3.19(h)	100	99.670	0.998

3.3.2　利用连通区构建的深度神经网络对 2015 年尼泊尔全域滑坡提取

1. 研究区概况

尼泊尔主要位于喜马拉雅山脉，靠近印度板块与欧亚板块的碰撞边界。板块的碰撞使尼泊尔很容易受地震的影响。频发的地震、森林退化和雨季暴雨都会引发越来越多的滑坡。尼泊尔境内地物类型非常复杂，包括植被、岩石、裸土、城区和河流。这种地物复杂度和尼泊尔全域尺度的研究区可以为检验滑坡提取模型精度和鲁棒性提供充足的数据且有较高的难度。由于 2015 年 Gorkha 地震在尼泊尔引起了上千起滑坡事件，并导致了巨大的财富损失，该研究以 2015 年尼泊尔全境区域为研究对象，评估滑坡提取模型的有效性和精度 (Yu et al., 2020)。

2. 数据与方法

为了对尼泊尔全境区域开展滑坡提取工作，研究基于 Google Earth Engine 云平台分别对 2014 年和 2015 年尼泊尔全域 Landsat 影像进行年尺度合成。首先计算一年内研究区每个像元在所有 Landsat 影像中的 NDVI 值，并对其进行排序，取 80%最高 NDVI 值的像元在其 Landsat 影像中各个波段的灰度值作为合成影像中该像元在各个波段的灰度值。这样既可以避免影像中的异常值，也可以减少云、阴影和影像条带等对滑坡提取的影响。同时，还收集研究区的 SRTM DEM 数据，通过提供地形信息，辅助滑坡提取。

　　研究基于 PSPNet 语义分割模型构建了面向对象的深度学习网络对滑坡进行提取。具体流程如图 3.20 所示，主要包括两部分：潜在滑坡提取和基于连通区的滑坡提取模型构建。潜在滑坡提取对于构建滑坡提取模型非常重要，因为滑坡作为一种自然灾害，其分布与影像中的背景地物相比非常少，尤其是大空间范围的研究区。通过对潜在滑坡进行提取可以去除大量背景地物，也可以平衡滑坡与背景地物的样本量。研究通过计算增强植被指数 EVI，根据式(3.9)归一化到 0～255。以 180 为阈值，将灰度值大于 180 的像元认为是潜在滑坡，得到如图 3.21 所示的潜在滑坡提取结果，可以看到裸土和岩石由于与滑坡有相似的光谱和纹理特征，均在潜在滑坡提取结果中与滑坡混在一起。因此需要构建模型将滑坡进一步精确地提取出来。

$$\overline{\mathrm{EVI}}_n = \frac{\mathrm{EVI}_{\max} - \mathrm{EVI}}{\mathrm{EVI}_{\max} - \mathrm{EVI}_{\min}} \tag{3.9}$$

式中，$\overline{\mathrm{EVI}}_n$、$\mathrm{EVI}_{\max}$、$\mathrm{EVI}_{\min}$ 分别为增强后的、最大的、最小的植被指数值。

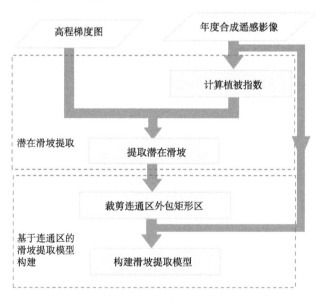

图 3.20　滑坡提取流程图

　　基于潜在滑坡提取结果图计算连通区，并计算每个连通区的外包矩形。按照如图 3.22 所示的规则将面积小于 300 像素×300 像素的外包矩形扩展到 300 像素×

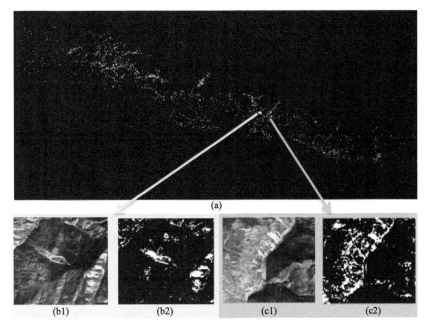

图 3.21　潜在滑坡区提取结果图

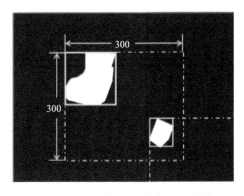

图 3.22　外包矩形区域截取示意图

300 像素，以涵盖更多的滑坡和背景地物。由于滑坡样本数比背景地物少得多，采用这种策略不仅可以平衡二者的样本数比例，还可以增加训练样本的多样性。将 2014 年合成影像中的每一个外包矩形区域对应在合成影像中的各个波段图作为输入数据，训练滑坡提取模型。模型结构采用 PSPNet（Zhao et al., 2017）网络结构（图 3.23），包括残差网络 ResNet-101（He et al., 2016）模块和金字塔池化模块（Zhao et al., 2017）。ResNet-101 是具有 101 层残差卷积神经网络的典型结构，主要用来对输入数据提取特征，生成特征图。该网络结构容易优化，而且通过采用跳跃连接，解决了网络层数增加引起的精度饱和问题。在该研究中，残差网络采用 ResNet-101-v2（Szegedy et al., 2017），因为其相较于 ResNet-101 计算量更小，易于实践。从图 3.23 中可以看到，金字塔池化主要对特征图提取多尺度特征，并对多尺度特征图进行连接，生成最终分割结果二值图。同时，研究分别在第 3 个和第 29 个残差网络模块处添加了辅助损失函数，用来加快整个模型的优化。

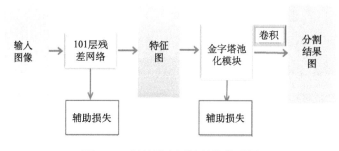

图 3.23　滑坡提取网络结构模型图

基于图 3.23 所示的网络结构，在模型训练时，采用 ReLU 激活函数（Nair and Hinton, 2010），而且在学习神经网络的权重和偏移时，采用多元学习策略（poly learning strategy）（Chen et al., 2018c）。模型的学习率 l_{iter} 根据式（3.10）设定，其中，l_{base} 代表初始学习率，设置为 0.001；t_i 是迭代次数；t_{max} 是最大迭代次数，设置成 20 万；p 是指数，设置为 0.9。实验是基于 Caffe 框架实现的，共采用两个 GPU，每个 GPU 的内存为 12GB。

$$l_{iter} = l_{base} \times \left(1 - \frac{t_i}{t_{max}}\right)^p \tag{3.10}$$

3. 结果与讨论

为了验证模型的效率和精度，该研究将基于 2014 年度合成数据训练得到的滑坡提取模型应用到 2015 年度合成数据中，得到滑坡提取结果。其中，2015 年滑坡的真实分布是通过目视解译得到的。同时，该研究从尼泊尔全境尺度计算了滑坡提取的精度、召回率和 F-measure 值，对结果进行定量验证，并列于表 3.3 中。从表 3.3 中可以很明显地看到，与随机森林方法相比，研究提出的网络结构模型可以将滑坡提取精度提高 15%，将召回率提高约 44%，效果显著。这表明通过深度神经网络可以比较准确地从原始数据中学习滑坡提取需要的特征，比传统的人工特征选择方法更有效、直接，研究提出的模型可以比较好地将滑坡提取出来，反映滑坡的真实分布情况。

表 3.3　尼泊尔全境滑坡提取精度评价

方法	召回率/%	精度/%	F-measure
本书方法	65.01	55.35	0.60
随机森林方法	22.89(Chen et al. 2018b)	29.72(Chen et al., 2018b)	0.26

3.4　小　　结

通过对滑坡、崩塌、泥石流、地面塌陷、地裂缝和地面沉降的灾害特点，利用灾害遥感监测的原理以及目前技术发展现状进行分析，发现目前灾害遥感主要在滑坡、泥石流监测方面应用比较广泛，发展也比较快，但是对地裂缝和地面塌陷等规模比较小的地质灾害监测工作开展得相对比较少。同时，由于遥感影像背景地物多且复杂，针对大空间范围的多起地质灾害监测研究也比较少。随着计算机技术和遥感技术的发展，越来越多的数据积累为灾害遥感在地质灾害监测领域开展工作提供了基础和便利，日新月异的科学技术推动着灾害遥感在地质灾害监测领域的进步和日益成熟。

参 考 文 献

毕晓佳. 2015. 遥感技术监测采煤塌陷区的应用研究. 煤炭技术, (4): 111-112.

辞海编辑委员会. 1999. 辞海. 上海: 上海辞书出版社.

崔宗培. 1991. 中国水利百科全书. 北京: 水利电力出版社.

高丽琰. 2018. 基于"高分二号"卫星影像的宁夏地质灾害研究. 北京: 中国地质大学.

何雪洲. 2003. 意大利滑坡死亡人数统计及与一些国家的对比. 中国地质灾害与防治学报, 14(1): 122-123.

河海大学《水利大辞典》修订委员会. 2015. 水利大辞典. 上海: 上海辞书出版社.

黄汉江. 1990. 建筑经济大辞典. 上海: 上海社会科学院出版社.

贾菊桃. 2020. 基于高分一号卫星影像的滑坡自动识别. 绵阳: 西南科技大学.

贾利萍, 李郑, 汪燕. 2016. SPOT-5 影像在安徽省矿山地质环境遥感监测中的应用. 能源技术与管理, 41(4): 159-160, 176.

赖永标, 乔春生. 2008. 基于支持向量机岩溶塌陷的智能预测模型. 北京交通大学学报, 32(1): 36-39, 43.

李陆, 王宁. 2019. 城市地面沉降判定常见方法介绍与分析. 地下水, (5): 90, 209.

刘采, 路云阁, 余江宽. 2015. 基于资源三号卫星数据的泥石流易发区自动提取方法研究. 西安: 中国地质学会 2015 学术年会.

刘鹏程. 2018. 大数据分析技术在地质灾害系统中的应用研究. 西安: 西安工业大学.

罗跃. 2016. 探析城市地面沉降的原因与应对策略. 地球, (8): 491, 133.

马志丹. 2018. 基于机器学习的裂缝检测方法研究. 信息通信, (11): 25-26.

孟祥磊, 赵新华. 2007. 支持向量机在地面沉降预测中的应用. 山西建筑, 33(14): 4-5.

潘懋, 李铁锋. 2002. 灾害地质学. 北京: 北京大学出版社.

潘仲仁. 1987. 航空像片在成昆铁路泥石流沟调查中的应用效果. 铁路航测, (2): 30-32.

彭令, 徐素宁, 梅军军, 等. 2018. 资源三号卫星在汶川震区滑坡快速识别中的应用方法研究. 遥感技术与应用, 33: 185-192.

苏凤环, 刘洪江, 韩用顺, 等. 2008. 汶川地震山地灾害遥感快速提取及其分布特点分析. 遥感学报, 12(6): 956-963.

唐尧, 王立娟, 王志军, 等. 2019. "8·14"成昆铁路山体崩塌灾害应急遥感监测及其应用思考. 国土资源信息化, (5): 22-28.

童立强, 郭兆成. 2013. 典型滑坡遥感影像特征研究. 国土资源遥感, 25(1): 86-92.

王龙飞. 2014. 国产卫星数据在地质灾害遥感调查中的应用研究. 北京: 中国地质大学.

王钦军, 陈玉, 蔺启忠. 2011. 矿山地面塌陷的高分辨率遥感识别与边界提取. 国土资源遥感, 23(3): 113-116.

王娅娟, 孟淑英, 李军, 等. 2011. 地裂缝信息遥感提取方法研究. 神华科技, 9(5): 31-33.

吴玉涛, 杨为民, 周俊杰, 等. 2020. 河北隆尧地裂缝灾害及其安全避让距离分析. 中国地质灾害与防治学报, 31(2): 67-73.

张海涛. 2017. 基于高分影像的滑坡提取关键技术研究. 北京: 中国地质大学.

张意祐. 2015. 浅谈高精度卫星遥感技术在地质灾害调查与评价中的应用. 大科技, (27): 186-187.

赵佳曼. 2019. InSAR技术在地表形变监测中的应用. 南京: 南京大学.

赵祥, 李长春, 苏娜. 2009. 滑坡泥石流的多源遥感提取方法. 自然灾害学报, 18(6): 29-32.

赵忠海. 2006. 北京地区地裂缝灾害的分布特征及其成因探讨. 地质灾害与环境保护, 17(3): 75-78.

郑重, 张敬东, 杜建华. 2017. 基于深度学习的遥感图像中地面塌陷识别方法研究. 现代商贸工业, (35): 189-192.

周志华, 林维芳, 许高程, 等. 2012. 基于面向对象的滑坡快速识别技术研究. 安徽农业科学, (5): 3017-3018, 3071.

自然资源部地质灾害技术指导中心. 2019. 全国地质灾害通报. http://www.cgs.gov.cn/ [2021-5-26].

Adriano B, Yokoya N, Miura H, et al. 2020. A semiautomatic pixel-object method for detecting landslides using multitemporal ALOS-2 intensity images. Remote Sensing, 12(3): 561.

Anantrasirichai N, Biggs J, Albino F, et al. 2018. Application of machine learning to classification of volcanic deformation in routinely generated InSAR data. Journal of Geophysical Research: Solid Earth, 123(8): 6592-6606.

Antonini G, Ardizzone F, Cardinali M, et al. 2002. Surface deposits and landslide inventory map of the area affected by the 1997 Umbria-Marche earthquakes. Bollettino Della Società Geologica

Italiana, 121 (2): 843-853.

Ardizzone F, Basile G, Cardinali M, et al. 2012. Landslide inventory map for the Briga and the Giampilieri catchments, NE Sicily, Italy. Journal of Maps, 8 (2): 176-180.

Arenson L U, Kaab A, O'Sullivan A. 2016. Detection and analysis of ground deformation in permafrost environments. Permafrost and Periglacial Processes, 27 (4): 339-351.

Bajracharya B, Bajracharya S R. 2008. Landslide mapping of the Everest region using high resolution satellite images and 3D visualization. Kathmandu: In Mountain GIS E-conference.

Barlow J, Martin Y, Franklin S. 2003. Detecting translational landslide scars using segmentation of Landsat ETM+ and DEM data in the northern Cascade Mountains, British Columbia. Canadian Journal of Remote Sensing, 29 (4): 510-517.

Bayuaji L, Sumantyo J T S, Kuze H. 2014. ALOS PALSAR D-InSAR for land subsidence mapping in Jakarta, Indonesia. Canadian Journal of Remote Sensing, 36 (1): 1-8.

Bejiga M B, Zeggada A, Melgani F. 2016. Convolutional neural networks for near real-time object detection from UAV imagery in avalanche search and rescue operations. Beijing: 2016 IEEE International Geoscience and Remote Sensing Symposium (IGARSS).

Bremer M, Sass O. 2012. Combining airborne and terrestrial laser scanning for quantifying erosion and deposition by a debris flow event. Geomorphology, 138 (1): 49-60.

Bruce D M, Donald L T, Fausto G, et al. 2004. Landslide inventories and their statistical properties. Earth Surface Processes and Landforms, 29 (6): 687-711.

Brunsden D. 1993. Mass movement; the research frontier and beyond: A geomorphological approach. Geomorphology, 7: 85-128.

Bui D T, Shahabi H, Shirzadi A, et al. 2018. Landslide detection and susceptibility mapping by airsar data using support vector machine and index of entropy models in cameron highlands, malaysia. Remote Sensing, 10 (10): 1527.

Casagli N, Fanti R, Nocentini M, et al. 2005. Assessing the Capabilities of VHR Satellite Data for Debris Flow Mapping in the Machu Picchu Area (C101-1). Heidelberg: Springer.

Champatiray P K, Parvaiz I, Jayangondaperumal R, et al. 2018. Chapter 26-Earthquake-triggered landslide modeling and deformation analysis related to 2005 Kashmir earthquake using satellite imagery//Samui P, Kim D, Ghosh C. Integrating Disaster Science and Management: Global Case Studies in Mitigation and Recovery. Amsterdam: Elsevier.

Chen D, Lu Y, Jia D. 2018a. Land deformation associated with exploitation of groundwater in Changzhou City measured by COSMO-SkyMed and Sentinel-1A SAR data. Open Geosciences, 10: 678-687.

Chen F, Lin H, Yeung K, et al. 2010a. Detection of slope instability in Hong Kong based on multi-baseline differential SAR interferometry using ALOS PALSAR data. GIScience and Remote Sensing, 47 (2): 208-220.

Chen F, Yu B, Li B. 2018b. A practical trial of landslide detection from single-temporal Landsat8 images using contour-based proposals and random forest: A case study of national Nepal. Landslides, 15: 453-464.

Chen F, Yu B, Xu C, et al. 2017. Landslide detection using probability regression, a case study of Wenchuan, northwest of Chengdu. Applied Geography, 89: 32-40.

Chen K S, Wu A M, Chern J S, et al. 2010b. Formosat-2 mission: Current status and contributions to Earth observations. Proceedings of the IEEE, 98(5): 878-891.

Chen L, Papandreou G, Kokkinos I, et al. 2018c. DeepLab: semantic image segmentation with deep convolutional nets, atrous convolution, and fully connected CRFs. IEEE Transactions on Pattern Analysis and Machine Intelligence, 40(4): 834-848.

Chen T H K, Prishchepov A V, Fensholt R, et al. 2019. Detecting and monitoring long-term landslides in urbanized areas with nighttime light data and multi-seasonal Landsat imagery across Taiwan from 1998 to 2017. Remote Sensing of Environment, 225: 317-327.

Chen W, Li X, Wang Y, et al. 2014. Forested landslide detection using LiDAR data and the random forest algorithm: A case study of the Three Gorges, China. Remote Sensing of Environment, 152: 291-301.

Chorowicz J, Scanvic J, Rouzeau O, et al. 1998. Observation of recent and active landslides from SAR ERS-1 and JERS-1 imagery using a stereo-simulation approach: Example of the Chicamocha valley in Colombia. International Journal of Remote Sensing, 19(16): 3187-3196.

Ciampalini A, Raspini F, Bianchini S, et al. 2015. Remote sensing as tool for development of landslide databases: the case of the Messina Province(Italy) geodatabase. Geomorphology, 249: 103-118.

Crowley J K, Hubbard B E, Mars J C. 2003. Analysis of potential debris flow source areas on Mount Shasta, California, by using airborne and satellite remote sensing data. Remote Sensing of Environment, 87(2-3): 345-358.

Cruden D M, Varnes D J. 1958. Landslide types and processes. Landslides and Engineering Practice, 247: 36-75.

Dalal N, Triggs B. 2005. Histograms of oriented gradients for human detection. 2005 IEEE Computer Society Conference on Computer Vision and Pattern Recognition(CVPR'05), 881: 886-893.

Danneels G, Pirard E, Havenith H. 2007. Automatic landslide detection from remote sensing images using supervised classification methods. Barcelona: 2007 IEEE International Geoscience and Remote Sensing Symposium.

De Simone W, Di M M, Di C V, et al. 2020. The potentiality of Sentinel-2 to assess the effect of fire events on Mediterranean mountain vegetation. Plant Sociology, 57: 11.

Deguchi T, Kato M, Akcin H, et al. 2006. Automatic processing of interferometric SAR and accuracy of surface deformation measurement. Stockholm: The International Society for Optical Engineering.

Ding C, Feng G, Li Z, et al. 2016. Spatio-temporal error sources analysis and accuracy improvement in landsat 8 image ground displacement measurements. Remote Sensing, 8(11): 937.

Ding Y, Liu M, Li S, et al. 2019. Mountainous landslide recognition based on Gaofen-3 Polarimetric SAR imagery. Yokohama: 2019 IEEE International Geoscience and Remote Sensing Symposium.

Dong J, Zhang L, Li M, et al. 2018. Measuring precursory movements of the recent Xinmo landslide in Mao County, China with Sentinel-1 and ALOS-2 PALSAR-2 datasets. Landslides, 15: 135-144.

Eeckhaut M V D, Moeyersons J, Nyssen J, et al. 2009. Spatial patterns of old, deep-seated landslides: A case-study in the northern Ethiopian highlands. Geomorphology, 105(3-4): 239-252.

Elkadiri R, Sultan M, Youssef A M, et al. 2014. A remote sensing-based approach for debris-flow susceptibility assessment using artificial neural networks and logistic regression modeling. IEEE Journal of Selected Topics in Applied Earth Observations and Remote Sensing, 7(12): 4818-4835.

Fiorucci F, Cardinali M, Carlà R, et al. 2011. Seasonal landslide mapping and estimation of landslide mobilization rates using aerial and satellite images. Geomorphology, 129(1-2): 59-70.

Francioni M, Calamita F, Coggan J, et al. 2019. A multi-disciplinary approach to the study of large rock avalanches combining remote sensing, GIS and field surveys: The case of the Scanno Landslide, Italy. Remote Sensing, 11(13): 1570.

Galli M, Guzzetti F. 2007. Landslide vulnerability criteria: A case study from Umbria, Central Italy. Environmental Management, 40(4): 649-664.

Gama F F, Cantone A, Santos A R, et al. 2015. Monitoring subsidence of waste piles and infrastructures of active open PIT iron mine in the Brazilian Amazon Region using SBAS interferometric technique and TerraSAR-X data. Milan: 2015 IEEE International Geoscience and Remote Sensing Symposium(IGARSS).

Gao J, Maro J. 2010. Topographic controls on evolution of shallow landslides in pastoral Wairarapa, New Zealand, 1979–2003. Geomorphology, 114(3): 373-381.

Ghorbanzadeh O, Blaschke T, Gholamnia K, et al. 2019. Evaluation of different machine learning methods and deep-learning convolutional neural networks for landslide detection. Remote Sensing, 11(2): 196.

Gong J, Yue Y, Zhu J, et al. 2012. Impacts of the Wenchuan Earthquake on the Chaping River upstream channel change. International Journal of Remote Sensing, 33(12): 3907-3929.

Guha-Sapir D, Below R, Hoyois P. 2016. EM-DAT: the OFDA/CRED international disaster database. Brussels: Université Catholique de Louvain.

Guida R, Iodice A, Riccio D. 2010. An application of the deterministic feature extraction approach to COSMO-SkyMed data. Aachen: 8th European Conference on Synthetic Aperture Radar.

Guzzetti F, Mondini A C, Cardinali M, et al. 2012. Landslide inventory maps: New tools for an old problem. Earth-Science Reviews, 112(1-2): 42-66.

Han Y, Liu H, Cui P, et al. 2009. Hazard assessment on secondary mountain-hazards triggered by the Wenchuan earthquake. Journal of Applied Remote Sensing, 3: 031645.

Haneberg W C, Cole W F, Kasali G. 2009. High-resolution lidar-based landslide hazard mapping and modeling, UCSF Parnassus Campus, San Francisco, USA. Bulletin of Engineering Geology and the Environment, 68(2): 263-276.

He K, Zhang X, Ren S, et al. 2016. Deep Residual Learning for Image Recognition. Las Vegas: 2016 IEEE Conference on Computer Vision and Pattern Recognition(CVPR).

Huang S C. 2019. Remote sensing survey of Zhongliang Mountain Karst collapse based on GF-2 data. Geospatial Information, 17.

Huang Y, Yu M, Xu Q, et al. 2015. InSAR-derived digital elevation models for terrain change analysis of earthquake-triggered flow-like landslides based on ALOS/PALSAR imagery. Environmental Earth Sciences, 73(11): 7661-7668.

Huggel C, Kääb A, Salzmann N. 2006. Evaluation of QuickBird and IKONOS imagery for assessment of high-mountain hazards. EARSeL eProceedings, 5: 51-62.

Iverson R M. 1997. The physics of debris flows. Reviews of Geophysics, 35: 245-296.

Kaab A. 2002. Monitoring high-mountain terrain deformation from repeated air-and spaceborne optical data: examples using digital aerial imagery and ASTER data. ISPRS Journal of Photogrammetry and Remote Sensing, 57(1-2): 39-52.

Kanopoulos N, Vasanthavada N, Baker R L. 1988. Design of an image edge detection filter using the Sobel operator. IEEE Journal of Solid-State Circuits, 23(2): 358-367.

Karantanellis E, Marinos V, Vassilakis E, et al. 2020. Object-based analysis using unmanned aerial vehicles(UAVs) for site-specific landslide assessment. Remote Sensing, 12(11): 1711.

Keyport R N, Oommen T, Martha T R, et al. 2018. A comparative analysis of pixel- and object-based detection of landslides from very high-resolution images. International Journal of Applied Earth Observation and Geoinformation, 64: 1-11.

König T, Kux H J, Mendes R M. 2019. Shalstab mathematical model and WorldView-2 satellite images to identification of landslide-susceptible areas. Natural Hazards, 97: 1127-1149.

Konishi T, Suga Y. 2018. Landslide detection using COSMO-SkyMed images: A case study of a landslide event on Kii Peninsula, Japan. European Journal of Remote Sensing, 51(1): 205-221.

Kumar A, Bhambri R, Tiwari S K, et al. 2019. Evolution of debris flow and moraine failure in the Gangotri Glacier region, Garhwal Himalaya: Hydro-geomorphological aspects. Geomorphology, 333: 152-166.

Lagios E, Sakkas V, Parcharidis I, et al. 2005. Ground deformation of Nisyros Volcano(Greece) for the period 1995–2002: Results from DInSAR and DGPS observations. Bulletin of Volcanology, 68: 201-214.

Lee S, Lee M J. 2006. Detecting landslide location using KOMPSAT 1 and its application to landslide-susceptibility mapping at the Gangneung area, Korea. Advances in Space Research,

38(10): 2261-2271.

Leprince S, Ayoub F, Klinger Y, et al. 2007. Co-registration of optically sensed images and correlation(COSI-Corr): An operational methodology for ground deformation measurements. Barcelona: 2007 IEEE International Geoscience and Remote Sensing Symposium.

Li J H, Guangcai F, Zhixiong F, et al. 2019. Coseismic displacements of 2016 M_W 7.8 Kaikoura, New Zealand earthquake, using Sentinel-2 optical images. Acta Geodaetica et Cartographica Sinica, 48: 339.

Li X, Liu X., Wang Q, et al. 2016a. Extract seismic deformation field using Chinese optical satellites. Beijing: 2016 IEEE International Geoscience and Remote Sensing Symposium(IGARSS).

Li Z, Shi W, Myint S W, et al. 2016b. Semi-automated landslide inventory mapping from bitemporal aerial photographs using change detection and level set method. Remote Sensing of Environment, 175: 215-230.

Liu C C. 2006. Processing of FORMOSAT-2 daily revisit imagery for site surveillance. IEEE Transactions on Geoscience and Remote Sensing, 44(11): 3206-3214.

Liu C C, Chen P L, Matsuo T, et al. 2015. Rapidly responding to landslides and debris flow events using a low-cost unmanned aerial vehicle. Journal of Applied Remote Sensing, 9(1): 096016.

Liu M, Chen N, Zhang Y, et al. 2020. Glacial lake inventory and lake outburst Flood/Debris flow hazard assessment after the Gorkha Earthquake in the Bhote Koshi Basin. Water, 12(2): 464.

Liu W, Yamazaki F. 2008. Damage Detection of the 2008 Sichuan, China Earthquake from ALOS Optical Images. Chiba: Graduate School of Engineering, Chiba University.

Lu P, Qin Y, Li Z, et al. 2019. Landslide mapping from multi-sensor data through improved change detection-based Markov random field. Remote Sensing of Environment, 231: 111235.

Lu P, Stumpf A, Kerle N, et al. 2011. Object-oriented change detection for landslide rapid mapping. IEEE Geoscience and Remote Sensing Letters, 8(4): 701-705.

Luo S, Tong L, Chen Y, et al. 2016. Landslides identification based on polarimetric decomposition techniques using Radarsat-2 polarimetric images. International Journal of Remote Sensing, 37(12): 2831-2843.

Macdonald H C, Grubbs R S. 1975. Landsat Imagery Analysis: An Aid for Predicting Landslide Prone Areas for Highway Construction. Houston: NASA Earth Resource Survey Symposium.

Malamud B, Turcotte D, Guzzetti F, et al. 2004. Landslide inventories and their statistical properties. Earth Surface Processes and Landforms, 29: 687-711.

Martha T R, Kerle N, Jetten V, et al. 2010. Characterising spectral, spatial and morphometric properties of landslides for semi-automatic detection using object-oriented methods. Geomorphology, 116(1-2): 24-36.

Martha T R, Kerle N, van Westen C J, et al. 2011. Segment optimization and data-driven thresholding for knowledge-based landslide detection by object-based image analysis. IEEE Transactions on Geoence and Remote Sensing, 49(12): 4928-4943.

Martha T R, Kumar K V. 2013. September, 2012 landslide events in Okhimath, India—an assessment of landslide consequences using very high resolution satellite data. Landslides, 10(4): 469-479.

Martinez J. 2011. Detection of landslides by object-oriented image analysis. https: //www. semanticscholar.org/paper/Detection-of-landslides-by-object-oriented-image-Martinez/54f57e2e 3e5557a53bff518ff8c9e35ef99a58bb[2021-12-30].

Mezaal M R, Pradhan B, Sameen M I, et al. 2017. Optimized neural architecture for automatic landslide detection from high-resolution airborne laser scanning data. Applied Sciences, 7(7): 730.

Mondini A, Guzzetti F, Reichenbach P, et al. 2011. Semi-automatic recognition and mapping of rainfall induced shallow landslides using optical satellite images. Remote Sensing of Environment, 115(7): 1743-1757.

Motagh M, Wetzel H U, Roessner S, et al. 2013. A TerraSAR-X InSAR study of landslides in southern Kyrgyzstan, central Asia. Remote Sensing Letters, 4(7): 657-666.

Nagai H, Watanabe M, Tomii N, et al. 2017.Multiple remote-sensing assessment of the catastrophic collapse in langtang valley induced by the 2015 gorkha earthquake. Natural Hazards and Earth System Sciences, 17: 1907-1921.

Nair V, Hinton G E. 2010. Rectified linear units improve restricted boltzmann machines. Haifa: Proceedings of the 27th International Conference on Machine Learning.

Nichol J E, Shaker A, Wong M S. 2006. Application of high-resolution stereo satellite images to detailed landslide hazard assessment. Geomorphology, 76(1-2): 68-75.

Niu R, Wu X, Yao D, et al. 2014. Susceptibility assessment of landslides triggered by the Lushan earthquake, April 20, 2013, China. IEEE Journal of Selected Topics in Applied Earth Observations and Remote Sensing, 7(9): 3979-3992.

Passalacqua P, Tarolli P, Foufoula-Georgiou E. 2010. Testing space-scale methodologies for automatic geomorphic feature extraction from lidar in a complex mountainous landscape. Water Resources Research, 46(11): W11535.

Penna I M, Abellán A, Humair F, et al. 2016. The role of tectonic deformation on rock avalanche occurrence in the Pampeanas Ranges, Argentina. Geomorphology, 289: 18-26.

Perumal R, Thakur V, Bhat M, et al. 2005. A quick appraisal of ground deformation in indian region due to the October 8, 2005 earthquake, Muzaffarabad, Pakistan. Journal of the Indian Society of Remote Sensing, 33(4): 465-473.

Piralilou S T, Shahabi H, Jarihani B, et al. 2019. Landslide detection using multi-scale image segmentation and different machine learning models in the higher himalayas. Remote Sensing, 11(21): 28.

Pradhan B, Jebur M N, Shafr H Z M, et al. 2015. Data fusion technique using wavelet transform and Taguchi methods for automatic landslide detection from airborne laser scanning data and quickbird satellite imagery. IEEE Transactions on Geoscience and Remote Sensing, 54(3):

1610-1622.

Prakash N, Manconi A, Loew S. 2020. Mapping landslides on EO data: Performance of deep learning models vs. traditional machine learning models. Remote Sensing, 12(3): 346.

Przyłucka M, Herrera G, Graniczny M, et al. 2015. Combination of conventional and advanced DInSAR to monitor very fast mining subsidence with TerraSAR-X data: Bytom City(Poland). Remote Sensing, 7(5): 5300-5328.

Ramos-Bernal R N, Vázquez-Jiménez R, Romero-Calcerrada R, et al. 2018. Evaluation of unsupervised change detection methods applied to landslide inventory mapping using ASTER imagery. Remote Sensing, 10(12): 1-24.

Rathje E, Kayen R, Woo K S. 2006. Remote sensing observations of landslides and ground deformation from the 2004 Niigata Ken Chuetsu earthquake. Soils and Foundations, 46(6): 831-842.

Raucoules D, Maisons C, Carnec C, et al. 2003. Monitoring of slow ground deformation by ERS radar interferometry on the Vauvert salt mine(France): Comparison with ground-based measurement. Remote Sensing of Environment, 88(4): 468-478.

Rib H T, Liang T. 1978. Recognition and Identification. Washington D C: Transportation Research Board Special Report.

Rokach L, Maimon O. 2005. Decision trees. IEEE Transactions on Systems Man and Cybernetics Part C, 35(4): 476-487.

Ronneberger O, Fischer P, Brox T. 2015. U-Net: Convolutional networks for biomedical image segmentation. arXiv, 9351: 234-241.

Rosa K K D, Jr Mendes C W, Vieira R, et al. 2013. Use of COSMO-SkyMed imagery for recognition of geomorphological features in the Martel Inlet ice-free areas, King George Island, Antarctica. International Journal of Remote Sensing, 34(24): 8936-8951.

Rudy A C A, Lamoureux S F, Treitz P, et al. 2018. Seasonal and multi-year surface displacements measured by DInSAR in a High Arctic permafrost environment. International Journal of Applied Earth Observation and Geoinformation, 64: 51-61.

Ruiguo W. 2016. Remote sensing investigation and analysis of geological disasters in the Wudong coal mine based on World View-2 data. Remote Sening for Land and Resources, 28(2): 132-138.

Sakagami M, Sasaki H, Sato T, et al. 2011. Continuous monitoring of the ground surface change in Sakurajima volcano using RADARSAT-2 data. Vancouver: 2011 IEEE International Geoscience and Remote Sensing Symposium.

Salvi S, Bonano M, Nobile A, et al. 2015. InSAR analysis of ground deformation over the Istanbul Area in the framework of the FP7 MARsite Project. EGUGA, 10336.

Sameen M I, Pradhan B. 2019. Landslide detection using residual networks and the fusion of spectral and topographic information. IEEE Access, 7: 114363-114373.

Sato H, Harp E. 2009. Interpretation of earthquake-induced landslides triggered by the 12 May 2008, M 7.9 Wenchuan earthquake in the Beichuan area, Sichuan Province, China using satellite imagery and Google Earth. Landslides, 6: 153-159.

Sauchyn D J, Trench N. 1978. Landsat applied to landslide mapping. Photogrammetric Engineering and Remote Sensing, 44(5): 735-741.

Saunders C, Stitson M O, Weston J, et al. 2002. Support vector machine. Computer Science, 1(12): 1-28.

Semakova E, Bühler Y. 2017. TerraSAR-X/TanDEM-X data for natural hazards research in mountainous regions of Uzbekistan. Journal of Applied Remote Sensing, 11(3): 1.

Shao X, Ma S, Xu C, et al. 2019. Planet image-based inventorying and machine learning-based susceptibility mapping for the landslides triggered by the 2018 M_W 6.6 Tomakomai, Japan Earthquake. Remote Sensing, 11(8): 978.

Smolensky P. 2014. Restricted Boltzmann Machine. Stellenbosch: Stellenbosch University.

Song K C, Yan Y H, Chen W H, et al. 2013. Research and perspective on local binary pattern. Acta Automatica Sinica, 39(6): 730-744.

Suganthi S, Elango L, Subramanian S K. 2017. Microwave D-InSAR technique for assessment of land subsidence in Kolkata city, India. Arabian Journal of Geosciences, 10: 458.

Surhone M, Tennoe M T, Henssonow S F, et al. 2010. Random forest. Machine Learning, 45: 5-32.

Szegedy C, Ioffe S, Vanhoucke V, et al. 2017. Inception-v4, inception-ResNet and the impact of residual connections on learning. San Francisco: Thirty-First AAAI Conference on Artificial Intelligence.

Tian B, Wang L, Koike K, et al. 2010. Analysis and assessment of earthquake-induced secondary mountain disaster chains based on multi-platform remote sensing. Honolulu: 2010 IEEE International Geoscience and Remote Sensing Symposium.

Tsutsui K, Rokugawa S, Nakagawa H, et al. 2007. Detection and volume estimation of large-scale landslides based on elevation-change analysis using DEMs extracted from high-resolution satellite stereo imagery. IEEE Transactions on Geoscience and Remote Sensing, 45(6): 1681-1696.

van Westen C, Gorum T, Fan X, et al. 2010. Distribution pattern of earthquake-induced landslides triggered by the 12 May 2008 Wenchuan Earthquake. Geomorphology, 133(3-4): 152-167.

Walter F, Amann F, Kos A, et al. 2020. Direct observations of a three million cubic meter rock-slope collapse with almost immediate initiation of ensuing debris flows. Geomorphology, 351: 106933.

Wang Y F, Cheng Q G, Shi A W, et al. 2019. Characteristics and transport mechanism of the Nyixoi Chongco rock avalanche on the Tibetan Plateau, China. Geomorphology, 343: 92-105.

Xu C, Xu X, Gorum T, et al. 2014. Did the 2008 Wenchuan Earthquake lead to a net volume loss // Sassa K, Canuti P, Yin Y. Landslide Science for a Safer Geoenvironment. Cham: Springer

International Publishing: 191-196.

Yamaguchi Y, Tanaka S, Odajima T, et al. 2003. Detection of a landslide movement as geometric misregistration in image matching of SPOT HRV data of two different dates. International Journal of Remote Sensing, 24 (18): 3523-3534.

Yang X, Chen L. 2010. Using multi-temporal remote sensor imagery to detect earthquake-triggered landslides. International Journal of Applied Earth Observation and Geoinformation, 12 (6): 487-495.

Yokoya N, Yamanoi K, He W, et al. 2020. Breaking the limits of remote sensing by simulation and deep learning for flood and debris flow mapping. IEEE Transactions on Geoscience and Remote Sensing, 99: 1-15.

Yu B, Chen F, Muhammad S. 2018. Analysis of satellite-derived landslide at Central Nepal from 2011 to 2016. Environmental Earth Sciences, 77: 331.

Yu B, Chen F, Xu C. 2020. Landslide detection based on contour-based deep learning framework in case of national scale of Nepal in 2015. Computers and Geosciences, 135: 104388.

Yu J H, Ge L. 2010. Automatic exclusion of surface deformation in InSAR DEM generation using differential radar interferometry. Honolulu: 2010 IEEE International Geoscience and Remote Sensing Symposium.

Zhao C, Lu Z, Zhang Q, et al. 2012. Large-area landslide detection and monitoring with ALOS/PALSAR imagery data over Northern California and Southern Oregon, USA. Remote Sensing of Environment, 124: 348-359.

Zhao H, Shi J, Qi X, et al. 2017. Pyramid scene parsing network. Honolulu: 2017 IEEE Conference on Computer Vision and Pattern Recognition (CVPR).

Zizioli D, Meisina C, Bordoni M, et al. 2014. Rainfall-triggered shallow landslides mapping through Pleiades images //Meisina C. Landslide Science for a Safer Geoenvironment. Cham: Springer Inernational Publishing: 325-329.

第 **4** 章

干旱灾害遥感信息提取的理论与方法

4.1 干旱灾害遥感概述

4.1.1 干旱灾害概述

干旱灾害是一种典型的大范围、缓发性灾害，对农业、水资源、生态与自然环境、人类生存和社会经济发展均会产生严重影响。干旱的发生与许多因素有关，如降水、蒸发、气温、土壤底墒、灌溉条件、种植结构、作物生育期的抗旱能力以及工业和城乡用水等。美国气象学会（AMS）将干旱定义为 4 种类型：气象干旱或气候干旱、农业干旱、水文干旱以及社会经济干旱。干旱灾害具有渐变发展的特点，影响具有累积效应，开始时间和结束时间难以准确判定。随着卫星遥感技术的迅速发展，遥感卫星可大面积同步观测土壤墒情、快速获取农作物信息和对水源地进行检测等，干旱遥感监测模型实用化程度大幅提高。中国是世界上干旱灾害发生最频繁的国家之一，自然灾害造成的经济损失中气象灾害造成的损失占 71%，而干旱灾害造成的损失占气象灾害损失的 53%，居各种气象灾害损失的首位。

1. 干旱灾害成因

联合国国际减灾战略机构认为，干旱是在一定时期内，因为降水严重缺少而产生的自然现象。旱灾系统就是一个受"人-自然-社会"等多种条件约束和众多因素影响的复杂大系统。其中，气象干旱是由降水和蒸发的收支不平衡造成的异常水分短缺；农业干旱是由外界环境因素造成的，导致作物体内水分失去平衡，发生水分亏缺，影响作物正常生长发育，进而导致减产或失收；水文干旱是由降水和地表水或地下水收支不平衡造成的异常水分短缺；社会经济干旱是由自然系统与人类社会经济系统中水资源供需不平衡造成的异常水分短缺。

气候变暖导致全球气温时空分布的极端性增强，全球降水量的分布和全球水循环正在发生改变。Nicholls（2004）、Kiem 和 Franks（2010）认为，20 世纪中叶气候持续变暖以及厄尔尼诺-南方涛动现象使得澳大利亚十多年极端干旱频发。Touchan 等（2008）、Shanahan 等（2009）也发现气候变化加剧了非洲中纬度地区干旱情况，也导致 1999~2002 年发生了自 15 世纪中期以来最严重的干旱。近年来，我国副热带高压活动经常出现异常，造成高温少雨天气，这是造成干旱灾害的最主要原因之一（屈艳萍等，2018）；另外，人为干扰渐强、用水需求增大、水资源利用率低、水污染严重、水质恶化都是加剧干旱灾害的主要人为因素。

2. 干旱灾害的具体表征

近百年来全球地表平均温度上升了约 0.85℃，其变化幅度已经超过了地球本身自然变动的范围，使得干旱事件频率明显增加，持续时间和严重程度均有恶化趋势。干旱灾害的发生具有区域性和持久性。从世界范围来看，干旱主要分布在亚洲大部分地区、澳大利亚大部分地区、非洲大部分地区、北美西部和南美西部地区，干旱面积约占陆地总面积的三分之一。自 20 世纪 70 年代以来，热带和副热带地区的干旱更频繁、更持久、更严重，影响范围不断扩大（Pachauri and Reisinger，2014）。例如，1988 年夏季强烈的反气旋等大规模大气环流异常致使美国全境发生严重干旱，Rajsekhar 等（2013）也证实在气候变化影响下，全球亚热带干旱地区气候均趋于干燥且有向更高纬度扩张趋势，2002~2006 年澳大利亚境内持续 5 年之久的大旱给依赖降水的农牧业带来巨大冲击。

与全球干旱变化一样，中国干旱也呈现出区域性与频发性，整个中国的干旱指数均存在线性增长趋势，尤以华北干旱化趋势最为严重，干旱发生频率变化大的前三位区域分别为东北区、华南区和华北区，其频率增加的幅度分别为 57%、41% 和 37.3%（顾颖等，2010）；同时旱灾的发生具有随机性，对全球不同的地区和时间来说，雨季的到达时间和雨量在时间上的分配随机性强，如长江中下游地区，1959 年出现了"空梅"现象，1978 年"梅雨"提前结束，1994 年也几乎为"空梅"，都形成特大旱灾（金兴平和万汉生，2003）。

3. 干旱灾害的危害

因全球气候变化，温度不断升高，极端气象灾害发生次数日益增多，影响程度愈加严重。干旱灾害导致全球受灾严峻。在人口伤亡方面，以最近一次全球最严重的干旱事件北非南撒哈尔干旱为例，从 1968 年开始，连旱 26 年。1984 年降水量极端偏少，致使几十万人死亡，数百万人迁徙，甚至出现了瘟疫和战争问题，仅 1984 年就有 22 个国家共计 2.5 亿人受灾。在经济损失方面，近几十年气象灾害和气象衍生灾害造成全球近 90% 的重大自然灾害，死亡人口中有近 60% 是由此

造成的，同时气象灾害还造成了84%的全球经济损失和91%的全球保险损失。

旱灾是我国主要的自然灾害，旱灾较其他灾害遍及的范围广，历时长，对我国的农业生产影响最大，平均每年有2090万 hm² 农作物遭受干旱，最多有4054万 hm² 农作物受灾。每年粮食减产从几百万吨到3000多万吨不等，每年造成约440亿元的直接经济损失(李茂松等，2003)。干旱对粮食和生态安全构成严重威胁，已成为制约社会经济系统可持续发展的主要因素之一(聂俊峰，2005；冯海霞等，2011；李柏贞和周广胜，2014；费振宇等，2014；丁怡博等，2019)。

4.1.2 灾害遥感在干旱灾害中的应用

遥感技术具有宏观、快速、客观、经济等常规手段不具备的优势，可以实现对旱情的大范围、实时、动态监测。因此干旱遥感监测一直是遥感技术的重要应用领域。卫星遥感提供了土地的概况图和用于测量干旱影响的空间环境，并且可以改善有关监测大面积植被动态的信息(Mishra et al.，2010)。遥感卫星监控范围也从评估危害本身(例如降水不足)到对地面环境的影响(例如减慢作物生长并降低产量或土地退化)。基于此，利用卫星遥感技术对地面干旱灾害信息进行提取，通过对地面降水、土壤湿度、作物、植被生理参数变化以及云层覆盖等进行建模，建立评估土壤水分含量变化状况的干旱监测模型，以快速、客观、大范围的特点实现旱情检测目标。

在干旱灾害遥感监测方面，从水分供需角度出发，分别形成了水分供应性指数(Price，1985；Du et al.，2013)、需水性指数(Kogan，1990，1995)、综合性指数(Kogan，2001；Wu et al.，2013)3类指数，实现了针对不同植被覆盖条件利用多源遥感数据的干旱监测方法(黄生志等，2015；安雪丽等，2017；关韵桐和李金平，2019；果华雯等，2020)。裸土条件下，利用土壤热惯量方法或者微波探测方法实现针对表层土壤(0~10cm)湿度的反演精度在10%左右。而在植被覆盖较高的区域，通过综合利用植被指数与地表温度信息，实现了针对旱情信息的准确提取。在干旱灾害损失评估方面，主要依托植被指数，通过对比常年平均或正常水分年份的作物长势情况，并结合作物不同物候期水分条件对作物产量的影响差异，构建了一系列干旱灾害损失评估模型(范一大等，2016)。

干旱的形成机理较为复杂，各个指数的应用存在一定的适用性。因此，需要结合区域、时期特点选择适用的干旱遥感监测模型，同时进一步加强基于时序遥感数据的异常信息提取方法研究来准确识别旱灾，将遥感与地面观测、模型模拟技术相结合，提高旱灾损失评估能力。

4.1.3   干旱灾害遥感信息提取国内外研究进展

20 世纪 70 年代末期，微波遥感的干旱监测应用开始起步。微波遥感反演地表土壤水分的方法主要有两种：一是基于雷达或散射计的主动微波反演法；二是基于微波辐射计的被动反演法。在主动微波遥感中，常用基于统计分析方法的经验模型——Oh 模型（1992）、DuBois 模型（1995）、基于辐射传输理论的模型——基尔霍夫模型、小扰动模型、积分方程模型、高级积分方程模型以及基于半经验模型（Draper et al., 2014）等。在被动微波遥感中，已发展的被动微波辐射模型主要有描述裸土地表辐射的 Q/H 模型（Choudhury et al., 1979）、Q/P 模型（Jackson et al., 2012），以及描述植被覆盖地表辐射的 F-K 模型（Schmugge and Jackson，1992）；针对裸露地表，吴学睿等（2009）、马红章等（2010）基于半经验模型和 AIEM 模拟方法进行了土壤水分反演的研究；针对植被覆盖地表，Moradizadeh 和 Saradjian（2016）、Santamaría-Artigas 等（2016）使用半经验模型方法，结合极化指数和植被指数，消除植被冠层对土壤水分反演的影响，实现了植被覆盖区土壤水分的反演。

在光学遥感监测干旱方面，1971 年 Watson 等最早利用了热模型，为热惯量法奠定了基础；1997 年 Price 提出了"表观热惯量"的概念。20 世纪 90 年代，可见光、红外遥感技术及研究已得到了空前的发展，各种遥感初级产品也应运而生。可见光遥感干旱监测主要以归一化植被指数为核心，建立各种不同的植被指数相关指标。Kogan（1990）根据多年 NDVI 变化范围，提出了应用较为广泛的植被状态指数（vegetation condition index，VCI），该指数常作为衡量植被受环境胁迫程度的指标。Kogan（1995）提出了温度条件指数（temperature condition index，TCI）。2000 年以后，更多经改进后的干旱指数被提出，如温度植被干旱指数（temperature vegetation drought index，TVDI）（Sandolt et al.，2002）、归一化红外指数（normalized difference infrared index，NDII）（Verbesselt et al.，2004）、改进型垂直干旱指数（modified perpendicular drought index，MPDI）（Ghulam et al.，2007）等。

在微波遥感干旱监测理论模型方面，袁苇等（2004）基于 BSM 的发生率计算模型，计算了大量各种不同参数下的裸土表面的发生率样本，在此基础上建立了基于理论模型的土壤湿度人工神经网络反演方法。近年，关韵桐和李金平（2019）提出用遗传算法优化后的神经网络辅以多源遥感数据的方法进行地表土壤水分反演。张新乐等（2018）通过分析同极化、交叉极化后向散射系数对均方根高度、土壤水分的响应特征，建立黑土区裸露地表土壤湿度测算经验散射模型。李伯祥和陈晓勇（2020）采用改进水云模型和 Oh 模型的组合方法对植被覆盖地表土壤水分进行定量反演研究。赵淑鲜等（2020）针对目前主动微波遥感土壤水分反演算法适用范围不同的问题，系统地进行了基于粗糙度参数的土壤水分微波遥感反演的适用性研究。

我国土壤热惯量遥感模型在干旱监测中的应用研究起步于 20 世纪 80 年代末期，对可见光、红外监测干旱的研究和应用从 20 世纪 90 年代中期才开始。蔡斌等(1995)采用多年 NOAA 卫星的改进型甚高分辨率辐射计(advanced very high resolution radiometer，AVHRR)数据，将 VCI 和降水数据结合，监测土壤湿度效果较好。刘万侠等(2007)指出利用水云模型从总的极化雷达后向散射中去除植被影响后，能够改进后向散射系数和土壤含水量之间的关系。张春桂等(2009)、黄晚华等(2009)证明了 VTCI 模型能真实地反映地表水分供应状况，能较好地反映区域旱情分布和旱情发展过程，与前期的降水量有较高的相关性。姜红等(2017)计算了土壤后向散射系数和改进型温度植被干旱指数(modified temperature vegetation drought index，MTVDI)，探讨了不同参数条件下 SVM 模型在土壤水分反演中的适应性。在理论创新方面，许国鹏等(2006)构建了 MSAVI-LST 特征空间，并定义该旱情指标为改进型温度植被干旱指数。

4.2 干旱灾害遥感信息提取的主要原理与方法

4.2.1 干旱灾害遥感信息提取的原理

近年来，国内外科研学者开发了大量的干旱遥感指数，主要分为可见光-近红外、热红外和微波遥感三大类型。可见光-近红外干旱遥感方法借助反射率与土壤含水率的负相关性质，以及植被区水分胁迫状况进行干旱解译；热红外遥感依据水分平衡与能量平衡的基本原理，通过土壤表面发射率和地表温度之间的关系估算土壤水分；被动微波遥感是利用土壤亮度温度监测土壤含水量，主动微波利用其后向散射系数监测土壤水分含量。

在气象干旱遥感监测中，蒸散发量的时间尺度扩展是干旱遥感反演的关键。开展遥感反演瞬时地表蒸散发的日尺度扩展，其核心为利用一天中有限的卫星过境时刻获得的瞬时蒸散发估算出日蒸散发量。代表性日尺度扩展方程可以表示为

$$\frac{ET_i}{ET_d} = \frac{LE_i}{LE_d} = \frac{X_i}{X_d} \tag{4.1}$$

式中，LE 代表潜热通量，是 ET 的能量表达形式；X 为与蒸散发变化过程密切相关的变量，如地表可利用能量、下行太阳辐射、地表净辐射和参考蒸散发等；下标 i 和 d 分别代表瞬时尺度与日尺度。目前，国内外基于遥感反演瞬时蒸散发进行日尺度扩展的研究主要有 2 类，分别是扩展因子法(包括蒸发比不变法、解耦因子不变法、辐射能量比不变法、参考蒸发比不变法、地表阻抗不变法等)和数据同

化法。

在农业干旱遥感监测中，土壤水分常作为关键型指标。区域光温条件、土壤质地、作物长势、冠层温度等都可能是土壤水分的影响因子之一。光照强烈、温度较高、土壤持水能力较差可能导致作物长势较差，蒸腾作用减弱，作物冠层温度升高，这些因素又反过来影响土壤水分条件。土壤水分或作物干旱表征的函数形式为

$$S_\mathrm{w} = f(R, S, G, T) \tag{4.2}$$

式中，S_w是土壤水分，一般用重量含水率或者体积含水率表示；R是光照条件，包括与太阳辐射相关的变量；S是与土壤质地相关的变量，如沙质土、黏质土、壤土等质地类型，能够影响土壤的持水能力，包括热传导率、比热容等；G是作物长势，是指作物生长的苗壮程度，可以采用波段反射率或者植被指数的方式计算获取；T是作物冠层温度，是遥感监测像元内作物表层的平均温度，通常采用中、热红外波段数据计算获取。

针对植被干旱遥感监测，基本原理为土壤内含水量直接对植被生长造成影响，植被在吸收和反射气象卫星的可见光和近红外光时的反应不同，吸收和反射直接受植被类型、植被生长情况及生态背景的影响。例如，利用极轨气象卫星第一、第二两个通道反射出的光谱数据可以很容易地得出归一化植被指数。一旦植被遭到干旱灾害，则遥感技术监测到的植被指数也会降低，植被冠层的温度有所升高。

4.2.2　主要数据

随着卫星遥感技术的快速发展，可用于干旱灾害研究的遥感数据源越来越多。干旱灾害遥感数据源包括光学和微波遥感两大类。光学遥感图像覆盖范围相对较广、成本低，但易受天气条件影响；微波遥感具有全天时、全天候的特征，但图像价格较高。此外，传感器的重访周期较长在一定程度上影响了干旱灾害监测中遥感数据源的选择。目前 MODIS、Landsat-8、高分一号和 Sentinel-2 等光学卫星在地表温度、土壤湿度、植被指数和地表水体面积等方面的应用均比较广泛。而高分三号、COSMO-SkyMed、Sentinel-1、RADARSAT、AMSR2 和 SMOS 等 SAR 卫星则主要在土壤湿度和植被指数方面的应用较多，其中 Sentinel-1、AMSR2 和 SMOS 在地表温度和地表水体面积方面也有相关研究。

国内外应用最广的是 NOAA 卫星，空间分辨率在 1km 左右，地面重复观测周期为 0.5 天。该数据具有周期短、时间序列长、覆盖范围宽、时效性强、数据量小、后处理方便以及成本低等优点。EOS 是美国新一代地球观测卫星，扫描宽度达 2300km。其中 Terra 和 Aqua 两颗卫星搭载的 MODIS 是最有特色的仪器之

一，可免费获得空间分辨率为 250～1000m、时间分辨率为 0.5 天和包括 36 个光谱通道的高光谱分辨率的卫星资料。基于 MODIS 资料，国内外许多科学家进行了干旱监测技术研究，并已取得大量成果。

主动微波遥感是利用 SAR 数据来反演土壤水分，在国内外越来越受到重视，所面临的主要问题是如何在模型中去除表面粗糙度的影响和在不同植被覆盖条件下建立土壤水分反演模型。被动微波遥感监测陆地表面土壤水分含量的算法相对来说历史更长，技术更为成熟。除了和主动微波遥感一样具有全天候和全天时的优势之外，被动微波遥感也不需要专门的能源装置，具有仪器比较简单、可运行在较高卫星轨道、受地表粗糙度和地形影响相对小、重返周期短和适合大面积实时动态监测等优点。

AMSR-E 由日本国家空间发展局(NASDA)开发，以 56km 的空间分辨率观测土壤水分，提供 25km 格网的重采样产品，从 2002 年至今积累了大量观测数据。ESA 于 2009 年 11 月发射土壤湿度和海洋盐度卫星(SMOS)，其有效载荷 MIRAS 将是历史上首次发射的星载综合孔径微波成像辐射计，地面(海面)分辨率达到 30～50km，其 L 波段穿透植被的能力比以前的传感器更强，在反演植被覆盖地区的土壤水分方面具有更大的潜力。

在众多卫星降水产品中(表 4.1)，TRMM 数据因其精度最为接近气象站点观测的降雨量数据而被广泛用于干旱灾害监测研究中。

表 4.1　全球主要卫星降水产品

数据	国家	空间分辨率/(°)	时间分辨率/h	卫星发射年份
TRMM3B42/3B42RT	美国	0.25	3	1998
CMORPH	美国	0.25	3	2002
GSMaPMWR+	日本	0.25	1	2005
GSMaPMVR+	日本	0.10	1	2005
PERSIANN	美国	0.25	3	2000

以 TRMM 数据为例，它的限制轨道周期为 92.5min，空间分辨率为 0.25°，其从 1997 年开始发射到 2005 年终止接收数据总共运行 17 年。TRMM 数据集代表全球降雨测量的基准，现在仍然常规使用评估全球降雨模式和干旱的大气驱动因素(Zhang and Jia, 2013; Yan et al., 2006)。近年来，Rhee 和 Carbone(2011)基于 TRMM 数据，在美国西部地区开展了干旱监测，结果表明 TRMM 数据的应用可以有效解决无站点或站点稀缺地区干旱监测的精度问题。陈诚(2016)利用 0.25°空间分辨率的 TRMM3B43 数据降尺度处理成 0.05°空间分辨率数据，用以构建 Pa

指数和 Z 指数，表明降尺度数据具有较高的可靠性。王兆礼等(2017)通过开展基于 TRMM 的高时空分辨率降水数据产品在中国大陆 1998~2015 年的干旱监测效用评估研究，证明了该产品适用于大尺度气象干旱的监测，能够有效揭示中国大陆干旱的演变规律。陈少丹等(2018)提出对于气象站点分布不均甚至无气象站点的地区，可以使用 TRMM 产品替代站点观测数据进行干旱监测和评估。张静等(2020)利用 FY-3C 和 TRMM 数据建立微波集成干旱指数(MIDI)，以此对西北干旱区的干旱状况进行监测与评估；在 TRMM 数据在干旱信息提取的适用性方面，赵安周等(2020)证明 TRMM3B43 数据与站点观测月和年降水数据在时空上具有良好的一致性。

应对干旱研究最行之有效的方法就是采用 NDVI 监测。最近，高空间分辨率、高时间分辨率和高光谱分辨率对地观测卫星也利用 NDVI 进行干旱监测。例如，QuickBird 和 RapidEye 卫星传感器显示出高空间分辨率(小于 1m)在评估干旱对植被的影响方面的巨大潜力(Garrity et al.，2013; Krofcheck et al.，2014)。

4.2.3　利用降水遥感反演的干旱监测方法

在气象干旱监测过程中，卫星遥感已经成为测量全球降水必不可少的一种手段。旱情监测指标包括单一降水因素的干旱指数，如降水距平百分率(Pa)、标准化降水指数(SPI)和 Z 指数等；根据这些单一指数，目前应用较为广泛的多因素综合指数法有帕尔默干旱指数(Palmer drought severity index，PDSI)、作物水分亏缺指数(CWDI)以及标准化降水蒸散指数(SPEI)。

1. 帕尔默干旱指数

PDSI 是一个常用的干旱指标，包含降水量、蒸散量、径流量和土壤有效水分储存量在内的水分平衡模式，在水文、气象、农业等领域应用广泛(Palmer，1967)。PDSI 即通过确定一个地区需要的降水量，将它与实际降水量比较，从而分析计算该地区的干旱严重程度。其表达式为

$$\hat{P}_i = \widehat{\mathrm{ET}}_i + \hat{R}_i + \widehat{\mathrm{RO}}_i - \hat{L}_i \tag{4.3}$$

式中，$\hat{P}_i$ 为 CAFEC 降水量；i 为第 i 个时间段，一般以月计算；$\widehat{\mathrm{ET}}_i$ 为 CAFEC 蒸散发量；$\hat{R}_i$ 为 CAFEC 土壤水补给量；$\widehat{\mathrm{RO}}_i$ 为 CAFEC 径流量；$\hat{L}_i$ 为 CAFEC 土壤水损失量。

2. 作物水分亏缺指数

CWDI 是作物需水量与实际供水量之差占作物需水量的比值，将土壤、作物、

气象三个方面因素综合考虑，来反映作物的水分亏缺状况和干旱情况，在不同地区的农业干旱监测中都有较好的适用性。根据水分亏缺指数的定义和计算方法，考虑水分亏缺的累积效应以及对后期作物生长发育的影响，从某生育阶段开始的那天算起，向作物生长前期推 50 天，每 10 天（旬）一个单位计算 CWDI，则该生育阶段某一天的 CWDI 的表达式为

$$CWDI = a \times CWDI_i + b \times CWDI_{i-1} + c \times CWDI_{i-2} + d \times CWDI_{i-3} + e \times CWDI_{i-4} \quad (4.4)$$

式中，$CWDI_i$、$CWDI_{i-1}$、$CWDI_{i-2}$、$CWDI_{i-3}$ 和 $CWDI_{i-4}$ 为第 i、$i-1$、$i-2$、$i-3$ 和 $i-4$ 旬的水分亏缺指数（以 i 旬为基础向前推 4 旬）；a、b、c、d 和 e 为权重系数。

3. 标准化降水蒸散指数

SPEI 是干旱研究中最常用的气象干旱指数，它结合了 PDSI 指数对蒸发需求变化的敏感性和 SPI 指数的多时间尺度性质，由于该指数考虑了气温等相关信息，因此其适用性更为广泛，已被大量应用于气候变化的相关研究中。具体计算步骤如下。

(1) 使用 Thornthwaite 公式计算每月的潜在蒸散发量 PET（mm）。

(2) 计算 i 月的降水量（P_i）和潜在蒸散发量（PET_i）之间的差异，即水汽平衡（D_i）：

$$D_i = P_i - PET_i \quad (4.5)$$

(3) 建立不同时间尺度的水分盈/亏累计序列：

$$D_n^k = \sum_{i=0}^{k-1}(P_{n-i} - PET_{n-i}), \ n \geqslant k \quad (4.6)$$

式中，D_n^k 为降水与蒸散发的差值；P_{n-i} 为月降水量；PET_{n-i} 为月蒸散发量；k 由维度和月份序数决定。

(4) 选择三参数的 Log-logistic 分布来模拟 D（P-PET）值，计算每个数值对应的 SPEI 指数。

20 世纪 70 年代以后，帕尔默干旱指数被引入中国。国内的专家学者对其进行了修正并应用于各地区。刘巍巍等（2004）将桑斯威特法用彭曼-蒙蒂斯修正公式代替，计算可能蒸散发量，同时把原始 PDSI 中假定的有效含水量用实际田间有效持水量代替，建立了全国 PDSI。张伟东和沈剑霞（1997）用综合水量平衡模型替代了 PDSI 中的水分平衡模式。姚玉壁等（2016）用修改后的 PDSI 分析了中国春季干旱特征时空规律；刘大川等（2017）利用 NDVI 数据和气象站点的 PDSI 数据分析了华北地区主要地表覆盖类型区植被变化的时空特征和干旱的变化特征，并以不同时间尺度分析了干旱对植被变化的影响。莫兴国等（2018）基于 CMIP5 中 6

个 GCM 模式的未来气候变化情景数据，采用 PDSI 指数评估了 21 世纪 RCP 4.5 和 RCP 8.5 情景下我国干旱事件发生的时空变化特征。张振宇等(2019)利用 PDSI 与 NPP 数据实现了 NPP 对中国西北地区干旱的响应分析。在中国区域干旱化问题上，马柱国和符淙斌(2001)利用降水观测数据、自矫正的帕尔默干旱指数(scPDSI)、地表湿润指数(SWI)及陆地水储量(TWS)进一步证实北方大部分地区仍然处于干旱化时段，且有加剧的趋势。张林燕等(2019)针对黄河源区干旱情势逐年加剧的问题构建 VIC 模型，结合 PDSI 分析黄河源区干旱的时空特征与变化趋势。

CWDI 常用于我国干旱农业中。王连喜等(2015)计算冬小麦生育期各旬需水量(ET_i)以及 CWDI，并根据农业干旱等级计算出研究区干旱频率，分析陕西冬小麦各生育期内干旱指数时空分布特征；董朝阳等(2015)选用 CWDI 作为干旱指标，基于农业生产系统模型(APSIM)分析了北方地区不同等级干旱对春玉米产量的影响；薛昌颖等(2016)采用 CWDI 分析了黄淮海夏玉米在生长季的干旱时空分布规律；李雅善等(2016)采用 CWDI 以及农业干旱等级标准，统计并分析了葡萄不同生育阶段不同程度干旱发生的频率，研究了云南葡萄产区的干旱时空分布特征；李崇瑞等(2019)证明改进的 CWDI 具有良好的空间连续性，可适用于春玉米干旱灾变过程动态监测；同时 Gao 等(2018)利用 CWDI 揭示了淮河流域夏玉米生育期干旱的时空特征。罗纲等(2020)利用 CWDI 与相对湿润度指数分析了生育期内冬小麦干旱与气象干旱时空特征，阐述了农业干旱与气象干旱的关联性。

Niu 等(2015)、Xu 等(2015)研究发现，SPEI 适用于中国的气象干旱分析，特别是西北地区的干旱分析。梁丹等(2015)的研究结果表明，与 Pa、MI 指数、SPI 指数相比，SPEI 的效果在河西走廊地区相对较好。王芝兰等(2015)认为在我国西北地区东部的气象评估研究中，SPEI 比较适用。柴荣繁等(2018)利用 SPEI 定量计算了中国地区参考蒸散发及降水对干湿趋势的贡献状况。杨思瑶等(2018)以 NDVI、NPP、VCI 指数作为植被状况表征指数，以 SPEI 作为气象干旱表征指数，得到华北地区近年的气象干旱及植被状况时空变化。Deng 等(2020)利用 SPEI 分析福建省近 50 年来干旱的时空演变特征，发现气候变暖趋势明显。邹磊等(2020)以 SPEI 作为评估指标，研究了渭河流域干旱与 6 种大尺度气候因子之间的相关关系。张璐等(2020)也基于 SPEI 完成了锡林河流域气象干旱的风险分析。

4.2.4 利用蒸散发遥感反演的干旱监测方法

蒸散发是蒸发和植被蒸腾的总和，是水分从地球表面到大气中的过程。常用的基于蒸散发的干旱监测指数有蒸散异常指数(ETAI)、蒸散胁迫指数(ESI)、作物缺水指数(CWSI)等。为了计算日蒸散发量，必须将遥感反演得到的瞬时潜热通量进行时间尺度扩展，随着区域蒸散发的遥感估算模型方法的逐渐成熟，基于蒸散发模型开展区域旱情监测成为评估旱情状况的重要手段。应用遥感估算区域蒸散发的方法主要为经验模型法、地表能量平衡模型法。

1. 经验模型法

Jackson 等(2012)对小麦的研究中提出了简单的统计模型，利用净辐射与正午地表温度和近地层空气温度的差值的线性关系完成蒸散发估算，具体公式为

$$\mathrm{ET} = R_\mathrm{n} + B(T_\mathrm{a} - T_\mathrm{s}) \tag{4.7}$$

式中，ET 为日蒸散发量；R_n 为净辐射通量；B 为经验系数；T_a 和 T_s 分别为空气温度和地表温度。

2. 地表能量平衡模型法

地表温度的估算需要建立典型地表类型的地表能量平衡模型。地表能量平衡模型是目前应用最广泛的模型之一，根据其基本假设的不同，又可分为单层模型、双层模型和多层模型。基于地表能量平衡的单层蒸散发模型应用广泛，经典的单层蒸散发模型有 SEBI 模型、SEBAL 模型和 SEBS 模型等。

以 SEBS(surface energy balance system)模型为例，该模型是由瓦格宁根大学的苏中波先生于 2002 年创立的，该模型利用遥感数据、地表气象数据、DEM 数据等估算地表蒸散发，参数获取简单，计算方法明确，且估算精度较高，受到国内外广大学者的青睐并得到了广泛的应用。模型表达式为

$$R_\mathrm{n} = \mathrm{PH} + \mathrm{GO} + H + \lambda E \tag{4.8}$$

式中，R_n 为地表净辐射通量(W/m²)；PH 为植被光合作用所需的能量；GO 为土壤热通量(W/m²)；H 为显热通量(W/m²)；λE 为潜热通量(W/m²)。

SEBS 模型已经在欧洲和亚洲等许多地方得到了应用，SEBS 模型提出后，已在各类下垫面(农田、草地、森林等生态系统类型)开展了模型评估与验证。Chen 等(2013)通过将青藏高原区的涡动相关数据与 SEBS 模型估算结果进行比较发现 SEBS 模型对裸地的估算偏差较大。Wu 等(2013)利用 MODIS 遥感数据，通过把归一化植被水分指数(NDWI)以 S 曲线的形式结合到 SEBS 模型中来优化空气热力学粗糙度参数化方案，提高了估算精度。温媛媛等(2018)基于 SEBS 模型对黄土丘陵沟壑区蒸散发量进行遥感反演，得出地表温度和 NDVI 是影响岔口流域蒸散发量空间分布主要因子的结论。同年张晓玉等应用 SEBS 模型分析了艾比湖流域内蒸散发的时间与空间变化以及不同土地覆被的蒸散发情况。van Dijk 等(2018)使用 MODIS 观测地表水范围、植被并将地表温度(land surface temperature,

LST)融入景观水文模型中，得出 5km 分辨率的二次蒸发全球规模数据集。

近年来，已有学者使用 Google Earth Engine，利用星载传感器的热性能来计算和确定干旱监测所需要的关键气象/水文变量。EEFlux(earth engine evapotranspiration flux)是根据 METRIC(内在化高分辨率映射蒸散发标定)模型(Allen et al.，2007)并应用一系列基于 Landsat-5 TM(1984～2013 年)、Landsat-7 ETM+(1999 年至今)和 Landsat-8 OLI-TIRS(2013 年至今)的图像进行蒸散发估算的算法。

4.2.5　利用土壤水分反演的干旱监测方法

土壤水分亦称土壤湿度或土壤含水量，是量化陆地及大气能量交换的重要参数，在气候变化、陆气交互、全球生态、水文和地表模型、农业干旱、作物估产等研究中均起着不可或缺的作用(潘宁等，2019)。土壤水分遥感反演技术是通过测定土壤表面所反射或发射出的电磁波能量，对不同波段的像元亮度值与土壤水分之间的线性/非线性关系进行拟合，从而反演土壤水分含量。主要的土壤水分遥感反演指数有表观热惯量、温度植被干旱指数等。

1. 表观热惯量

热惯量(thermal inertia)是在土壤热方面体现的一种特殊性质，它对土壤表层内部温度变化起着重要作用，土壤热惯量和土壤湿度有紧密联系，热惯量和土壤湿度数据具有正相关关系。土壤热惯量的计算公式为

$$\text{ATI} = (1 - \text{ABE}) / \Delta T \tag{4.9}$$

$$\text{SM} = a + b \times \text{ATI} \tag{4.10}$$

式中，ATI 为表观热惯量；ABE 为反照率；ΔT 为地面昼夜温差；a 和 b 分别为线性经验系数；SM 为土壤含水量。

热惯量法是在裸土或低植被覆盖土地的能量平衡方程基础上，对土壤表层水分进行定量反演的一种方法。同一类土壤，含水量越高，热惯量就越大，由此确定干旱灾情的程度(郭虎等，2008)。热惯量模型最初是 Watson 等于 1971 年提出的，继而 Price 在 1997 年提出了表观热惯量的定义。

表观热惯量法在监测土壤表层水分变化中得到了较多应用。纪瑞鹏等(2005)利用订正后的地表温度日较差计算热惯量反演得到土壤湿度，对辽宁省多年的旱情进行了监测。张树誉等(2006)采用 MODIS 数据，通过建立表观热惯量与土壤湿度间的线性经验模型，对陕西 2005 年 2 月上旬至 3 月下旬发生的春旱过程进行了监测试验。宋扬等(2017)采用表观热惯量对辽西土壤水分进行反演，表明 ATI 在中高植被覆盖率下的监测效果高于预期结果。Zhao 等(2017)提出一种新的基于

卫星的干旱严重性程度(DSI),用于通过重力恢复和气候实验(GRACE)随时间变化的地面水存储量变化得出区域监测结果。张文等(2018)结合表观热惯量模型和植被供水指数模型的适用性特点,根据地表植被覆盖度的不同,建立综合干旱指数模型对土壤含水量进行反演。张绪财等(2019)证明了格尔木河流域植被指数与表观热惯量的正相关关系。

表观热惯量的方法虽然简单方便,但仅适用于地表裸露的区域和植被覆盖相对较低的地区,并且没有考虑到地表蒸发的影响。此外,采用热惯量法监测土壤相对湿度易受天气变化的影响,晴天无云的天气下,土壤水分数据的监测效果相对较差。

2. 温度植被干旱指数

Sandholt 等(2002)利用陆地表面温度、植被指数二者之间的关系,提出了温度植被干旱指数(temperature vegetation dryness index,TVDI),通过构建 NDVI-LST 特征空间来实现土壤表层水分状况的估测。其表达式为

$$TVDI = \frac{LST - LST_{min}}{LST_{max} - LST_{min}} \tag{4.11}$$

式中,LST 是任意像元的地表温度;LST_{min}、LST_{max} 是 NDVI 对应的最小、最大地表温度,分别代表湿边(TVDI=0)和干边(TVDI=1)。

国内利用 TVDI 进行干旱监测已经得到了广泛应用,如杨曦等(2009)证实 TVDI 是一种有效的可监测土壤湿度的手段,可以反映华北平原土壤表层的干湿状况。康为民等(2010)得出,基于 EOS/MODIS 遥感资料得到的 TVDI 方法,适宜较大区域、复杂地形的干旱检测与预警,EOS/MODIS 遥感数据特有的高时间分辨率、高光谱分辨率和适中的空间分辨率等技术优势,使得用该方法对于大范围复杂地势条件的干旱研究、预警研究具有独到的优势。王素萍等(2013)利用 TVDI 和植被供水指数(VSWI)对青藏高原土壤湿度进行监测,得出应用 TVDI 能够更好地反映土壤湿度状况,对实现干旱事件的监测具有可行性,且不受遥感数据类型、分辨率等的干扰。Yan 等(2018)通过对地表温度进行高程修正,建立了改进的 T_s-NDVI 特征空间,以监测广西喀斯特地区的土壤水分。蔡庆空等(2020)根据地表能量平衡方程,构建了一种理论干湿边端点选取方法,以及基于地表温度-改进植被覆盖度特征空间的 TVDI 模型,对陕西省杨凌区的麦田土壤含水率进行了估算。Wang 等(2020)研究发现,土壤深度和 NDVI 对 PDI/TVDI 模型的估计精度有显著影响,基于此建立了 PDI 和 TVDI 指标的联合模型。利用 TVDI 技术对旱情进行研究已经得到了广泛开展,模型所需的遥感数据呈现出多元化。

目前被动微波的土壤水分反演已得到了广泛重视，其中应用广泛的传感器有扫描式多通道微波辐射(SMMR)、微波辐射计特别传感器(SSM/I)、热带降水测量卫星上的微波成像仪(TRMM-TMI)、高级微波扫描辐射计(AMSR/AMSR-E)等，一些学者和机构针对不同的微波资料，提出了不同的土壤水分反演算法，并进行了相关试验研究，其中尤以 Njoku 提出的理论算法应用最为广泛。谭德宝等借鉴以往的各种干旱监测方法，提出了基于 MODIS 的综合干旱模型。张树誉等(2006)结合陕西省的地形、气候、植被覆盖特征，建立了基于 MODIS 数据的区域性干旱遥感监测模型，对陕西省 2005 年 3～5 月发生的较严重的春旱过程进行了监测试验。

4.2.6 利用遥感指数模型的干旱监测方法

作物的长势可以直接反映干旱情况，当作物受旱缺水时，作物的生长将受到限制和影响，反映绿色植物生长和分布的植被指数将会降低，所以监测各种植被指数的变化，也是干旱遥感监测的基本方法之一。主要有距平植被指数、条件植被指数、植被指数差异等方法。这些植被指数可以由卫星遥感资料的可见光和近红外通道数据进行线性或非线性组合得到。

1. 条件植被指数

为消除 NDVI 的空间变异，减少地理和生态系统变量的影响，使不同地区、不同时间之间具有可比性，Kogan(1995)提出植被条件指数(vegetation condition index，VCI)。假设 NDVI 最大值出现在最佳天气条件下，而最小值出现在不利天气条件下(如干旱)。利用足够长时间的 NDVI 序列数据，提取 NDVI 的最大值 NDVI_{max} 和 NDVI 的最小值 NDVI_{min}，采用式(4.12)计算 VCI：

$$\text{VCI} = \frac{\text{NDVI} - \text{NDVI}_{min}}{\text{NDVI}_{max} - \text{NDVI}_{min}} \tag{4.12}$$

使用 VCI 作为旱情评价标准使得对不同地区的旱情比较更为合理。OhIsson(2000)研究全球植被指数后认为，VCI 可反映低纬度地区(<50°)的大范围干旱状况。冯强等(2003)对 NDVI、VCI 在中国的时空变化进行研究，结果表明 VCI 的季节性变化明显，在对 VCI 与土壤湿度做相关性分析的基础上，提出将 VCI 反演土壤湿度的近似线性模型作为全国的旱情监测标准。Domenlkiotis(2004)等提出改进的植被状况指数 BMVCI，成为早期评估希腊棉花产量的有效工具。Zambrano(2016)将 VCI 数据与 SPI 指数进行了比较，结果表明，3 个月的 SPI 与 VCI 的相关性最好，在很大程度上解释了植被胁迫的变化。李维娇和王云鹏(2020)

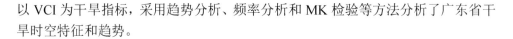

以 VCI 为干旱指标，采用趋势分析、频率分析和 MK 检验等方法分析了广东省干旱时空特征和趋势。

2. 距平植被指数

引入距平植被指数(anomaly vegetation index，AVI)概念的目的是将 NDVI 的变化与气候研究中"距平"的概念联系起来，对比分析 NDVI 的变化与短期的气候变化之间的关系。AVI 的定义为某一特定年某一时期(如旬、月等)NDVI_i 与多年该时期 NDVI 的平均值的差。其计算公式为

$$AVI = NDVI_i - NDVI_{AGV} \tag{4.13}$$

式中，AVI 为距平植被指数；NDVI_{AGV} 为 NDVI 多年平均值。

徐英等(2005)使用距平植被指数法，利用 NOAA/AVHRR 资料对 2000 年夏季黑龙江省的特大干旱进行了监测。根据距平植被指数将旱情分为了严重干旱、受旱、正常 3 个等级。Yan 等(2006)应用热惯量和 AVI 分别对裸土和蔬菜环境下的土壤水分进行估算。严翼等(2012)则利用植被状态指数距平监测 2011 年长江中下游 5 省春、夏干旱情况。宋扬(2017)等以辽西北为研究区域，对比了表观热惯量、距平植被指数和植被供水指数 3 种基于不同理论的遥感干旱指数方法对土壤水分反演的结果，得出 AVI 可以有效反映当年作物主要生长季各时期相对的受旱状况的结论；晏明和丁春雨(2013)分析了距平植被指数对温度和降水的响应，有效反映了当年作物生长季土壤水分的缺乏及土壤供水状况的动态变化情况。

3. 温度状态指数

TCI 用以反映地表温度状况，定义为当前的地表温度与多年来同一时间段地表温度最大值与最小值比例[式(4.14)]。当有旱情发生时，地表有蒸腾蒸散增大的趋势，但是没有足够的水分用来完成蒸腾蒸散作用，冠层或裸土的温度会有不同程度的升高。

$$TCI_j = \frac{(T_{max} - T_{sj})}{(T_{max} - T_{min})} \times 100\% \tag{4.14}$$

式中，TCI_j 为日期 j 的温度条件指数；T_{sj} 为日期为 j 的地表温度；T_{max} 为数据集中所有图像的最大地表温度；T_{min} 为数据集中所有图像的最小地表温度。

TCI 已经广泛应用于旱情反演和旱情监测，Jackson 等(2012)随后用冠层能量平衡的单层模型(将植被与土壤作为一个整体层面)对 Idso 提出的冠气温差上、下限方程进行了理论解释，并基于能量平衡的阻抗模式提出了涉及诸多气象因素的理论模式。沈润平等(2017)利用 VCI、TCI 和土地覆盖类型(LC)等变量，构造了

遥感干旱监测随机森林模型，对河南省的干旱情况进行了分析。黄友昕等(2015)基于 MODIS 遥感干旱监测指数 TCI 构建了冬小麦返青期土壤湿度的评价指标体系，在此基础上，结合径向基函数神经网络(RBFNN)协同反演农地土壤湿度。Muhammad 等(2020)利用降水条件指数(PCI)、温度条件指数(TCI)、土壤水分条件指数(SMCI)和 VCI 等多种单项干旱指标综合研究了喀布尔河气象干旱和农业干旱情况。Zou 等(2020)对比了 VCI、TCI 和植被健康指数(VHI)在热带干林(TDFs)的气象干旱监测，得出了干湿期 TCI 监测气象干旱表现最好的结论。

4.2.7　利用水体面积变化的干旱监测方法

地表水体面积变化程度常常用来衡量旱情的严重程度。在获取地表水体长时间监测数据上，通过构建水体指数或阈值法监测不同区域水体面积变化和典型地表水体变化等不同监测目标的水体的变化，从而搭建不同水体变化-旱情监测模型，进行区域旱情严重程度的评估。

1. 阈值法

阈值法是提取水体最简单易行的方法。遥感图像中，每类地物都对应有特定的灰度值，在变化信息特征增强的图像上，变化区域的灰度值与其他区域的灰度值一般存在明显不同。因此可以根据直方图和影像特征，交互确定变化存在区域灰度域的上下限阈值。然后利用阈值将变化发生的区域从图像中提取出来。

水体在可见光和近红外这两个波段范围的反射率较低。其周边的地物类型一般为土壤和植被，这类地物在近红外波段上有较高的反射率。水体由于与其环境背景之间在近红外波段存在明显的反射率差异，因此使用阈值法不仅简便而且可以获得较好的水体识别效果。该方法中，准确的阈值被认为是水体提取精度的一个重要影响因素。但目前阈值的确定主要依靠反复试验来确定，具有一定的主观性和经验性，并易受时空差异的影响，不利于实现水体提取的自动化。因此，阈值的确定一直以来都是水体提取研究的重点。这一方法的缺点是很难将水体与山区阴影区分开来，使得提取的水体范围偏大。

2. 归一化差异水体指数

1996 年，McFeeters 借鉴 NDVI 模型，利用绿光波段(TM2)和近红外波段(TM4)构建了最大程度抑制植被信息、突出水体信息的归一化差异水体指数 NDWI，其公式如下：

$$NDWI = (Green - NIR) / (Green + NIR) \tag{4.15}$$

式中，Green 为绿光波段，对应 TM 影像的第 2 波段；NIR 为近红外波段，对应 TM 影像的第 4 波段。

近年来，国内外学者提出了利用各种水体指数自动提取表面水体面积，如 McFeetem（1996）提出了归一化差值水体指数。徐涵秋（2005）提出了改进型归一化差值水体指数（MNDWI），并应用 MNDWI 提取了福州市水体，取得了良好实验效果。毕海芸等（2012）分别用单波段法、谱间关系法和水体指数法辅以最佳阈值对平原和山地的水体进行提取，得到了较高的提取精度。王先伟等（2014）利用标准化降雨指数 SPI 比较了基于 MODIS 反射率数据提取的 8 种光谱指数（包含 NDWI），证明了除 D1640 外，其余 7 种光谱指数的距平值与 3 个月尺度的 SPI3 都具有显著的相关性。周杨等（2014）采用缨帽变换、NDWI 和增强型水体指数（EWI）3 种方法提取了大理白族自治州洱海水域面积并进行精度分析，结果表明 NDWI 方法的提取精度最好。谭丽娜等（2018）利用 NDVI 指数、NDWI 指数和角度光谱指数（ABDI）这 3 类光谱指数时间序列进行干旱监测，表明 NDWI 和 ABDI 对地表水分信息比 NDVI 更敏感。目前基于水面积变化的旱情监测研究难点在于建立水面积与旱情等级的定量关系，整合提炼旱情监测的多个指标建立综合性模型，实现基于水体面积变化的旱情遥感监测。

4.3 干旱灾害遥感信息提取新应用

1. 研究区概况

伏尔加格勒州位于东欧平原东南部，俄罗斯伏尔加河流域下游，面积 11.39 万 km²。该州的主要河流是伏尔加河和顿河。区域地形呈现西高东低的分布特征，农耕区主要分布在中西部的河流两侧。全州属于温带大陆性气候，夏季炎热，冬季寒冷。年降水量由西北向东南递减，年平均降水量为 348mm。温度范围很大，从最高纪录的 42.6℃到最低纪录的–33.0℃。东南部区域受里海北部气候的影响，温度偏高同时日均降雨量偏少。区域整体气候环境呈现出西北部气温偏低、降水偏高，东南部气温偏高、降雨偏少的现象。地区耕地约占该州面积的一半，是俄罗斯的主要农作物产区和高产区之一。重要的农作物包括小麦、大麦和玉米，在该地区分布广泛（图 4.1）。美国地质调查局（United States Geological Survey，USGS）发布的全球 1km 主要作物分布图（Teluguntla et al., 2017）显示，该区域内河流以北区域主要为雨养农业区，主要作物为小麦，河流以南区域以灌溉农业类型为主，主要种植玉米等作物，东部小片区域分布着草地等其他植被类型（图 4.2）。

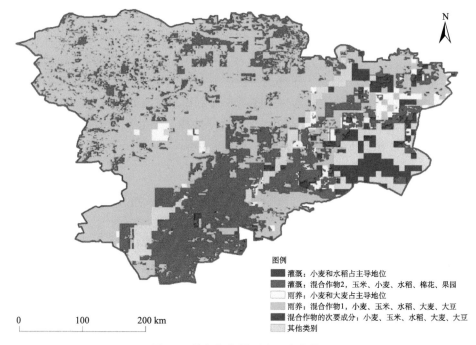

图例

■ 灌溉：小麦和水稻占主导地位
■ 灌溉：混合作物2，玉米、小麦、水稻、棉花、果园
□ 雨养：小麦和大麦占主导地位
■ 雨养：混合作物1，小麦、玉米、水稻、大麦、大豆
■ 混合作物的次要成分：小麦、玉米、水稻、大麦、大豆
■ 其他类别

图 4.1　伏尔加格勒州农田分布状况

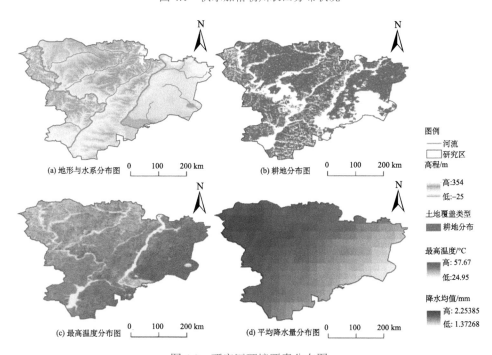

(a) 地形与水系分布图

(b) 耕地分布图

(c) 最高温度分布图

(d) 平均降水量分布图

图例

—— 河流
□ 研究区
高程/m

■ 高:354
■ 低:-25

土地覆盖类型

■ 耕地分布

最高温度/°C

■ 高: 57.67
■ 低:24.95

降水均值/mm

■ 高: 2.25385
■ 低: 1.37268

图 4.2　研究区环境要素分布图

根据当地气候条件和耕作方式,冬小麦 9 月播种,来年 4 月进入生长季,7 月收获;玉米等作物集中在 4 月种植,8 月开始进入收获季。整体来说当地作物冬种阶段为 9 月至次年 8 月,春种阶段为 4~12 月,作物的关键生长阶段为 4~10 月。参考当地物候历信息,作物的关键生育期可以划分为春播种、开花期、收获期和冬播种期。春播种阶段为 3 月底至 5 月下旬,作物处于分蘖、返青、拔节等生长早期;开花期为 5~7 月上旬,作物处于抽穗、开花等生长中期;收获期为 7 月上旬至 8 月底,玉米仍处于抽穗、开花、灌浆等关键生长期,但其他作物已经成熟收获;冬播种期为 9~10 月中旬,作物完全收获,冬小麦开始播种(图 4.3)。

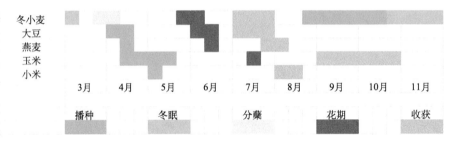

图 4.3　伏尔加格勒州主要作物物候历

2. 数据与方法

1) 数据

采用的遥感影像数据来自 NASA,时间为 2008~2012 年的 Terra 卫星的 MODIS13A2 归一化植被指数产品和 MODIS11A2 陆地表面温度产品,时间分辨率分别为 16 天和 8 天,空间分辨率均为 1km(表 4.2)。同时使用了该区域内的 PERSIANN-CDR 降水数据用于旱情的辅助分析。利用 Google Earth Engine 平台对 MODIS13A2 归一化植被指数和 MODIS11A2 陆地表面温度分别依据缩放因子进行处理,并依据研究区矢量边界图裁剪并下载研究区范围内的影像数据。同时为了了解干旱发生对于不同耕作区域和不同作物类型的影响,本章也参考了辅助地

表 4.2　遥感数据使用信息

数据名称	空间覆盖	时间覆盖	时间分辨率/d	空间分辨率
MODIS13A2	全球	2000 年至今	16	1km×1km
MODIS11A2	全球	2000 年至今	8	1km×1km
PERSIANN-CDR	60°S~60°N	1983 年至今	1	0.25°×0.25°

表覆被分类数据,分别为 USGS 发布的全球 1km 主要作物分布图(Teluguntla et al., 2017)和国家基础地理信息中心发布的以 2010 年为基准年的 30m 全球地表覆盖遥感制图数据产品(GlobeLand30-2010)(表 4.3)。

表 4.3　参考辅助数据使用信息

数据名称	空间覆盖	时间覆盖	类别	空间分辨率
GFSAD30	耕地范围	1990~2017 年	5 种主要作物	1km×1 km
GlobeLand30-2010	80°S~80°N	2010 年	10 种地表覆盖	30m×30 m

2)温度植被干旱指数

TVDI(Sandholt et al., 2002)即温度植被干旱指数,主要适用于研究区域植被覆盖度和土壤水分条件变化较大时,通过结合遥感数据的温度产品和植被指数产品构建 NDVI-T_s 空间。其中 NDVI 有时也用增强植被指数 EVI 代替,常通过拟合特征空间湿边和干边方程、划分旱情等级以及对实际降水或土壤含水量数据进行真实性检验等过程,研究 TVDI 在不同实际区域中发挥的旱情监测作用。Sandholt 等(2002)首次依据 NDVI 和 LST 在二维空间散点图上呈现的规律,给出了 TVDI 的几何含义说明及定义:

$$TVDI = \frac{LST - LST_{min}}{f(VI)_{max} - T_{smin}} \tag{4.16}$$

$$f(VI)_{max} = a_{max} - b_{max} \times VI \tag{4.17}$$

式中, $f(VI)_{max}$ 为 LST/VI 散点三角形空间的干边线性拟合方程; a_{max} 和 b_{max} 分别为拟合参数;VI 为横坐标轴,表示植被指数;LST 为纵坐标轴,表示地表温度; T_{smin} 为地表温度的最小值;TVDI 定义中的分子表示在该植被覆盖度下,像元的实际温度与最小温度的差值,用 A 表示,分母表示一定植被覆盖度下像元的最大温度与最小温度的差值,用 B 表示,则 TVDI 在 LST/VI 散点三角形空间上的几何含义如图 4.4 所示。因此 TVDI 可以表示像元的相对干湿状况,从而实现对土壤湿度和干旱状况的识别和监测。

TVDI 取值在 0~1 之间变动,当 TVDI=0 时,表明像元落在土壤线湿边,此时地表湿度最大,蒸发和植被蒸腾作用最强,土壤受旱程度最低;当 TVDI=1 时,表明像元落在土壤线干边,此时地表湿度最小,蒸发和植被蒸腾作用最弱,土壤受旱程度最高。根据 MODIS 数据温度植被干旱指数分类(吴黎, 2017),TVDI 监测结果分类如表 4.4 所示。

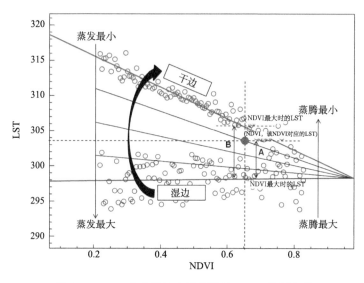

图 4.4　TVDI 定义及给定像元处的 TVDI 几何含义

表 4.4　TVDI 干旱等级划分

TVDI	干旱等级	土壤水分状况
0<TVDI<0.46	无旱	地表水分充足或正常
0.46≤TVDI<0.57	轻旱	地表水少量蒸发，近地表空气干燥
0.57≤TVDI<0.76	中旱	土壤表面干燥，植被叶片出现萎蔫
0.76≤TVDI<0.86	重旱	较厚干土层出现，植被萎蔫干枯
0.86≤TVDI<1	特旱	地表植被干枯或死亡

3) 降水距平百分率

在一定时期内降水量的减少或地表增温的加剧都会引起气象干旱，其积累和发展会影响土壤含水量和作物需水过程。因此，气象干旱是直接引发农业干旱的重要因素。通常综合考虑气象干旱与农业干旱这两种类型的干旱及其滞后相关性来评估一个地区干旱事件的时空演变和发展。用降水距平百分率(Pa)来指示气象干旱的发展过程，一定时期内的 Pa 的公式为

$$\mathrm{Pa} = \left[\left(P - \bar{P} \right) / \bar{P} \right] \times 100\% \tag{4.18}$$

式中，P 为某一时段的降水量；$\bar{P}$ 为该时段的平均降水量；Pa 代表了某一特定地区的降水量与平均水平的偏差，即一定时期内区域降水量偏离当地平均水平的程度，进而简洁地表示降水量异常减少所造成的气象干旱。

4)综合旱情成灾指数

区域干旱的发生受一段时间内水热气候条件的累积影响,也是一个地区植被和作物在不同生长季节对于缺水敏感性的综合反应。关键生长阶段干旱敏感性的这两个方面可以提供依赖作物生长阶段的综合旱灾成灾指数(CDDI)。该指标根据作物在不同生育期对降水的敏感性,设定各生育期干旱情况的权重,然后加权求和得到最终的干旱情况指数。根据相关学者对作物关键生长期缺雨敏感性的研究以及研究区主要作物物候历资料,作物生长的主要时期为 4~8 月。这一时期也是作物对水热气候条件反应最强烈的时期。利用 4~8 月生长期的 TVDI 来设置每个月的权值 P_i,以表示不同生长期作物对干旱响应的敏感性。可以通过加权计算建立一个 CDDI 来评估区域干旱情况。计算公式为

$$\text{CDDI} = \sum_{i=4}^{8} P_i \times \text{TVDI} \tag{4.19}$$

式中, P_i 是每个月的权重值。结合研究区现有作物干旱敏感性系数设置和主要作物物候历,将 4~8 月的权重 P_i 分别设置为 0.4、0.5、0.8、0.9 和 0.4。利用干旱指数分类依据,通过线性加权得到综合旱情成灾指数分类标准,如表 4.5 所示。

表 4.5　综合旱情成灾指数分类标准

4~5 月	6~8 月	4~8 月	成灾等级
0< CDDI <0.828	0< CDDI <1.932	0< CDDI <2.76	无旱
0.828≤CDDI <1.026	1.932≤CDDI <2.394	2.76≤CDDI <3.42	轻旱
1.026≤CDDI <1.368	2.394≤CDDI <3.192	3.42≤CDDI <4.56	中旱
1.368≤CDDI <1.548	3.192≤CDDI <3.612	4.56≤CDDI <5.16	重旱
1.548≤CDDI <1.8	3.612≤CDDI <4.2	5.16≤CDDI <6	特旱

3. 结果与讨论

1)水热条件及 TVDI 分布

(1)2008 年水热条件及旱情分布。2008 年总降水量为 567.04mm,4~10 月总降水量为 317.02mm,年均降水量为 47.25mm,整体比较湿润(图 4.5)。全年少雨季节和降雨量极小值出现在 7 月下旬至 9 月中旬(收获期),8 月总降雨量仅为 13.75mm。2008 年 4~10 月气温均值为 28.22℃,四个主要生长阶段内均出现了地表温度的局部峰值,分别出现在 4 月 22 日(24.84℃,春播种)、6 月 9 日(37.00℃,开花期),以及 8 月 12 日(全年最高温处,41.69℃,收获期)。2008 年总体为湿润年份,雨水相对充足,仅在收获期出现较明显的干旱风险因子。

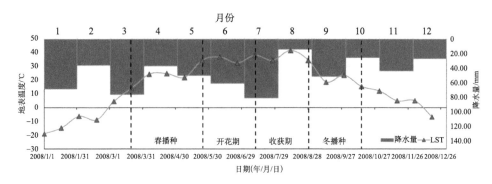

图 4.5　2008 年研究区水热气候条件

2008 年 TVDI 演变格局(图 4.6)为:①春播种。春种时期气温回升较快,地表蒸发增强,南部春作物率先发生干旱(4 月 6 日)。北部冬小麦处于返青时期,植被耗水量增加,同样出现旱情响应(4 月 22 日)。②开花期。5 月下旬区域内主要作物逐渐进入抽穗、扬花和灌浆期,地表蒸发和植被蒸腾作用强烈,需要大量的水分补充和供给。6 月和 7 月降水比较充足,尤其是 7 月总降水量达到了80.62mm,为花期作物生长带来了关键的水分供给。因此整个开花期只有前段时期因气温偏高出现了一定程度的旱情(6 月 9 日),整个阶段没有出现明显的干旱事件。③收获期。进入 7 月后,冬小麦、大豆、小米等作物进入收获季,但南部玉米种植区仍处于灌浆和乳熟阶段,对土壤水分的需求量仍然很大。因此整个区域呈现出南部干旱、北部湿润的格局,尤其是 8 月高温少雨天气造成了整个区域的大规模受旱(8 月 12 日)。④冬播种。春种作物完成收割,冬小麦开始播种,但此时降水量低于年均值,区域出现轻微旱情。

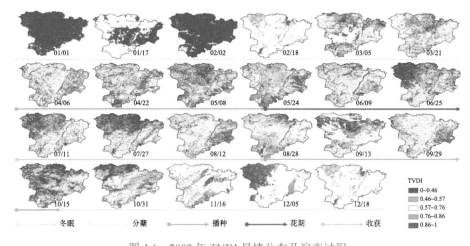

图 4.6　2008 年 TVDI 旱情分布及演变过程

(2)2009 年水热条件及旱情分布。2009 年总降水量为 625.01mm，4～10 月总降水量为 285.07mm，年均降水量为 52.08mm，整体比较湿润(图 4.7)。全年少雨季节和降水量极小值出现在春播种期和冬播种期，4 月和 9 月总降水量分别为11.31mm 和 4.77mm。2009 年 4～10 月气温均值为 31.43℃，整体比较干燥。全年气温极大值和最高值出现在 4 月和 7 月，4 月 23 日(春播种)气温达到 29.85℃，全年气温最高值出现在 7 月 12 日(45.17℃，开花期—收获期)。2009 年总体温度偏高但雨水相对充足，但在春播种、开花期—收获期和冬播种阶段出现较明显的干旱风险因子。

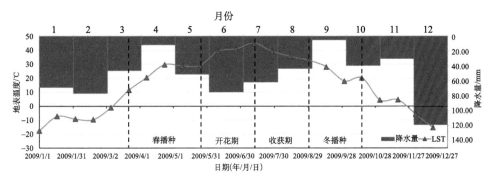

图 4.7　2009 年研究区水热气候条件

2009 年 TVDI 演变格局(图 4.8)为：①春播种。春种时期降水稀少，气温升高过快导致地表水分蒸发过快，加之冬小麦进入返青时节对土壤水分需求量大，因此该时期出现了一定程度的旱情(4 月 23 日)。②开花期—收获期。这一阶段气温处于较高水平，出现了全年最高温，但降水在逐渐下降。作物在这一生长阶段需水量较大，因此这段时间一直有旱情存在，尤其是 7 月中旬气温最高时比较明显(7 月 12 日)。③冬播种。冬小麦播种开始后的整个 9 月降水量仅有 4.77mm，土壤含水量不足以供给地表蒸发和播种期作物的需水量，加剧了地表的蒸发和叶片失水，造成作物气孔关闭，生长受到抑制，产生了明显的旱情(9 月 14 日)。

(3)2010 年水热条件及旱情分布。2010 年总降水量为 684.47mm，4～10 月总降水量为 234.34mm，年均降水量为 57.04mm，整体比较湿润，但是生育期内降水偏少比较干燥(图 4.9)。全年少雨季节和降水量极小值出现在春播种期和开花期，4 月和 6 月总降水量分别为 18.04mm 和 20.34mm。2009 年 4～10 月气温均值为 31.21℃，开花期—收获期(6 月 10 日至 8 月 13 日)地表温度均在 40℃以上，尤其在 7 月 28 日出现了异常高温的天气，地表温度达到 47.15℃。总体来说，2010年在开花期和收获期存在少雨和异常高温的干旱风险因子。

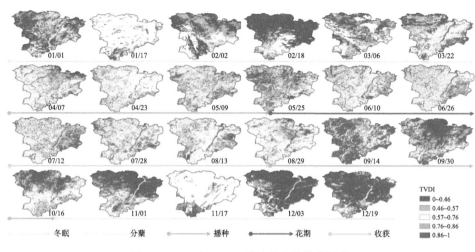

图 4.8　2009 年 TVDI 旱情分布及演变过程

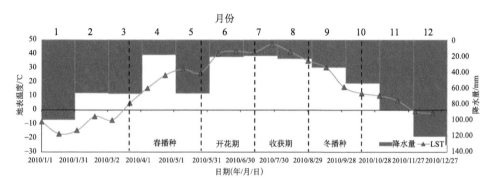

图 4.9　2010 年研究区水热气候条件

　　2010 年 TVDI 演变格局(图 4.10)为：①春播种。冬小麦进入返青时节对土壤水分需求量大，因此 4 月在北部冬小麦种植区率先出现了一定程度的旱情(4 月 7 日)。随着气温的逐渐回升，地表蒸发变得强烈，植被生长加快使得耗水量增加，4 月中旬整个区域都出现中等程度的旱情(4 月 23 日)。②开花期—收获期。开花期和收获期分别是冬小麦和玉米的关键生长季，冬小麦、大豆等作物在 6 月处于耗水旺盛的生长中期，玉米在 7 月也处于需水量增大的抽穗、开花、灌浆期。然而 2010 年 6~8 月总降水量稀少，只有 62.69mm，土壤水分无法满足作物正常的生长需求。同时这段时间地表异常炎热，剧烈的蒸发和蒸腾作用带走了土壤和叶片水分，进而演变出了严重的作物干旱(7 月 28 日)。该阶段的旱情对当年作物生长造成了较大的影响，严重抑制了作物在关键生长阶段的生物量积累，进而引起作物减产甚至绝收。③冬播种。由于夏季土壤水分损失严重，因此 9 月 33.84mm

的总降水量对前期旱情的缓解并不明显,整个区域依旧处于中旱水平。直至冬播种结束前,随着秋季凉爽天气的到来和雨水增多,区域恢复了湿润状态。

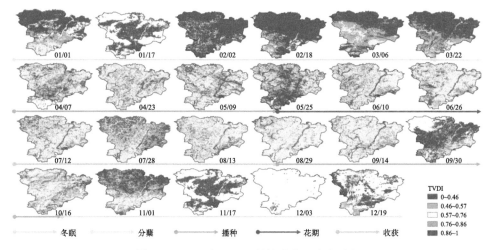

图 4.10 2010 年 TVDI 旱情分布及演变过程

(4)2011 年水热条件及旱情分布。2011 年总降水量为 615.85mm,4~10 月总降水量为 318.28mm,年均降水量为 51.32mm,生育期内整体比较湿润(图 4.11)。4~10 月少雨的月份出现在春播种期和收获期,5 月和 8 月总降水量分别为 26.43mm 和 30.47mm。2009 年全年年均气温为 14.63℃,4~10 月气温均值为 30.57℃。总体来说,2011 年干旱发生的风险水平不高。

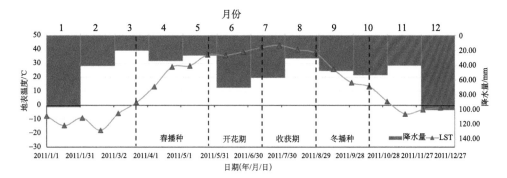

图 4.11 2011 年研究区水热气候条件

2011 年 TVDI 演变格局(图 4.12)为:①春播种。4 月降水相比于其他年份比较充足,春种时期旱情也相比于其他年份更轻。随着春季气温的快速回升,仅在 4 月中旬冬小麦返青时节,区域北部雨养地区出现较为明显的旱情。②开花期—

收获期。6月和7月降雨量相对充足，但是夏季较高的温度不仅使作物生长旺盛，耗水量增加，也加快了土壤水分的蒸发和植被叶片的蒸腾，区域整体处于中旱水平。在收获期后期由于降水持续减少，旱情相对更加明显（8月29日），这一阶段主要会影响正处于抽穗期和灌浆期的玉米生长。③冬播种。冬种期间随着气温的降低和降水增多，整个区域逐渐恢复到湿润状态。

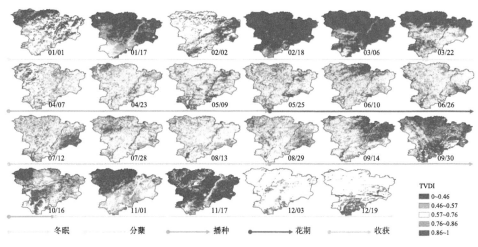

图 4.12　2011 年 TVDI 旱情分布及演变过程

（5）2012 年水热条件及旱情分布。2012 年总降水量为 744.17mm，4～10 月总降水量为 393.99mm，年均降水量为 62.01mm。从降水变化上看，生育期内整体比较湿润，但春种和冬种阶段出现了降水稀少，5 月和 9 月总降水量分别为 21.49mm 和 25.74mm（图 4.13）。2009 年全年年均气温为 15.84℃，全年最高气温出现在 6 月 9 日（45.25℃），4～10 月气温均值为 32.47℃。总体来说，2012 年干旱发生风险较高的阶段为受降水影响的春种后期和冬种阶段前期。

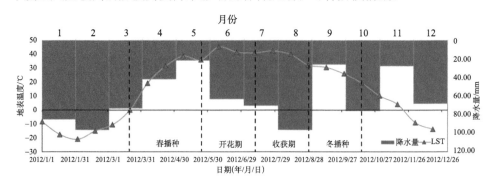

图 4.13　2012 年研究区水热气候条件

2012 年 TVDI 演变格局(图 4.14)为:①春播种。春种期间气温快速升高但降水明显减少,导致春种作物和返青的冬小麦受到旱情的影响。尤其是 5 月降水稀少,同时气温攀升至 38.69℃(5 月 8 日),导致整个区域出现了明显的旱情(5 月 8日及 5 月 24 日)。②开花期—收获期。这一阶段作物生长旺盛,需要大量的水分补充,降水量在此期间比较充沛,区域大部分时间处于湿润状态,没有出现明显旱情。③冬播种。作物收割完毕后,冬小麦开始播种。但这一阶段的作物生长主要受 9 月降水稀少的影响,9 月中旬出现一定程度的干旱。

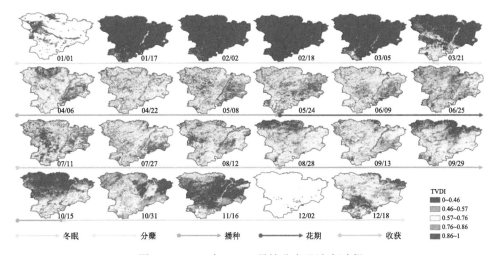

图 4.14 2012 年 TVDI 旱情分布及演变过程

2)灌溉地与雨养地的旱情模式分析

地表对干旱的响应不仅受到水热条件和地表作物类型的影响,同时也因灌溉方式的不同而产生差异。雨养地和灌溉地是农业生产活动中两种重要的耕作方式。雨养地仅依靠自然降雨来满足作物对水分的需求,而灌溉地则考虑了灌溉事件的干预。因此,二者对水热条件的敏感性和响应也存在差异,在分析干旱模式时需要分别考虑。以旱情比较明显的 2010 和 2012 年为例,2010 年主要是夏伏连旱而 2012 年主要是春旱,但图 4.15 显示,两个年份灌溉地和雨养地的旱情响应存在异同点。

(1)持续时间。灌溉地在开始时间和持续时间上都比雨养地早。此外,除了2010 年之外,在其他年份里,灌溉地的干旱程度也要高于雨养地。由于雨养农业对水热条件的敏感性更高,雨养地干旱通常会提前结束。

(2)干旱风险因子。雨养地和灌溉地干旱强度的差异受地表均温和极端天气事件的影响。灌溉区位于伏尔加格勒州东南部,纬度较低,靠近里海北部的草原半

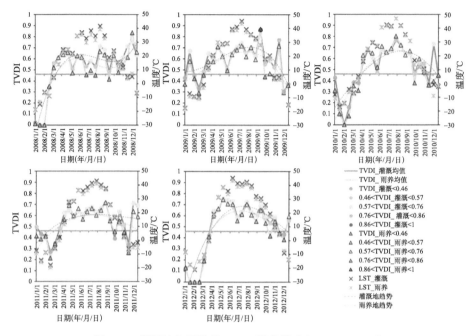

图 4.15　灌溉地与雨养地 TVDI 演变模式（He et al., 2020）

沙漠地带，因此在一年的大部分时间里，灌溉地的平均温度比西北雨养地高。这也解释了灌溉地的旱情整体出现得更早，持续的时间更长。但当降水稀缺时，作物旱情也会出现快速的响应。因此，当地干旱风险因子包括较高的地表均温水平（$\overline{LST_{irr}} > \overline{LST_{rain}}$），以及极端少雨事件（2010 年和 2012 年）和异常高温事件（2010 年）。

（3）敏感性。灌溉地位于地表均温为主导的区域环境下，对降水因子（少雨天气）的扰动更为敏感。相反，雨养地位于受降水控制强烈的区域环境下，对高温因子（高温天气）的扰动更为敏感。这也解释了 2010 年发生极端高温事件时，雨养地对干旱的敏感性较高，而灌溉地的调控能力反而较强。

可以看出：①对降水因子扰动敏感的灌溉地，更容易在干燥少雨的春播种期发生春旱。然而，对高温因子扰动敏感的雨养地，在夏季易发生高温大旱，这与上文 TVDI 的时空分布是一致的。②农作物干旱状况主要受温度因子（Mamnouie et al., 2016; Peña-Gallardo et al., 2019）的主导影响。但在极端高温条件下，灌区人工灌溉事件的干预和调控对抑制干旱条件具有较大的优势。

3）旱情成灾分析

成灾分区图综合对比了 2008～2012 年春季 4～5 月、夏季 6～8 月和整个生长季 4～8 月三种时段的成灾状况，同时采用国家基础地理信息中心提供的 2010 基准年 30m 全球地表覆盖遥感制图数据产品（GlobeLand30—2010）对耕地进行掩膜处理，形成以耕地分布为底图的 2008～2012 年旱情成灾分区图(图 4.16)。

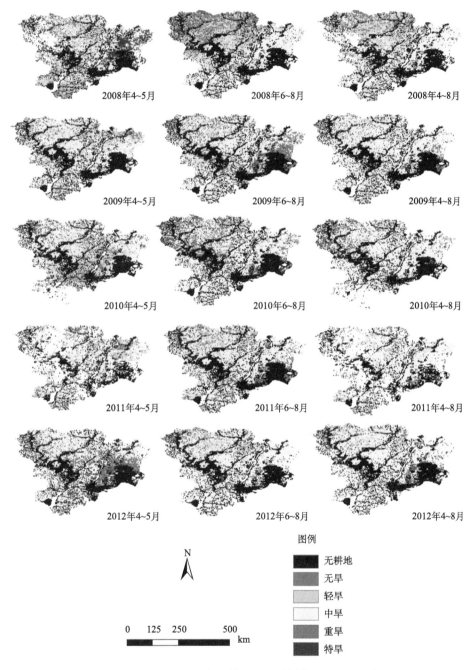

图 4.16　2008～2012 年旱情成灾分区图(He et al., 2020)

通过对比不同时间段的综合旱情成灾指数,发现 2010 年该区域的旱灾类型主要为 4～5 月的春旱和 6～8 月的夏伏连旱,其中春旱主要影响河流以北的雨养旱地,该区域以冬小麦种植为主,这段时间处于分蘖和拔节时期,春旱会对作物生长产生一定的影响。6～8 月的夏伏连旱影响了整个区域,这一阶段的大部分作物进入了抽穗孕穗和开花灌浆的关键营养生育期,作物需水量增大,植物蒸腾作用和土壤蒸发作用强烈,此时旱情出现会对作物生长和产量造成较大的影响,所以也有农谚"春旱不算旱,夏旱丢一半"的说法。而 9 月以后随着降水增多和温度降低,且作物逐渐收割,整个区域并未发生明显的旱灾。2012 年该区域的旱灾类型主要为 4～6 月春旱,春季长时间的极端少雨天气和温度回升使土壤水分不断降低,此时整个区域的主要作物都处于生长初期,需水量较大,因此这样的水热条件导致大面积区域发生旱灾。6 月以后降水和气温逐渐稳定,作物逐渐恢复了正常的生长状况。

由于受到数据条件的限制,本书只参照 Oxfam 报告(Ukhova, 2013)发布的 2012 年伏尔加格勒州旱灾开源受灾数据,基于 TVDI 指数对 2012 年 4～8 月关键生育期的旱情监测进行了统计分析(表 4.6)。统计结果显示,2012 年伏尔加格勒州 9184km^2 耕地为轻度干旱状态,近地表空气干燥,59734 km^2 耕地处于中旱状态,土壤表层干燥,植被叶片出现萎蔫情况,3571 km^2 耕地处于重旱状态,土壤存在较厚干土层,植被呈现明显的萎蔫和干枯,出现果实脱落现象,46 km^2 耕地处于特旱状态,植被呈现明显干枯和死亡状态。重旱和特旱对于作物长势和产量会产生较大影响,是作物受灾的重点关注区域,总面积达到了整个州面积的 3.33%。同时,Oxfam 报告对于俄罗斯主要干旱州的小规模农场主调查显示,伏尔加格勒州 2012 年旱灾影响的农场数量为 1584 个,受影响的农场面积为 5407.042km^2,主要受灾项目为谷物和家畜以及少量蔬菜,官方估算损失达 156513 万卢布。

表 4.6 2012 年伏尔加格勒州受灾面积统计(He et al., 2020)

不同调查	州总面积/km^2	4～8 月受灾面积/km^2	占比/%	旱灾等级	判定依据
本书监测	108448	35913	33.12	非耕地或无旱	$0<M<2.76$
		9184	8.47	轻旱	$2.76 \leqslant M<3.42$
		59734	55.08	中旱	$3.42 \leqslant M<4.56$
		3571	3.29	重旱	$4.56 \leqslant M<5.16$
		46	0.04	特旱	$5.16 \leqslant M<6$
不同调查	州总面积/km^2	调查受灾面积/km^2	占比/%	旱灾等级	判定依据
Oxfam 报告	113900	5407.042	4.75%	无	农户调查

4.4　小　　结

无论是从风险分析的角度还是从农业生活指导的角度,农业干旱的监测与分析都是重要而持久的课题。对于特定的研究区域,作物的生长会随着水、热条件的变化而变化,并反映在其光谱特征的相应参数的变化上,这也为利用遥感干旱指数监测干旱时空演化提供了依据。TVDI 指数适用于植被和气温变化较大地区的遥感干旱监测,通过指数的计算和可视化可以更好地了解研究区的干旱演化模式。遥感干旱指数可为今后干旱灾害遥感应用提供重要的监测能力。

气象干旱和农业干旱从不同的角度描述干旱事件。气象干旱指数是基于季节变异性强的降水数据,反映了一个地区的气象条件,而农业干旱指数从作物和土壤水分的角度描述干旱,不同的监测原理形成了不同的旱情演变时间曲线。本节选取的 Pa 反映了研究区域春秋两季旱情的整体情况,当缺乏降水补充时春季的干燥状况会延续到夏季的生长季节。相比之下,代表农业干旱的 TVDI 指数与植被的生长周期和温度的年际变化更加一致,在夏季总是呈现较高的水平。气象干旱和农业干旱在时间演变上存在滞后性,气象干旱在一定时间内的积累则会引发农业干旱。

不同作物的生长周期不是完全同步的,不同生长阶段对水分的敏感性和抗旱能力也是不同的。从这个角度来看,研究干旱事件不应局限于考虑其时空分布,也应关注其是否构成灾害事件。旱情监测能够表明某一地区的干旱风险,而成灾分析则是从灾害学角度定量评估受影响地区的经济损失。因此,本节从旱情和成灾这两个方面进行分析,以更全面地了解整个干旱事件。

以上三个方面构成了本次干旱遥感监测研究的重点,通过构建基于生长期的 TVDI 和 CDDI,利用 MODIS 植被指数产品和地表温度产品对俄罗斯伏尔加格勒地区的干旱进行监测和评价。同时,分析和讨论了区域干旱的时空分异以及不同类型、不同生长期农区发生干旱的因素,并根据作物生长阶段对气象和农业干旱进行了滞后分析。

参 考 文 献

安雪丽, 武建军, 周洪奎, 等. 2017. 土壤相对湿度在东北地区农业干旱监测中的适用性分析. 地理研究, 36(5): 837-849.

毕海芸, 王思远, 曾江源, 等. 2012. 基于 TM 影像的几种常用水体提取方法的比较和分析. 遥感信息, 27(5): 77-82.

蔡斌, 陆文杰, 郑新江. 1995. 气象卫星条件植被指数监测土壤状况. 国土资源遥感, (4): 45-50.

蔡庆空, 陶亮亮, 蒋瑞波, 等. 2020. 基于理论干湿边与改进 TVDI 的麦田土壤水分估算研究. 农业机械学报, (7): 202-209.

柴荣繁, 陈海山, 孙善磊. 2018. 基于 SPEI 的中国干湿变化趋势归因分析. 气象科学, 38(4): 423-431.

陈诚. 2016. TRMM 3B43 遥感降水量产品数据定标与降尺度方法研究. 南京: 南京大学.

陈少丹, 张利平, 郭梦瑶, 等. 2018. TRMM 卫星降水数据在区域干旱监测中的适用性分析. 农业工程学报, 34(15): 126-132.

丁怡博, 徐家屯, 李亮, 等. 2019. 基于 SPEI 和 MI 分析陕西省干旱特征及趋势变化. 中国农业科学, 52(23): 4296-4308.

董朝阳, 刘志娟, 杨晓光, 等. 2015. 北方地区不同等级干旱对春玉米产量影响. 农业工程学报, 31(11): 157-164.

范一大, 吴玮, 王薇, 等. 2016. 中国灾害遥感研究进展. 遥感学报, 20(5): 1170-1184.

费振宇, 孙宏巍, 金菊良, 等. 2014. 近 50 年中国气象干旱危险性的时空格局探讨. 水电能源科学, 32(12): 5-10.

冯海霞, 秦其明, 李滨勇, 等. 2011. 基于 SWIR-Red 光谱特征空间的农田干旱监测新方法. 光谱学与光谱分析, 31(11): 3069-3073.

冯强, 田国良, 柳钦火. 2003. 全国干旱遥感监测运行系统的研制. 遥感学报, (1): 14-18, 81.

高宇, 冯婧, 张诚, 等. 2012. 干旱评价指标体系研究进展. 安徽农业科学, (23): 11659-11663.

顾颖, 刘静楠, 林锦. 2010. 近 60 年来我国干旱灾害特点和情势分析. 水利水电技术, (1): 71-74.

关韵桐, 李金平. 2019. 基于遗传优化神经网络的多源遥感数据反演土壤水分. 水资源与水工程学报, 30(2): 252-256.

郭虎, 王瑛, 王芳. 2008. 旱灾灾情监测中的遥感应用综述. 遥感技术与应用, 23(1): 111-116.

果华雯, 张元伟, 宋小燕, 等. 2020. 中国南北过渡带干旱时空变化. 南水北调与水利科技(中英文), 18(2): 79-85, 158.

黄生志, 黄强, 王义民, 等. 2015. 基于 SPI 的渭河流域干旱特征演变研究. 自然灾害学报, 24(1): 15-22.

黄晚华, 杨晓光, 曲辉辉, 等. 2009. 基于作物水分亏缺指数的春玉米季节性干旱时空特征分析. 农业工程学报, 25(8): 28-34.

黄友昕, 刘修国, 沈永林, 等. 2015. 农业干旱遥感监测指标及其适应性评价方法研究进展. 农业工程学报, 31(16): 186-195.

纪瑞鹏, 班显秀, 冯锐, 等. 2005. 应用 NOAA/HAVRR 资料监测土壤水分和干旱面积. 防灾减灾工程学报, 25(2): 157-161.

姜红, 玉素甫江·如素力, 拜合提尼沙·阿不都克日木, 等. 2017. 基于支持向量机回归算法的土壤水分光学与微波遥感协同反演. 地理与地理信息科学, 33(6): 30-36.

金君良, 申瑜, 王国庆, 等. 2014. 基于土壤含水量模拟的干旱监测指数研究. 水资源与水工程学报, (3): 14-18, 23.

金兴平, 万汉生. 2003. 长江流域 2002 年水雨情回顾和 2003 年汛期旱涝趋势展望. 武汉: 湖北省 2003 年重大自然灾害综合趋势分析会商会.

景朝霞, 夏军, 匡洋, 等. 2017. 基于 CI 指数的渭河流域干旱时空演变特征研究. 人民黄河, 39(7): 86-91, 95.

康为民, 罗宇翔, 向红琼, 等. 2010. 贵州喀斯特山区的 NDVI-T_s 特征及其干旱监测应用研究. 气象, (10): 78-83.

李伯祥, 陈晓勇. 2020. 基于 Sentinel 多源遥感数据的河北省景县农田土壤水分协同反演. 生态与农村环境学报, 36(6): 752-761.

李柏贞, 周广胜. 2014. 干旱指标研究进展. 生态学报, 34(5): 1043-1052.

李崇瑞, 游松财, 武永峰, 等. 2019. 改进作物水分亏缺指数用于东北地区春玉米干旱灾变监测. 农业工程学报, 35(21): 175-185.

李茂松, 李森, 李育慧. 2003. 中国近 50 年旱灾灾情分析. 中国农业气象, (1): 7-10.

李维娇, 王云鹏. 2020. 基于 VCI 的 2003~2017 年广东省干旱时空变化特征分析. 华南师范大学学报(自然科学版), 52(3): 85-91.

李雅善, 王波, 杨云源, 等. 2016. 基于作物水分亏缺指数的云南葡萄干旱状况时空差异分析北方园艺, (12): 11-15.

梁丹, 赵锐锋, 李洁, 等. 2015. 4 种干旱指标在河西走廊地区的适用性评估. 中国农学通报, 31(36): 194-204.

刘大川, 周磊, 武建军. 2017. 干旱对华北地区植被变化的影响. 北京师范大学学报: 自然科学版, 53(2): 222-228.

刘万侠, 王娟, 刘凯, 等. 2007. 植被覆盖地表主动微波遥感反演土壤水分算法研究. 热带地理, 27(5): 411-415.

刘巍巍, 郭振东, 孙永强, 等. 2004. 帕默尔旱度模式的进一步修正及其应用. 北京: 中国气象学会 2004 年年会.

罗纲, 阮甜, 陈财, 等. 2020. 农业干旱与气象干旱关联性——以淮河蚌埠闸以上地区为例. 自然资源学报, 35(4): 977-991.

马红章, 柳钦火, 闻建光, 等. 2010. 裸露地表土壤水分的 L 波段被动微波最佳角度反演算法. 农业工程学报, 26(11): 24-29.

马柱国, 符淙斌. 2001. 中国北方干旱区地表湿润状况的趋势分析. 气象学报, 59(6): 737-746.

莫兴国, 胡实, 卢洪健, 等. 2018. GCM 预测情景下中国 21 世纪干旱演变趋势分析. 自然资源学报, 33(7): 1244-1256.

聂俊峰. 2005. 我国北方干旱灾害性分析及减灾对策研究. 杨凌: 西北农林科技大学.

潘宁, 王帅, 刘焱序, 等. 2019. 土壤水分遥感反演研究进展. 生态学报, 39(13): 4615-4626.

屈艳萍, 吕娟, 张伟兵, 等. 2018. 中国历史极端干旱研究进展. 水科学进展, 29(2): 283-292.

沈润平, 郭佳, 张婧娴, 等. 2017. 基于随机森林的遥感干旱监测模型的构建. 地球信息科学学报, (1): 125-133.

宋扬, 房世波, 梁瀚月, 等. 2017. 基于 MODIS 数据的农业干旱遥感指数对比和应用. 国土资源遥感, 29(2): 215-220.

谭丽娜, 赵亮, 唐荣. 2018. 一种角度光谱指数及其在干旱监测中的应用. 科技风, (22): 121.

王劲松, 冯建英. 2000. 甘肃省河西地区径流量干旱指数初探. 气象, 26(6): 3-7.

王连喜, 边超钧, 李琪, 等. 2014. 陕西省干旱变化特征及其对玉米产量的影响. 自然灾害学报, 23(6): 193-199.

王连喜, 胡海玲, 李琪, 等. 2015. 基于水分亏缺指数的陕西冬小麦干旱特征分析. 干旱地区农业研究, 33(5): 237-244.

王素萍, 张存杰, 宋连春, 等. 2013. 多尺度气象干旱与土壤相对湿度的关系研究. 冰川冻土, 35(4): 865-873.

王先伟, 刘梅, 柳林. 2014. MODIS 光谱指数在中国西南干旱监测中的应用. 遥感学报, 18(2): 432-452.

王兆礼, 钟睿达, 陈家超, 等. 2017. TMPA 卫星遥感降水数据产品在中国大陆的干旱效用评估. 农业工程学报, 33(19): 163-170.

王芝兰, 李耀辉, 王劲松, 等. 2015. SVD 分析青藏高原冬春积雪异常与西北地区春、夏季降水的相关关系. 干旱气象, 33(3): 363-370.

温媛媛, 郭青霞, 王炎强. 2018. 基于 SEBS 模型的岔口小流域蒸散量特征及影响因子研究. 灌溉排水学报, 37(4): 80-87.

吴黎. 2017. 基于 MODIS 数据温度植被干旱指数干旱监测指标的等级划分. 水土保持研究, 24(3): 130-135.

吴学睿, 施建成, 王芳. 2009. L 波段多角度裸露地表土壤水分反演研究. 遥感信息, (4): 9-15.

徐涵秋. 2005. 利用改进的归一化差异水体指数(MNDWI)提取水体信息的研究. 遥感学报, 9(5): 589-595.

徐英, 吴明阳, 李秀芬, 等. 2005. Application of drought monitoring using NOAA/AVHRR data in Heilongjiang Province. 哈尔滨理工大学学报, 10(2): 51-53.

许国鹏, 李仁东, 梁守真, 等. 2006. 基于改进型温度植被干旱指数的旱情监测研究. 世界科技研究与发展, (6): 51-55.

薛昌颖, 马志红, 胡程达. 2016. 近 40a 黄淮海地区夏玉米生长季干旱时空特征分析. 自然灾害学报, 25(2): 1-14.

严翼, 肖飞, 杜耘, 等. 2012. 利用植被状态指数距平监测2011年长江中下游5省春、夏干旱. 长江流域资源与环境, 21(9): 1154-1159.

晏明, 丁春雨. 2013. 基于遥感监测的农业旱灾监测研究. 基层农技推广, (10): 22-26.

杨思遥, 孟丹, 李小娟, 等. 2018. 华北地区 2001-2014 年植被变化对 SPEI 气象干旱指数多尺度的响应. 生态学报, 38(3): 1028-1039.

杨曦, 武建军, 闫峰, 等. 2009. 基于地表温度-植被指数特征空间的区域土壤干湿状况. 生态学报, 29(3): 1205-1216.

姚玉璧, 王莺, 王劲松. 2016. 气候变暖背景下中国南方干旱灾害风险特征及对策. 生态环境学报, 25(3): 432-439.

尹正杰, 黄薇, 陈进. 2009. 基于土壤墒情模拟的农业干旱动态评估. 灌溉排水学报, (3): 5-8.

袁苇, 李宗谦, 刘宁, 等. 2004. 基于双谱模型的被动微波遥感土壤湿度反演. 电波科学学报, (1): 1-6.

张波, 陈润, 张宇. 2009. 旱情评价综合指标研究. 水资源保护, 25(1): 21-24.

张春桂, 陈惠, 张星, 等. 2009. 基于遥感参数特征空间的福建省干旱监测. 自然灾害学报, (6): 146-153.

张静, 魏伟, 庞素菲, 等. 2020. 基于 FY-3C 和 TRMM 数据的西北干旱区干旱监测与评估. 生态学杂志, 39(2): 690-702.

张林燕, 郑巍斐, 杨肖丽, 等. 2019. 基于 CMIP5 多模式集合和 PDSI 的黄河源区干旱时空特征分析. 水资源保护, 35(6): 95-99, 137.

张璐, 朱仲元, 王慧敏, 等. 2020. 基于 SPEI 的锡林河流域气象干旱风险分析. 水土保持研究, 27(2): 220-226.

张树誉, 杜继稳, 景毅刚. 2006. 基于 MODIS 资料的遥感干旱监测业务化方法研究. 干旱地区农业研究, 24(3): 1-6.

张伟东, 沈剑霞. 1997. 区域农业干旱模型的建立与应用. 沈阳农业大学学报, 28(4): 263-267.

张文, 任燕, 马晓琳, 等. 2018. 基于综合干旱指数的淮河流域土壤含水量反演. 国土资源遥感, 30(2): 73-79.

张新乐, 秦乐乐, 郑兴明, 等. 2018. 基于主动微波遥感的典型黑土区土壤水分反演. 东北农业大学学报, 49(10): 43-51.

张绪财, 金晓媚, 朱晓倩, 等. 2019. 格尔木河流域植被指数时空分布及其影响因素研究. 现代地质, 33(2): 461-468.

张云, 曹言, 王杰, 等. 2016. 基于土壤墒情的云南干旱分析. 安徽农业科学, (33): 170-174.

张振宇, 钟瑞森, 李小玉, 等. 2019. 中国西北地区 NPP 变化及其对干旱的响应分析. 环境科学研究, 32(3): 431-439.

赵安周, 王冬利, 范倩倩. 2020. TRMM 数据在京津冀地区干旱监测适用性研究. 水资源与水工程学报, 31(2): 235-242.

赵淑鲜, 陈鲁皖, 王锐欣, 等. 2020. 基于粗糙度参数的土壤水分微波遥感反演算法适用性研究. 河南农业, (14): 45-47.

中国国家标准化管理委员会. 2006. 气象干旱等级. 北京: 中国标准出版社.

周杨, 温兴平, 张丽娟, 等. 2014. 基于遥感技术的洱海水域面积提取方法研究. 水资源与水工程学报, 25(6): 124-126, 131.

邹磊, 余江游, 夏军, 等. 2020. 基于 SPEI 的渭河流域干旱时空变化特征分析. 干旱区地理, 43(2): 329-338.

Alami M M, Hayat E, Tayfur G. 2017. Correlation and assessment of several drought indexes for meteorological drought management in Kabul River Basin, Afghanistan. Izmir, Turkey: 4th International Water Congress.

Allen R G, Tasumi M, Trezza R. 2007. Satellite-based energy balance for mappingevapotranspiration with internalized calibration (METRIC) - model. Journal of Irrigation and Drainage

Engineering, 133(4): 380-394.

Chen X L, Su Z B, Ma Y M, et al. 2013. An improvement of roughness height parameterization of the surface energy balance system (SEBS) over the Tibetan Plateau. Journal of Applied Meteorology and Climatology, 52(3): 607-622.

Choudhury B J, Schmugge T J, Chang A, et al. 1979. Effect of surface roughness on the microwave emission from soils. Journal of Geophysical Research Oceans, 84(C9): 5699-5706.

Dehghani M. 2019. Developing a mathematical framework in preliminary designing of detention rockfill dams for flood peak reduction. Engineering Applications of Computational Fluid Mechanics, 13(1): 1119-1129.

Deng G J, Liu G S, Chen L R. 2020. Application of SPEI index in drought evolution in Fujian Province. Earth and Environmental Science, 435: 1-7.

Domenlkiotis C, Spiliotopoulos M, Tsiros E, et al. 2004. Early cotton production assessment in Greece based on a combination of the drought vegetation condition index(VCI) and the Bhalme and Mooley drought index(BMDI). International Journal of Remote Sensing, 25(23): 5373-5388.

Draper C S, Walker J P, Steinle P J, et al. 2014. An evaluation of AMSR-E derived soil moisture over Australia. Remote Sensing of Environment, 113(4): 703-710.

Du L, Tian Q, Yu T, et al. 2013. A comprehensive drought monitoring method integrating MODIS and TRMM data. International Journal of Applied Earth Observation and Geoinformation, 23: 245-253.

Field C B, Behrenfeld J V U, Randerson J T, et al. 1998. Primary production of the biosphere: integrating terrestrial and ocearuc components. Science, 281(5374): 237-240.

Gao C, Li X, Sun Y, et al. 2018. Water requirement of summer maize at different growth stages and the spatiotemporal characteristics of agricultural drought in the Huaihe River Basin, China. Theoretical and Applied Climatology, 136(3-4): 1289-1302.

Garrity S R, Allen C D, Brumby S P, et al. 2013. Quantifying tree mortality in a mixed species woodland using multitemporal high spatial resolution satellite imagery. Remote Sensing Environment, 129: 54-65.

Ghulam A, Li Z L, Qin Q, et al. 2007. Exploration of the spectral space based on vegetation index and albedo for surface drought estimation. Journal of Applied Remote Sensing, 1(1): 341-353.

He Y H Z, Chen F, Jia H C, et al. 2020. Different drought legacies of rain-fed and irrigated croplands in a typical Russian agricultural region. Remote Sensing 12(11): 1700.

Jackson T J, Bindlish R, Cosh M H, et al. 2012. Validation of soil moisture and ocean salinity(SMOS) soil moisture over watershed networks in the U. S. IEEE Transactions on Geoscience and Remote Sensing, 50(5): 1530-1543.

Kiem A S, Franks S W. 2010. Multi-decadal variability of drought risk, eastern Australia. Hydrological Processes, 18(11): 2039-2050.

Kogan F N. 1990. Remote sensing of weather impacts on vegetation innon-homogeneous areas. International Journal of Remote Sensing, 11(8): 1405-1419.

Kogan F N. 1995. Application of vegetation index and brightness temperature for drought detection. Advances in Space Research, 15(11): 91-100.

Kogan F N. 2001. Operational space technology for global vegetationassessment. Bulletin of the American Meteorological Society, 82(9): 1949-1964.

Krofcheck D J, Eitel J U H, Vierling L A, et al. 2014. Detecting mortality induced structural and functional changes in a piñon-juniper woodland using Landsat and RapidEye time series. Remote Sensing of Environment, 151: 102-113.

Mamnouie R E, Ghazvini F, Esfahany M, et al. 2016. The effects of water deficit on crop yield and the physiological characteristics of Barley(*Hordeum vulgare* L.) Varieties. Journal of Agricultural Science and Technology, 8(3): 211-219.

Mcfeetem S K. 1996. The use of the normalized difference water index(NDWI) in the delineation of open water features. International Journal of Remote Sensing, 17(7): 1425-1432.

Mishra S, Singh J, Choudhary V. 2010. Synthesis and characterization of butyl acrylate/methyl methacrylate/glycidyl methacrylate latexes. Journal of Applied Polymer Science, 115(1): 549-557.

Moradizadeh M, Saradjian M R. 2016. Vegetation effects modeling in soil moisture retrieval using MSVI. Photogrammetric Engineering and Remote Sensing, 82(10): 803-810.

Muhammad Z M, Muhammad S A Q I B, Ghulam A B B A S, et al. 2020. Drought stress impairs grain yield and quality of rice genotypes by impaired photosynthetic attributes and K nutrition. Rice Science, 27(1): 5-9.

Nicholls N . 2004. The changing nature of Australian droughts. Climatic Change, 63(3): 323-336.

Niu J, Chen J, Sun L. 2015. Exploration of drought evolution using numerical simulations over the Xijiang(West River) basin in South China. Journal of Hydrology, 526: 68-77.

OhIsson L. 2000. Water conflicts and social resource scarcity. Physics and Chemistry of the Earth, Part B: Hydrology , Oceans and Atmosphere, 25(3): 213-220.

Pachauri R K, Reisinger A. 2014. Climate Change 2014: Synthesis report. Contribution of working groups I, II and III to the fifth assessment report of the intergovernmental panel on climate change. Journal of Romance Studies, 4(2): 85-88.

Palmer W C. 1967. The abnormally dry weather of 1961-1966 in the northeastern United States// Spar J. Drought in the Northeastern United States. New York: New York University Geophys.

Peña-Gallardo M, Vicente-Serrano S M, Domínguez-Castro F, et al. 2019. The impact of drought on the productivity of two rainfed crops in Spain. Natural Hazards and Earth System Sciences Discussions, 19: 1-30.

Price J C. 1985. On the analysis of thermal infrared imagery: the limited utility of apparent thermal inertia. Remote Sensing of Environment, 18(1): 59-73.

Rajsekhar D, Mishra A K, Singh V P. 2013. Regionalization of drought characteristics using an entropy approach. Journal of Hydrologic Engineering, 18(7): 870-887.

Rhee J, Carbone G J. 2011. Estimating drought conditions for regions with limited precipitation data. Journal of Applied Meteorology and Climatology, 50(3): 548-559.

Sandholt I, Rasmussen K, Andersen J. 2002. A simple interpretation of the surface temperature / vegetation index space for assessment of surface moisture status. Remote Sensing of Environment, 79(2-3): 213-224.

Santamaría-Artigas A, Mattar C, Wigneron J P. 2016. Application of a combined optical-passive microwave method to retrieve soil moisture at regional scale over Chile. IEEE Journal of Selected Topics in Applied Earth Observations and Remote Sensing, 9(4): 1493-1504.

Schmugge T J, Jackson T J. 1992. A dielectric model of the vegetation effects on the microwave emission from soils. IEEE Transactions on Geoence and Remote Sensing, 30(4): 757-760.

Sergio M V S, Santiago B, Juan I L M, et al . 2010. A multiscalar drought index sensitive to global warming: the standardized precipitation evapotranspiration index. Journal of Climate, 23(7): 1696-1718.

Shanahan T M, Overpeck J T, Anchukaitis K J. 2009. Atlantic forcing of persistent drought in west Africa. Science, 324(5925): 377-380.

Teluguntla P, Thenkabail P S, Xiong J, et al. 2017. Spectral matching techniques(SMTs) and automated cropland classification algorithms(ACCAs) for mapping croplands of Australia using MODIS 250-m time-series(2000–2015) data. International Journal of Digital Earth, 10(9): 944-977.

Touchan R, Anchukaitis K J, Meko D M, et al. 2008. Long term context for recent drought in northwestern Africa. Geophysical Research Letters, 35(13): 337-344.

Ukhova D. 2013. The 2012 Drought, Russian Farmers, and the Challenges of Adapting to ExtremeWeather Event. Oxford, UK: Oxfam.

van Dijk A I J M, Schellekens J, Yebra M, et al. 2018. Global 5 km resolution estimates of secondary evaporation including irrigation through satellite data assimilation. Hydrology and Earth System Sciences, 22(9): 4959-4980.

Verbesselt J, Lhermitte S, Coppin P, et al. 2004. Biophysical drought metrics extraction by time series analysis of SPOT vegetation data. Anchorage: IEEE International Geoscience and Remote Sensing Symposium.

Wang H, He N, Zhao R, et al. 2020. Soil water content monitoring using joint application of PDI and TVDI drought indices. Remote Sensing Letters, 11(5): 455-464.

Wilhite D A. 2000. State actions to mitigate drought: Lessons learned. Jawra Journal of the American Water Resources Association, 33(5): 961-968.

Wu J J, Zhou L, Liu M, et al. 2013. Establishing and assessing the integrated surface drought index (ISDI) for agricultural drought monitoring in mid-eastern China. International Journal of

Applied Earth Observation and Geoinformation, 23: 397-410.

Xu K, Yang D, Yang H, et al. 2015. Spatio-temporal variation of drought in China during 1961–2012: a climatic perspective. Journal of Hydrology, 526: 253-264.

Yan F, Qin Z, Li M, et al. 2006. Progress in soil moisture estimation from remote sensing data for agricultural drought monitoring. Stockholm: Proceedings of SPIE-The International Society for Optical Engineering.

Yan H B, Zhou G Q, Yang F F, et al. 2019. DEM correction to the TVDI method on drought monitoring in karst areas. International Journal of Remote Sensing, 40(5-6): 2166-2189.

Zambrano F, Lillo-Saavedra M, Verbist K. 2016. Sixteen years of agricultural drought assessment of the BioBío Region in Chile using a 250m resolution vegetation condition index(VCI). Remote Sensing, 8(6): 530.

Zhang A, Jia G. 2013. Monitoring meteorological drought in semiarid regions using multi-sensor microwave remote sensing data. Remote Sensing Environment, 134: 12-23.

Zhao M, Geruo A, Velicogna I, et al. 2017. Satellite observations of regional drought severity in the continental United States using GRACE-based terrestrial water storage changes. Journal of Hydrometeorology, 30: 6297-6308.

Zou J, Hu W, Li Y X, et al. 2020. Screening of drought resistance indices and evaluation of drought resistance in cotton(*Gossypium hirsutum* L.). Journal of Integrative Agriculture, (2): 495-508.

第 5 章

洪涝灾害遥感信息提取的理论与方法

5.1 洪涝灾害遥感概述

洪涝灾害的发生频次高、规模大，每年造成的经济损失和生态环境破坏严重。虽然目前各个国家已经建立了较为完善的灾害统计体系、地面监测站点和相应的信息传输网络，但是地面监测的网络覆盖范围有限，难以有效满足精细化管理与应急指挥调度的需求。卫星遥感技术的发展极大地提高了洪涝灾害监测与信息提取的效率和精度，通过对地表扫描式的信息采集，可填补偏远或环境恶劣地区等无地面监测站点的信息空白，并完成大尺度、实时的洪水面积、淹没范围等要素的提取，跟踪洪水的整个演变过程，为国家、相关职责部门以及基层一线防汛指挥人员准确了解汛情、开展快速应急响应工作提供技术支撑。

5.1.1 洪涝灾害概述

洪涝灾害包含"洪"和"涝"两种，其中，"洪"是指由大雨和持续的暴雨所引起的山洪暴发、江河洪水、水道激流，淹没村庄和农田、严重破坏环境和各种交通水利设施。"涝"是指水体大量集中而无法排泄导致的城市内涝，或返浆水过多而造成的农田积水成灾的现象(李茂松等, 2004; 许厚泽和赵其国, 1999)。

洪涝灾害的形成和发展主要包括四个方面：①降雨强度大、持续时间久。通常情况下，洪涝灾害的发生，主要是由短时间内集中的强降雨或暴雨造成的。暴雨在很短的时间内降落，土壤地表很快达到饱和，多余的雨水难以渗入地下，进而在地表停留、不断累积、形成径流，最后演变成洪涝灾害。因此，短期内持续的强降雨是洪涝灾害形成的一个关键的自然气象因素(熊治平, 2004)。②地表孕灾环境。河网密度、地面高程和坡度是洪涝发生的又一个自然属性。一般来说，降雨量大、土壤渗透力差的区域，相应的河网密度较高，能显著加剧洪涝灾害的发生和危险程度。海拔低、地势平坦的区域很容易受到降雨的影响，能够促进洪涝灾害的形成。不同土地覆盖类型对降雨和水体的截流能力不同，也会影响洪涝灾害灾情的等级(卫正新和李树怀，1997)。其中，林地在消除或削弱洪水的强度大小方面能力最强，其次是耕地和城镇建设用地，水体和其他用地的能力最弱。③人为破坏。在日益快速的城市化进程中，各项经济和建设活动使得洪涝灾害的范围不断扩大，同时也加重了灾害的严重程度。早些年，一些地方为了加快发展，毁林开荒、大面积砍伐树木，暴雨时水土流失严重，造成下游的河道淤积堵塞，降低排泄和调控洪水的能力(李晓强，2013)。此外，城市建筑面积不断扩张后，城市不透水层的增加显著改变了城市地区的径流特性，导致地表径流的面积和持续时间增加，以及汇流速度加快，最终出现激流和较大的洪峰流量(占红，2016)。加上城市经济发达、人口密集，洪涝灾害带来的损失会更加严峻。④天然蓄水湖泊减少或消失。湖泊能够有效地削减江河洪峰，地表水周围的大量围垦和拦截使得湖泊面积不断减少甚至消失，从而降低了洪水的调蓄容积，导致湖泊蓄洪能力的退化，洪涝灾害发生的频率和严重程度增大。

依据洪水形成的直接成因，洪涝可分为河流洪水、湖泊洪水和风暴洪水(王继和和尚忠，2007)。其中河流洪水是最为常见、影响范围最广的洪涝灾害。例如，1998年夏季，我国长江流域、嫩江-松花江流域发生了历史上罕见的特大洪涝灾害，以及 2013 年汛期，黑龙江发生超 100 年一遇特大洪水，都是河流流域内的持续暴雨作用，导致河流的水位迅速上升而引发堤坝溃决，大面积的农田受灾、房屋倒塌、人员伤亡和经济损失惨重。从洪涝灾害的发生机制可以看出，洪涝具有区域性、可重复性和明显的季节性特点(吴华林和沈焕庭，1999)。我国长江中下游的多个地区几乎每年夏季都会发生严重的洪涝灾害。此外，洪涝灾害在不同的地区均有可能发生，包括河流入海口、中下游地区、山区、沿海地带以及冰川周边等。

洪涝灾害的较大破坏性和全球的普遍性不仅对社会造成了巨大的危害，还会改变地形和地貌特征、造成水系变迁，以及井水和自来水水源污染，导致食品污染和某些传染病的流行。我国特殊的地理位置以及复杂多样的气候特点，使得我国洪涝灾害发生频繁。地形地貌特征、人口过快增长的压力和不合理的生产方式，导致我国已经成为世界上洪涝灾害发生频次最高的国家之一。截至目前的统计数据显示，我国平均每年发生洪涝的面积约为一亿亩[①]，成灾 6000 万亩，由洪涝灾害造成的粮食减产可达到上百亿千克。灾害造成每年 6346 万人次受灾，其中人员死亡人数约为 5025 人。平均直接的经济损失高达 1169 亿元，可占同期 GDP 的 2.24%，远远高于西方国家的经济损失水平。

---

① 1 亩≈666.67m²。

5.1.2 灾害遥感在洪涝灾害中的应用

遥感技术具有覆盖范围广、时效性强、可重复观测的优势，结合地面监测站点数据，能提升大面积突发洪涝灾害的应急处理能力，增强防汛工作的管理和决策能力，并有效支撑常规的水利监测业务工作。通过灾害遥感信息提取手段可开展的研究工作有：大范围水域的动态监测，快速定位洪涝灾害发生的地区，获取洪涝淹没的面积，估算淹没区域的水量和洪水深度，预测洪水的持续时间以及分析洪涝灾害对农田、居民地、城镇和交通建设的影响等(赵景波等，2007)。通过采集与处理多源遥感数据、社会经济数据和地理水文数据等，快速提取灾害遥感信息，完成对洪涝事件的实时监测、应急响应与持续深入的分析工作。

洪水暴发时，区域的淹没面积呈现动态变化，开展实时的洪涝灾害监测是非常有必要的。利用遥感影像进行洪涝水体范围的识别与快速提取是洪涝监测、制定应急预案、分析洪灾损失分布以及灾害治理的第一步。利用获取的受灾区的遥感影像，应采用自动或者半自动的信息提取技术方法，尽量减少人为干涉，提高图像的处理速度并保证洪水面积提取的精度(冯锐，2002)。在天气晴朗的条件下，光学遥感影像是洪涝水体提取的主要数据源。水体在光学遥感影像中的特征比较明确，传统的水体提取方法包括依据水体的光谱特征而建立的各种水体指数法、波段比值法、面向对象的分割以及数据融合方法等(杨骥等，2018)。其中，最为简单常用且提取效果较好的是自适应的水体指数阈值分割方法。然而实际上，洪灾发生与发展通常都在阴雨天气下，且持续时间较长，加上大量的云量覆盖，致使光学遥感影像无法获取有效、真实的地表观测数据，监测结果误差很大，不能及时提供可靠的监测结果。SAR技术采用微波以及更长的波段，不受观测时间及恶劣气候的影响，能够全天时、全天候地开展对地观测计划，极大地提高了洪涝灾害监测的精度和效率(汤玲英等，2018)。特别是对于洪涝发生在湿地和大型冲积平原等植被高度覆盖的区域，较长波段的雷达数据以其对几乎所有类型的森林和草本植被较强的穿透性，能有效探测其下垫面的淹没水体覆盖程度，避免洪水淹没范围和洪灾损失的低估(Zhang et al., 2016)。但是雷达数据易受地形阴影的影响，在地形崎岖的山区，需要结合分辨率和精度较高的地面高程数据作为辅助数据，以进一步提取雷达影像上的洪涝水体范围。

在连续的洪水监测过程中，由于水势的涨落变化，会形成洪水的淹没区和退水区(张宏群等，2010)。涨水期内淹没范围单方向扩大，而退水期洪水的水位下降，地表淹没的面积减少，但是经常会存在离散分布的浅水区和饱和的土壤，这类地区也是洪水高发且影响严重的区域。在洪涝范围的识别和提取时，需要根据实际的应用需求将这两部分准确区分开。SAR的反向散射对成像目标的介电特性(土壤湿度、植被含水量等)和几何特征(地物表面的粗糙度)较为敏感，能突出反映地表地物的水分和纹理信息(Zhang et al., 2015)。因此，雷达遥感非常适合对洪水淹没和退水区的识别、信息提取与变化监测研究。提取洪灾发生前后影像上的水体范围采用变化检测的方法，获得的变化水体的部分也就是洪涝分布的范围。

　　基于高时间分辨率遥感数据获取时间序列的洪涝淹没的地表范围，可计算洪水淹没事件发生的频度，即一个地点发生洪涝灾害的频率或者未来可能被淹没的概率。一般来讲，洪水淹没的高频地区通常都分布在靠近河道和湖泊的地方，洪水淹没的频率是衡量沿岸动物和植物种群健康程度的一个重要指示，也是维持整个生态平衡和生态效益的有效参考(黄昌，2014)。同时利用洪涝制图结果，检查遥感影像上各个像元处于连续淹没状态的时相信息，进而分析并推算洪水的持续时间，也就是受淹没地区从发生洪涝到洪水消退总共经历的时间(Rättich et al., 2020)。洪涝灾害的持续时间是灾害的影响和受灾程度评估、经济损失评估的重要指标。例如，当淹没区域位于农田时，如果洪水淹没的持续时间较短，那么农作物被水毁的程度就会低一些，存活的概率则较大，造成的经济损失也会有所降低。但如果农作物被淹没的持续时间很长，则可能大面积受灾，颗粒无收。在生态环境方面，长时间的淹没会降低地表植被的生物量和生物多样性。

　　利用灾害遥感的信息提取技术，还可以得到洪水水面宽度、溃口宽度、淹没水量和淹没水深等其他关键的洪涝要素(Cohen et al., 2018; Frappart et al., 2005)。这些数据对于灾情评估、抢险救灾、洪水未来的演变分析等应用具有非常重要的意义。依据提取的洪水淹没范围可量算水面的淹没宽度和长度等统计数据。另外，在洪水演进的变化期间，在淹没面积的变化和地形起伏的共同作用下，淹没区的水位值也在不断变化。结合高精度的地形数据和雷达干涉测量技术，还可以精确估算受灾区的淹没水深、进一步评估淹没的体积和水量，获取动态水位信息，模拟并预测洪水的演化过程，为抗洪救灾提供科学的决策支持。

5.1.3　洪涝灾害遥感信息提取国内外研究进展

　　遥感技术因具有覆盖范围广、数据获取的时效性强、监测周期短，同时不依赖于实地监测条件的限制等多种特性，在洪涝灾害的监测和评估中的应用越来越广泛。随着遥感技术的不断发展，遥感卫星的研发和制造能力逐年提升，遥感数据量急剧增加，正在不断地向高光谱、高分辨率的方向发展。为了对生态环境和灾害进行大范围动态监测，及时反映生态环境和灾害的发生、发展过程，一些应对多发的自然灾害与环境监测而专门研制的环境减灾卫星也相继发射，海量的遥感数据资源为洪涝灾害监测与评估提供了基础信息。国内外很多学者利用灾害遥感技术开展了洪涝灾害的灾情信息提取与变化监测研究，并取得了丰富的研究成果。

国外在 20 世纪 70 年代就已经开始利用光学卫星影像进行洪涝灾害的宏观监测。1973 年，密西西比河流域的大部分地区洪水泛滥，美国利用陆地卫星影像标出了洪水发生前后水体的分布区域，通过对比分析，能及时了解洪水的发展和演变方向。叠加当地的土地利用覆盖数据，进一步确定洪水灾害在城镇、耕地、交通用地等地区的分布和影响范围。依据这些资料提供的灾情数据，既有利于政府在短期内科学决策，也有助于实现灾害救助过程（Ramamoorthi and Rao, 1985）。Barton 和 Bathols（1989）利用 NOAA AVHRR 数据监测澳大利亚大陆的洪水范围和移动，首次提出相较于白天应用可见光波段提取洪水范围，热红外波段在夜晚能更好地区分陆地和洪水。同样采用 NOAA AVHRR 数据，Islam 和 Sado（2002）计算了洪水的影响频率和洪水深度，制作洪水淹没范围图并评价了洪水的危险程度。Brakenridge 和 Anderson（2006）采用 MODIS 对美国和欧洲等地的洪水进行了探测、特征提取、灾害响应和破坏性评估，并深入研究了 MODIS 在大范围洪水探测方面的性能。Ogashawara 等（2013）使用利用 Landsat-5 TM 地表反射率产品计算的 NDWI 的差值，结合阈值分析法对受灾地区进行了划分，绘制的洪水区域和非洪水区域的精度都达到了 90%左右，作者还解释了淹没区的水量和植被光谱响应间的关系。Volpi 等（2013）结合正则化 Fisher 判别分析与 Landsat TM 多光谱影像进行洪泛区制图。该分类器为淹没表面的非线性像元提供了一个高效和正则化的解决方案。Dao 和 Liou（2015）介绍了一种基于对象的方法，用于柬埔寨中部的洪水测绘和受影响稻田估算。该方法采用基于目标变化的最优尺度参数估计对 Landsat-8 和 MODIS 影像进行分割处理。Malinowski 等（2015）的研究使用具有极高空间分辨率的 WorldView-2 图像分析河流漫滩局部洪水的空间格局。Fayne 等（2017）为了监测湄公河下游地区的洪水，利用空间分辨率为 250m 的 MODIS 数据计算的季节性 NDVI，开发了 NASA 近实时洪水范围产品（NASA-FEP）。Sivanpillai 等（2020）发现与洪水前图像相比，洪涝灾后洪泛区图像的 NDWI 值更高。通过设定阈值，可以将淹没区域相对应的像素从非淹没区域中分离出来。从而提出了一种基于洪水发生前后卫星影像上水体指数值的变化来识别淹没区的快速制图方法。Bui 等（2020）集成了群智能算法与深度学习神经网络算法，并应用到洪水范围及其敏感性制图的研究中。

除了光学遥感的发展，微波遥感技术在暴雨洪涝灾害监测中的应用研究也在不断深入。Takeuchi 等（1999）通过对 JERS-1 SAR 和 Landsat-5 TM 数据的对比研究，验证了星载 SAR 数据在洪水探测中的适用性。Sanyal 和 Lu（2005）将 Landsat ETM+数据和 ERS-1 数据结合提取树林下垫面的水体信息，得到了整个农村地区洪水的淹没分布图以及洪水脆弱性评价分析结果。De Groeve（2010）使用被动微波观测技术研究了 2009 年非洲南部的洪水和 2010 年纳米比亚雨季洪水范围的变化。

通过对上游地区进行实时监测，在洪水事件发生前的 30 天便发出预警。整合并分析时空数据，有助于人们更好地了解洪水的动态发展过程和规模。针对纳米比亚卡普里维地区每年都会出现季节性洪水的现象，且在 20 世纪 90 年代长期干旱后又出现了严重的洪涝灾害，Long 等(2014)利用 ENVISAT ASAR 和 RADARSAT-2 影像，基于每一组差分 SAR 图像的统计信息，采用一种新的洪水变化检测和阈值分割方法来检测洪水季节性的分布格局，并有效地区分了植被覆盖下的洪水区域。Tanguy 等(2017)介绍了一种城市和农村地区近实时洪水测绘的方法。该方法的创新之处在于，它结合了分辨率非常高的 C 波段 HH 极化 SAR 卫星图像和水力数据，特别是针对河漫滩每个点的洪水消退数据。Singha 等(2020)在谷歌地球引擎(GEE)平台上使用所有可获取的 Sentinel-1 SAR 影像，研究了孟加拉国 2014～2018 年洪水的时空格局，并结合洪涝区和水稻种植区的制图结果，确定了受洪涝灾害影响的稻田。Rosenqvist 等(2020)建立了基于决策树分类的最大和最小淹没范围的提取方法，利用 ALOS PALSAR-2 时序数据绘制了 2014～2017 年亚马孙流域最大和最小淹没范围图。

我国洪涝灾害频繁发生，灾害遥感技术在我国的洪涝监测应用中也有较长的历史。早在 1983 年，水利部遥感技术应用中心就用 Landsat-4 TM 卫星影像监测三江平原的淹没面积和河道水位的变化信息(潘世兵和李纪人，2008)。之后的两年还曾用极轨气象卫星数据对发生在辽河和淮河流域的洪水事件进行跟踪。陈述彭和黄绚(1991)建立了洪水灾情遥感监测与评估信息系统，功能包括接收洪水灾情信息、分析与处理灾情数据、实时传输与显示监测结果。周成虎等(1993)结合 NOAA 卫星数据和 Landsat TM 数据对 1991 年太湖流域的洪涝灾害进行了监测和评估。之后的几年，大量学者利用遥感影像的光谱响应和纹理、散射特性开展了洪涝信息的分析与处理工作。周红妹和吴健平(1996)应用比值法、水体指数法和模糊非监督分类等方法确定受灾范围并计算相应的面积，评估灾害危险性等级，还建立了相应的洪涝动态监测系统。1998 年夏季，我国长江、嫩江、松花江流域发生了罕见的全流域型特大洪水灾害，全国共有 29 个省(自治区、直辖市)遭受到了不同程度的破坏和影响。中国科学院遥感与数字地球研究所、中国遥感卫星地面站、中国科学院电子学研究所、国家信息中心等多家单位联合开展了整个流域的灾情监测与评估工作。采用多个时相的 NOAA AVHRR、Landsat TM、SPOT 和 RADARSAT 等光学与雷达影像数据，真实地记录和全面地调查洪涝灾害发生与发展的整个过程(童庆禧，1998)。相关成果不仅在当时为制定科学的减灾决策提供了有力依据，也为流域型洪涝灾害的研究与应对积累了丰富的经验和基础数据。随着大家对洪涝灾害的关注和重视，灾害遥感在我国洪水监测中的应用不断深入。杨存建等(2002)利用地形数据生成 DEM，结合星载 SAR 数据实现了对山区洪水的大范围提取。毛先成等(2007)应用 MODIS 数据，采用波段组合运算、比值变换以及光谱对比分析等处理方法，快速、准确地提取了洪水的分布范围和水体深度。倪长健(2011)提出了由数据驱动的动态聚类指标，计算简便且具有清晰的物理意义，能有效、准确地应用于洪水分类。考虑到多光谱遥感影像中混合像元的影响，Li 等(2015)构建了基于离散粒子群算法的亚像元级洪水淹没制图方法，研究成果将促进中低空间分辨率影像在洪水淹没探测与制图方面的应用，为流域生态环境的研究提供了支持。Tong 等(2018)开发了一种结合使用 Landsat-8 光学遥感影像和 COSMO-SkyMed 雷达图像的洪水监测方法，该方法分别应用支持向量机和无边缘的活动轮廓模型来确定洪水发生前和洪水发生期间的水体面积。Zhang 等(2020)提出了将概率变化检测和模糊聚类相结合的方式，构建了一种自动的洪水探测与提取方法，然后应用 Sentinel-1 SAR 数据完成了 2015 年整个巴基斯坦国家的洪水季节性分布图和发生频次图。

新的国产卫星的发射更加满足了地形图测绘与更新、气象以及灾害管理部门对卫星遥感影像的需求。2013 年的黑龙江大洪水就曾采用高分一号(GF-1)、环境减灾(HJ-1A/B)光学影像和遥感 1 号、6 号雷达影像等多种卫星遥感数据连续进行汛情的动态监测与跟踪(王伶俐和陈德清, 2014)。Tian 等(2014)利用 HJ-1A/B 卫星资料探测我国长江中下游地区旱涝急转时湿地淹没面积的变化。马建威等(2017)采用高分三号(GF-3)卫星 SAR 数据对吉林的特大洪水灾害开展应急监测，显示了 GF-3 卫星数据强大的灾害应急与监测能力。沈秋等(2019)以中小流域发生的洪涝灾害为研究对象，采用国产高分一号(GF-1)卫星，分辨率为 16m 的 WFV 影像监测洪涝淹没的水深。结果表明，GF-1 数据在中小流域淹没范围提取与水深测量方面的精度较高，可为洪涝灾害的动态监测与风险评估提供基础资料。Shao 等(2020)提出了采用风云四号(FY-4)卫星数据进行洪水灾害监测的快速多时相综合方法，有效地利用了地球同步气象卫星覆盖范围广、采集速度快、时效性强的优势，通过对洪水水体多时相图像的合成，有效地消除了云层的影响，对洪水实时监测业务的推进具有重要意义。

5.2 洪涝灾害遥感信息提取的主要原理与方法

5.2.1 洪涝灾害遥感信息提取的原理

基于灾害遥感技术提取洪水淹没范围主要是从遥感影像上识别并提取洪水的水体，并将其与永久水体区分开，从而确定淹没区域。洪涝范围的提取精度取决于两个方面：一方面是遥感影像的特征参数，包括时间、空间分辨率，还有相应的光谱和反向散射特性。时空分辨率的提高有助于对洪水发生的全过程进行连续、动态、准确的监测与评估,丰富的光谱和反向散射信息则能更好地体现真实的地面水体环境、农作物和植被的生长状态信息等。另一方面是洪涝信息提取算法的不断优化与改进。针对不同的主被动遥感影像,洪涝范围提取方法的原理也有所不同。

在光学遥感影像上,洪涝水体的提取依据水体的光谱曲线与其他地物间的显著差异:光谱范围在 0~2.5μm 时,水体的吸收率较高且明显高于其他地类。其中,水体反射率在 1~1.06μm 时吸收最为强烈,在 0.8μm 和 0.9μm 两处也有两个吸收峰(毕京佳,2016)。水体的反射率在 0.54~0.7μm 时最高,并且随着波长的增加,光谱反射率有所下降。因此,利用水体在蓝光、绿光波段的反射率较强,而在近红外、短波红外等波段具有较强的吸收率这一特征,对这些波段进行归一化差值处理能够有效凸显影像中的水体信息,同时抑制其他背景信息,增强水体和其他地类间的对比度(徐涵秋,2008)。依据水体的这些光谱特点,一些水体指数逐渐被提出,并且类型较多,二元归一化水体指数,三元以及多元水体指数均有涉及。一些其他洪涝信息提取方法的基本原理也都主要基于水体的光谱响应特征,建立洪水水体和其他地物光谱知识的分类模型,然后通过模型参数的设定和判断逐步对原始数据进行分类与提取。然而,在多光谱遥感影像上,水体的反射率受阴影、太阳光照的影响,不同类型水体的光谱差异较大,而且在某些光谱区间,水体与其他陆地上的地物也会呈现出相同的光谱特征,即光学遥感影像上常见的异物同谱现象(王鑫等,2019)。因而采用单一的光谱特征对淹没区范围较大、地类复杂、洪涝类型多样的洪水面积提取有很大的局限性。

近年来,遥感影像的空间分辨率逐步向亚米级提升,地物更加丰富、细致的纹理信息也被展现出来,基于纹理特征的洪水信息提取与研究也成为热点。图像中的纹理特征综合反映了图像灰度的空间分布和统计变化信息,还能将地物细节信息表达得更为清楚(侯群群等,2013)。通常水体的纹理呈现较为稳定的特征,水体表面的灰度分布平滑连续、灰度变化幅度较小、纹理整齐细密。而陆地其他地物的表面纹理则非常粗糙,空间结构复杂,导致纹理分布不均,灰度变化幅度很大(李小涛等,2010)。水体和其他地物在高分辨率遥感影像上所体现的纹理差异分布的特点,使得纹理可作为洪水水体和其背景地物区分的显著特征。一些学者采用灰度共生矩阵、最大响应滤波器组、变差函数等方法描述遥感影像的纹理信息,能够很好地分离水陆边界,保留洪水边缘的细节特征(周亚男等,2012)。

在雷达遥感影像上,雷达波的强穿透性使其对地表的介电特征、粗糙度、地形变化以及植被结构等信息非常敏感(Zhang et al.,2016)。对于平静的水体表面和平滑的道路,雷达波产生镜面反射,几乎或很少有雷达回波能量被传感器接收,获取的 SAR 图像中水体反向散射系数相对较低，图像上表现为黑色。而地表较为粗糙时，一般地表起伏大于 3cm，例如翻新的土壤或戈壁滩，雷达波的多次散射效应使其回波信号增强，在图像上呈现浅色调(Mattia et al., 1997)。此外，土壤的介电特性与土壤水分含量有着密切的关系，土壤的含水量越高其介电常数越大，相应的反向散射系数也就越大(Zhu et al., 2019)。在发生洪涝灾害时，土壤的含水量接近饱和，形成的洪水在地形起伏的驱动下，从非淹没区逐渐转变为淹没区，在雷达影像上的颜色呈现灰色或浅灰色。当地表完全被洪水覆盖时，洪水区域变成黑色。利用洪水期的雷达遥感影像中水体和背景地类之间反向散射强度的差异，采用阈值分割、图像融合以及统计的主动轮廓等方法可准确地确定恶劣气候条件下洪水的淹没面积(Zhang et al., 2020)。

5.2.2　主要数据

目前，已有大量的遥感数据用于洪涝灾害的遥感监测研究，不同类型、不同模式的遥感数据在洪涝遥感信息提取中有不同的特点和优势。其中，应用较为广泛的光学遥感数据有 Landsat 系列卫星数据、SPOT、MODIS、CBERS、NOAA、WorldView、环境一号减灾卫星(HJ-1A/B)、风云三号(FY-3)和高分(GF)卫星影像等。微波遥感数据有 ALOS-1/2、RADARSAT-1/2、JERS-1、ENVISAT ASAR、TerraSAR、ERS-1/2、Sentinel-1A/B 和高分三号(GF-3)雷达影像等。

Landsat 系列卫星数据最早应用于洪涝淹没范围的提取和制图，1972 年发射的 Landsat-1 卫星 MSS 传感器数据首先用于洪水区域的解译与标定(Brook, 1983)。一些中分辨率的光学遥感数据，如 MSS、TM、OLI、CEBERS 等，通常用于洪涝灾害事件发生前的土地利用覆被分类和洪灾区背景信息的分析。SPOT、WorldView 等具有较高空间分辨率和光谱分辨率的遥感数据陆续出现，更容易从中获取高精度的洪水淹没范围。然而对洪涝灾害的监测与评估是一个连续性的过程，包括灾前、灾中和灾后的动态监测，这时对遥感数据的时间分辨率提出了更高的要求，以满足洪涝灾害全过程近实时的观测目的。作为补充数据，高时间分辨率的遥感数据能保证洪涝灾害监测的时效性，提高灾害应急响应的反应速度和决策水平。1985 年的 NOAA AVHRR 影像的重复观测周期为 0.5 天，但由于空间分辨率非常粗(1km)，仅在大尺度洪涝灾情的监测与应用中比较普遍(Barton and Bathols, 1989)。2000 年 EOS MODIS 数据的诞生不但延续了 NOAA AVHRR 超高的时间分辨率，还进一步提升了空间分辨率(250m)(Senthilnath et al., 2012)。将 MODIS 与 AVHRR 数据结合使用，既提高了大范围洪涝灾害信息的提取精度，又拓宽了区域洪涝监测的时间范围，帮助人们加深理解洪涝发生、发展的历史演变过程。HJ-1 系列卫星具备洪涝监测数据所需的优势，是洪涝遥感信息提取较为理想的数据源。其空间分辨率为 30m，成像幅宽 360km，A、B 双星一起使用可达到 2 天的观测周期 (Liu et al., 2017b; Tian et al., 2014)。C 星的空间分辨率提高到 20m，时间分辨率为 4 天，成像幅宽 100km。

微波遥感数据具有不受成像时间及气候影响的特点，非常适合暴雨、云量大等天气条件下洪涝灾害的实时快速监测。SSM/I 等被动微波辐射计数据对洪水的水体信息敏感，但其空间分辨率很低，目前主要用于洪水持续周期的确定 (Tanaka et al., 2010)。ALOS 是日本的对地观测卫星，目前已发射了两颗卫星，其载有的 L 波段合成孔径雷达 (PALSAR)，穿透力更强，可用来监测更广范围的细微地表形变，在植被和建筑区的洪水探测与制图方面取得不错的进展 (Grimaldi et al., 2020; Ohki et al., 2020)。RADARSAT 卫星数据具有最高 1m 分辨率的成像能力以及全极化的数据模式，加之提供的快速编程与影像获取服务，有利于精细目标识别和应对紧急灾害事件 (Zhao et al., 2014)。TerraSAR 和 COSMO-SkyMed 等 X 波段高分辨率 SAR 数据也陆续应用到城市和农村近实时的洪水监测与动态研究中。国产风云三号 (FY-3) 气象卫星由三颗卫星组成，搭载了光学和微波传感器，重访周期为 6 天，能够获取全天候、定量、高精度的自然灾害与环境数据。高分遥感卫星包括高分一号宽幅、二号亚米全色、三号雷达、四号地球同步凝视等多颗卫星，覆盖了从全色、多光谱到高光谱，从光学到雷达，从太阳同步轨道到地球同步轨道等多种类型，是具有高时间、空间和光谱分辨率的遥感卫星数据。高分三号 (GF-3) 卫星于 2016 年 8 月发射成功，具有条带、聚束等 12 种成像模式，能提供最高空间分辨率为 1m 的 C 波段多个极化通道的 SAR 数据，目前在洪涝与滑坡灾害的应急监测中获得广泛的应用 (李胜阳等，2017; 马建威等，2017)。2014 年发射的哨兵一号 (Sentinel-1) 卫星，最高分辨率和幅宽分别为 5m 和 400m，并开启了高分辨率雷达卫星影像的免费共享时代。此外，LiDAR 激光雷达是一种高精度的激光探测和测距系统，可收集地表高程数据用于洪水建模、估算洪水水深及动态变化信息，分析洪水淹没情形。

5.2.3　洪涝信息传统提取方法

传统洪涝水体的识别方法是基于水体的光谱、散射特征而建立的，充分考虑水体和其他非水体在光谱和反向散射值方面的差异，逐步排除其他非水体的干扰，完成洪水信息的提取。具体的方法主要有单波段阈值法、谱间关系法和多波段运算法。

1. 单波段阈值法

目前阈值设定的方法有经验判别法、双峰分布法，还有一些数理统计法，如最大类间方差法等(黎显平和冯仲科, 2016)。利用洪涝水体在近红外波段较强的吸收率, 而干燥的土壤和其他植被类型在这个波段较高的反射率, 最早的阈值法一般采用近红外波段, 经过多次阈值选择与实验分析, 确定一个灰度值来区分水体和非水体, 实现水体信息的提取(陆慧和曹明, 2013)。对于雷达遥感影像来说, 水体由于镜面反射而具有极低的反向散射强度, 在图像上呈现黑色调, 与 SAR 影像上的其他地物差别很大。洪水水体的提取实际上就是通过设置水体和非水体间的反向散射系数阈值, 对雷达影像的二值化处理过程。然而, 不同雷达影像的传感器参数(包括波段、极化、入射角等)不同, 水体的反向散射系数值会有很大的差异。风速和风向也会极大地影响水体表面的粗糙度(即粗糙高度或粗糙参数), 导致水面的反向散射系数值分布不均(Gan et al., 2017)。加之雷达自身由于目标回波信号的衰落而带来的相干斑点噪声, 很难设置一个统一的反向散射系数阈值。此外, 在山地区域, 阴影对光学和雷达影像上水体的识别和分类都有很大的干扰, 将水体和阴影有效区分仍需进一步的研究。

2. 谱间关系法

谱间关系法通过分析水体和其背景地类光谱特征曲线的变化规律及其差异, 应用逻辑判别的方式确定水体区域。基于不同地物的光谱特征分析, 能很好地去除阴影的影响。陈静波等(2013)建立了基于谱间关系的决策树分类方法, 有效地将水体和建筑物阴影分离, 并且保证了提取水体的全面性和完整性。杜云艳和周成虎(1998)以山区水体为研究对象, 构建了基于谱间关系的水体自动提取与识别模型, 能自动、快速、准确地去除山体阴影。赵书河等(2003)同样基于水体光谱特征曲线与变化规律, 提出了迭代混合的分析方法, 从全局粗略提取到局部细化分类, 逐步精细化地提取水体分布范围。对于一些灰度值较低的遥感卫星数据, 如 CBERS-1, 该算法的提取效果较好, 能有效解决水体提取结果高估的问题。

3. 多波段运算法

多波段运算法的核心思想就是通过多光谱波段间的数学运算, 突出水体的信息并抑制其他背景地物信息。常用比值法或者其他改进方法来提取水体区域。NDWI 就是对绿光和近红外波段进行归一化差值处理, 以凸显影像中的水体信息, 同时最大限度地弱化植被和其他背景信息(McFeeters, 1996)。Ogashawara 等(2013)分别计算洪涝灾害发生前后影像的水体指数, 然后对两个时期的 NDWI 做差值运算, 选择合适的阈值对 NDWI 差值数据进行二值化处理, 提取洪水的淹没范围。Craciunescu 等(2016)利用 NDWI 完成了罗马尼亚 2005～2006 年整个地区的洪涝灾害监测和灾损的评价。结果表明, NDWI 指数非常适合快速提取大尺度的洪涝淹没信息。在 NDWI 指数的基础上，针对特定的应用目的和研究对象，一些改进的水体指数也被相继提出，如 MNWDI、NDPI、$AWEI_{nsh}$、$AWEI_{sh}$ 和 EWI 等。其中，MNDWI 在提取城镇的水体方面更有优势，更能揭示水体的细微特征，例如水质的变化和悬浮物颗粒的分布等(Xu, 2006)。NDPI 其实是一个池塘指数，它不仅能区分小池塘和水体，还能进一步区分水域内的植被(Lacaux et al., 2007)。Feyisa 等(2014)在 2014 年提出了 $AWEI_{nsh}$ 水体指数，能够有效消除非水体像元，包括深色的建筑群等城市背景地物。为了进一步移除阴影像元，提高水体识别的精度，他们还提出了 $AWEI_{sh}$ 指数。以上水体指数均在不同的土地覆被类型、气候条件、地质地貌及水文环境特点的洪涝灾害信息提取方面充分发挥了作用(Ganaie et al., 2013; Singh et al., 2015)。

5.2.4　利用聚类的洪涝信息提取方法

聚类是图像识别的重要研究领域，在模式分类与分析、决策、信息提取和数据挖掘方面应用较为广泛。聚类是通过建立一个相似性的原则，如特征空间的最短距离准则，对特征向量自动分类，使得同一个类别内的像元之间具有较高的相似度，不同类别之间具有较大的差异性。如果将遥感影像中洪涝的淹没信息提取抽象为水体和非水体，则就转化成两个类别的聚类问题。遥感技术中有大量的关于聚类的分类方法，其中，基于 K-均值聚类、马尔可夫聚类、模糊聚类、朴素贝叶斯等聚类方法具有收敛速度快、对聚类参数依赖性不强、模型稳定等优势，能尽快实现聚类的全局最优状态。

K-均值聚类算法是一种通过不断迭代求解的聚类分析算法，基于 K-均值聚类的洪涝信息提取方法，其步骤是，首先将遥感影像上的所有像元预分为洪水和非洪水两组，并随机选择两个对象作为初始聚类中心。然后计算每个像元到各个聚类中心之间的距离，将每个像元分配给距离它最近的聚类中心，即

$$label_i = \underset{1 \leqslant j \leqslant 2}{\arg\min} \| d_i - u_j \| \tag{5.1}$$

式中，d_i 代表第 i 个像元；u_j 代表第 j 个类别中心，每个聚类中心以及分配给它们的像元就代表一个聚类 $label_i$。每分配一个像元，要重新计算当前所有聚类像元的均值并作为新的聚类中心。这个过程不断迭代，直到新的聚类中心和上一次聚类中心没有发生变化，则算法收敛。如果新的聚类中心发生变化，则要根据新的聚类中心对所有的像元重新进行划分，直到满足误差平方和局部最小的条件为止(Hartigan and Wong, 1979)。K-均值聚类是最著名的聚类算法，它使用简便、运算效率高，能减少数据的冗余，得到有效的模型参数。Ahmad 等(2019)基于 K-均值聚类和光谱角图像分类算法对洪涝冲积平原进行精确制图，取得了不错的分类效

果，研究结果对冲积平原的土地利用规划和水资源管理具有重要的指导意义。Amitrano 等(2018)采用 Sentinel-1 数据制作洪水的淹没图，实验表明，K-均值聚类算法的运算速度快且提取的洪涝水体结果可靠、稳定。

马尔可夫聚类算法是一种基于遥感影像的空间邻域信息快速可扩展的聚类算法，空间邻域信息表现为相邻像元间的相互依赖关系。该算法的基本思想是：在一个遥感影像中，如果某个洪水分布区是稠密的(即一个聚类)，则在该区域内随机游走 l 步，还在洪水区内的概率很大。也就是说，洪水水体内的 l 步路径很多，所以可以在影像中随机游走 l 步。如果这个区域的连通概率很大，那么这个区域就是一个聚类(Hospedales et al., 2009)。马尔可夫聚类算法有两个关键步骤：分别是扩张和膨胀。扩张就是对图像的矩阵 M 进行幂次运算，相当于随机游走以建立连接关系，即 $\mathrm{expand}(M) = M^l$。膨胀是为了增强更强的连接，同时减弱更弱的连接，这样才能得到边界比较明确的聚类。给定一个非负实数 r，经过膨胀强化后的矩阵为 $\Gamma_r M$，强化公式如下：

$$(\Gamma_r M)_{pq} = (M_{pq})^r / \sum_{i=1}^{l} (M_{pq})^r \tag{5.2}$$

式中，p 和 q 分别代表矩阵 M 中的行和列。不断地进行扩张和膨胀操作，直到算法收敛，可得到洪水和非洪水的两个聚类。由于洪水是通常发生在一定时间内的连通区域，利用马尔可夫聚类的思想可以充分描述这种特征。在实际应用中，为了解决时序 MODIS 影像中存在的大面积薄云污染的问题，Kasetkasem 等(2014)提出了基于马尔可夫聚类的洪水快速制图算法，显著提高了淹没和非淹没区的分类精度。Li 等(2018)比较了马尔可夫聚类法、主成分分析 K-均值聚类法以及广义高斯混合模型在快速洪水制图方面的性能，包括精度、运行时间和参数的敏感性，证明了马尔可夫聚类的简单和有效性，非常适合复杂淹没区的洪水制图研究。Sandro 和 André 等(2010)提出了一种适用多时相 X 波段 SAR 数据的混合上下文马尔可夫模型，用于洪涝灾害的近实时非监督分类提取。

模糊聚类是一种非监督基于像素的聚类方法，通过对自然界的地物建立模糊特征，能够较好地保留原始遥感影像上更多的信息。在应用于洪涝水体的提取过程中，无须引入标记样本进行辅助分类，可提高研究区的分类效率。模糊聚类算法的原理是，首先利用加权距离等判定标准计算当前聚类中心的缓冲区内，每一个像元与洪水和非洪水的隶属度，并采用概率的形式表达；然后综合隶属度和加权距离两个参数来定义整个遥感影像的目标函数(5.3)；最后对目标函数进行最小化迭代运算，可求得最佳分类结果(王大环等, 2017)。

$$J_m = \sum_{i=1}^{N} \sum_{k=1}^{C} u_{ik}^m \left\| x_i - v_k \right\| \tag{5.3}$$

$$U_{C \times N} = \left\{ u_{ik} \in [0,1] \left| \sum_{k}^{C} u_{ik} = 1 \text{ and } 0 < \sum_{i}^{N} u_{ik} < N \right. \right\} \tag{5.4}$$

式中，x_i 为位置为 i 处像元的灰度值；N 为影像上的总像元个数；C 为聚类个数；v_k 为第 k 类的聚类中心；u_{ik} 是像元 i 属于 k 类的隶属度；m 为常数，用来控制聚类结果的模糊度 $m \in (1, \infty)$。近年来，基于模糊聚类的思想建立的模糊逻辑、模糊数学等分类方法已经普遍用于雷达遥感影像的洪水探测与分类制图，并形成了业务化运行的系统 (Pulvirenti et al., 2011; Twele et al., 2016; Zhang et al., 2020)。

朴素贝叶斯方法是在贝叶斯算法的基础上进行简化处理，即假设给定目标值时各个属性之间的相互条件独立，不同的属性变量对于分类结果影响不大。虽然这种简化方式在某些程度上降低了算法的分类效果，但是在实际的洪涝灾害场景中，确实极大地简化了传统贝叶斯算法的复杂程度，提高了大面积洪涝水体提取的速度。Liu 等 (2017a) 建立了一个综合的技术框架，通过耦合基于熵的朴素贝叶斯方法和地理信息系统技术，估计洪涝灾害分布的空间相似性和发生频率，评价灾害的风险等级。Pham 等 (2020) 应用多项式朴素贝叶斯绘制了准确的山洪敏感度图，确定洪水影响的地区，以便制定合理的山洪风险应对策略。

5.2.5　利用图像分割的洪涝信息提取方法

随着遥感影像空间分辨率的提升，所包含的精细目标越来越丰富，图像分割逐步成为遥感影像解译的关键途径。面向对象的解译方法则结合了"先分割、再分类"的原则，不再是传统的像元级别的信息提取方式。在高分辨率遥感影像中，不同类型的洪水水体包含了很多的纹理和形态信息，如城镇区呈现细小斑块状的淹没水体、池塘还有成片分布的淹没流域等，都需要对影像进行细致的分割后，再与其他地类区分。不同类型的遥感影像，其成像机理和复杂性不同。另外，洪水形成的条件、洪水类型、周围环境等差异也会造成影像上不同的光谱、纹理和空间分布特征。这时针对特定的研究对象和研究目的，通常采用多种混合分割的方法对不同的图像和区域进行分割。近年来不断改进且比较活跃的图像分割方法有基于区域生长的分割方法、基于活动轮廓的分割方法、基于阈值的分割方法、基于神经网络的分割方法等。其中，区域生长和活动轮廓分别是基于像元和基于区域分割方法的代表，其传统的算法及进行不断的优化改进，确保了多尺度洪涝淹没信息提取结果的完整性、准确性和有效性。

区域生长算法的思想就是将空间上连通并且具有相似特征的像元群集合起来

构成区域。具体首先对分割的洪水区设定一个种子像元作为生长的起点，然后根据事先定义的生长或相似准则，将种子点邻域中与其具有相似性质的像元合并到种子点所在区域(杨卫莉等,2008)。然后将这些新的像元都当作种子点重复上面的步骤，直到没有满足条件的像元可以被包括进来，这样便完成了一个区域的生长(图5.1)。

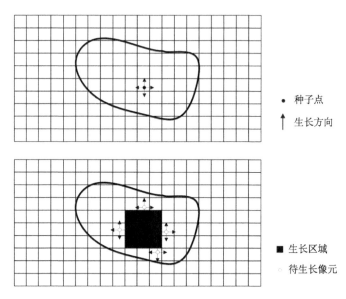

图 5.1　区域生长法的基本原理

　　区域生长法固有的缺点就是往往会造成过度分割的现象，也就是将图像分割成过多的小区域，在高光谱或者超高空间分辨率的遥感影像上表现得尤为明显。在这种情况下，需要选择合适的合并准则，将分割区域中具有较高相似度的区域再次连接合并。很多学者应用基于区域生长的分割算法提取洪涝水体的淹没面积。Olthof 和 Tolszczuk-Leclerc (2018) 为了降低图像上洪涝水体提取的错分率，将阈值分割与区域生长方法相结合，以开放水体的种子点为起点进行区域生长，准确地得到了淹没植被的覆盖区域。O'Grady 等 (2011) 在巴基斯坦大范围洪水制图的研究中，采用区域生长算法，从河道中心的种子像素中寻找阈值一致性，解决了河道外的水域可分离性差的问题。Wan 等 (2019) 提出了一种结合自动阈值选择、基于像素和对象的分类以及双向区域增长的洪水淹没区提取方法。这是一种不需要辅助数据的完全自动的方法，该方法同时为淹没区和非淹没区进行区域生长，以消除不确定区域同时使欠分割和过分割最小化。

　　利用基于几何活动轮廓的分割方法开展洪水水体的遥感信息提取，具体的实现步骤为：在洪涝范围内，使用连续密闭的曲线表达一个初始的目标边缘 C，通过定义一个能量泛函使得自变量包括边缘曲线，因此分割的过程就是求能量泛函最小值的过程，通常采用对应的欧拉方程来完成能量泛函函数的求解（黄福珍等，2003）。能量泛函达到最小值时，演化曲线的位置就是洪水边界的轮廓。

$$\min_{\phi}[E(\phi) + \gamma L(\phi)] \tag{5.5}$$

式中，ϕ 是水平集函数；$E(\phi)$ 是计算轮廓 C 内外区域相似性的能量泛函；$L(\phi)$ 为正则项；$\gamma > 0$ 是用来平衡这两项的权重参数。$E(\phi)$ 以非局部的方式计算：

$$E(\phi) = \iint_{S \times S} G_{\alpha}(s-t) \cdot d(p_s, p_t) \mathrm{d}_s \mathrm{d}_t + \iint_{S^C \times S^C} G_{\alpha}(s-t) \cdot d(p_s, p_t) \mathrm{d}_s \mathrm{d}_t \tag{5.6}$$

式中，p_s 和 p_t 分别是以像元 s 和 t 为中心的图像块；$d(p_s, p_t) \geqslant 0$ 是衡量图像块之间相似性的度量；S 和 S^C 分别代表轮廓 C 的内外区域；参数 α 控制分割对象的同质性尺度；$G_{\alpha}(\cdot)$ 是 α 的高斯核。

该方法具有两大优势：①能够很好地探测图像中的弱边缘噪声，如被阴影遮挡的水体、易与背景混淆的水体等（陈波和代秋平，2010）；②能有效处理异质图像。洪水水体在影像上表现为大片的连通区，其内部像元的光谱或散射系数同质均一，利用活动轮廓分割方法能取得较好的效果。同时，一些覆盖有地表真实信息的山体阴影、噪声等，其像元通常呈现异质性的光谱反射率或反向散射系数，闭合曲线在演化过程中很难获得较为稳定的边界轮廓。因此，利用这个特性可以有效去除山体阴影及噪声等信息对于洪水水体分割结果的干扰。利用几何活动轮廓模型对弱边缘具有很好的分割效果，同时能够自动处理曲线的拓扑变化，Tian（2013）将其引入 SAR 图像洪水水体信息提取中，针对传统模型不能检测远离初始轮廓线边缘的区域和算法效率较低的缺点，对分割模型进行改进，在分割性能和效率方面有了较大的提升。Horritt 等（2001）将洪水区当作均一的斑点统计区域，采用统计活动轮廓模型提取 SAR 影像上的洪水边界。Debusscher 和 van Coilli（2019）采用了一种结合面向对象的图像分析和数据挖掘技术的方法来提取洪水的时空信息。首选将主动轮廓模型应用于多时相 SAR 影像，为每个时期生成单独的目标集。随后，采用基于图的方法检测和定义空间相干实体，并通过时间剖面图和全局变化图描述洪水的时空演化过程。当洪水水体覆盖的目标对象一致时，该技术体系能取得很好的效果。

5.2.6　利用数据融合的洪涝信息提取方法

在实际的洪涝水体识别与动态监测研究中，光学影像一般用来捕捉洪水发生前大面积的地物分布与状态信息。但受到观测周期的限制，并且洪水期间经常多云雨天气，导致在受灾时期难以获取实时有效的影像。雷达遥感数据则能弥补光学数据的这种缺陷，不受恶劣天气的影响，为受灾区提供最新、可靠的观测数据。然而，由于 SAR 图像的物理特性，如几何扭曲和斑点噪声，仅采用单景雷达影像提取洪水淹没信息的精度并不高。为了保证洪涝水体信息获取的时效性，同时提高提取的精度，基于多源传感器的数据融合技术是目前最有力的技术手段之一。分别将灾前和灾中的光学多光谱遥感影像和雷达影像进行快速融合，综合利用有用的特征信息，可实现对雷达影像中非淹没区的有效抑制，进而增强水体的信息，突出洪水边界的细节，提高洪水目标检测的精度。近十年来，国内外学者在遥感影像的时空融合领域进行了大量的研究，取得了一系列成果，开发了像元级的时空自适应反射率融合模型(STARFM)及基于 D-S 理论和贝叶斯方法的决策级图像融合等典型的数据融合算法。

时空自适应反射率融合模型假设同一天的不同传感器的影像 C 和 L，其地表光谱反射率具有相关性，利用它们的光谱信息和加权函数来估算融合影像上的地表反射率 FP。主要步骤为，首先影像 C 和 L 重采样为一样的空间分辨率，然后移动滑动窗口 ω，识别相似的像元，然后根据影像的光谱、时间和距离差计算每个相似像元的权重 W_{ijk}，最后计算滑动窗口中心像元的反射率(章欣欣等，2015)。计算公式为

$$L(x_{(\omega/2)}, y_{(\omega/2)}, t_2) = \sum_{i=1}^{\omega} \sum_{j=1}^{\omega} \sum_{k=1}^{n} W_{ijk} \times [C(x_i, y_i, t_2) + L(x_i, y_i, t_1) - C(x_i, y_i, t_1)] \quad (5.7)$$

式中，i 和 j 为滑动窗口中图像像元的索引位置；t_1 和 t_2 分别为输入影像和融合影像的日期；n 为滑动窗口内的相似像元数；$L(x_{(\omega/2)}, y_{(\omega/2)}, t_2)$ 为 FP 中滑动窗口的中心像元值。

Dao 等(2019)应用 ESTARFM 方法，将 Landsat 和 MODIS 两种数据源融合生成高空间和时间分辨率的无云合成数据，用于洪水期间淹没区域的划分。同样利用 Landsat 和 MODIS 两种不同的传感器数据，Tan 等(2019)提出了改进的分层时空自适应融合模型用于绘制非均质洪涝冲积平原的淹没动态。结果表明，与 MODIS MOD13Q1 产品相比，该融合算法能更好地探测冲积平原的水体特征，从而为季节性水系变化提供更详细的信息。Zhang 等(2014)对比了 STARFM 和 ESTARFM 两种图像融合方法在洪水制图领域的效果和性能，结果表明 ESTARFM 对于实时洪水淹没信息的提取精度更高，但 STARFM 生成的相对质量较低的融合图像也能准确地提取洪水，两种图像融合方法在城市洪水监测研究中都具有巨大的应用潜力。

不同于 STARFM 主要针对光学遥感的应用方向，多传感器决策级图像融合的

算法是以认知为基础的抽象的图像融合方法,它可以同时融合 SAR 和多光谱遥感影像。决策级图像融合将来自特征级图像的特征信息加以利用,然后根据一定的准则以及每个决策的可信度直接做出最优决策(图 5.2)(许凯等, 2009)。决策级图像融合的计算量很小,它对前一个层级有很强的依赖性,图像传输时噪声对它的影响也比较小。Bioresita 等(2019)应用基于 D-S 理论和贝叶斯的决策级图像融合算法,探讨了多时相多源 Sentinel-1 和 Sentinel-2 主被动观测数据对于洪水探测和制图精度的改善,表明决策级融合技术可以高精度地绘制临时地表水(如洪水面积),还可以通过提供像素级洪水淹没区域的发生概率来监测它们的演变动态。Sghaier 等(2019)提出了一个新的结合决策级和特征级的图像融合方法,该方法是全自动的、不需要人为初始化和先验模型,它不同于现有的洪水监测图像融合方法,而是将基于多尺度融合候选像元的光谱、空间和形状信息都合并到融合模块中。

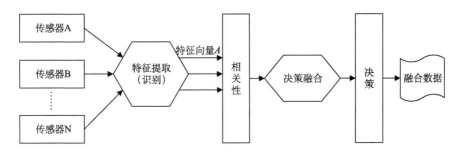

图 5.2   决策级图像融合方法

5.3   洪涝灾害遥感信息提取新应用

5.3.1   2020 年我国南方洪水信息提取应用

1. 研究区概况

我国的南方地区,一般是指中国东部季风区的南部,主要是秦岭—淮河一线以南的地区,西面为青藏高原,东面和南面分别濒临黄海、东海和南海,海岸线长度约占全国的 2/3 以上,行政区划包括江苏中南部、安徽大部、浙江、上海、湖北、湖南、江西、福建、云南大部、贵州、四川东部、重庆、广西、广东、海南、台湾等地区。洪涝灾害是我国南方最严重的自然灾害。500 多年来,中国没有一年未出现大涝。1730 年、1755 年、1823 年、1931 年、1935 年、1954 年、1975 年、1998 年、2016 年等,更是中国的特大水涝年。几乎每年都有对南方地区可能发生流域性大洪水的担忧。

综合分析我国南方洪水形成的原因，主要有四个方面，分别是：①气候原因。在夏季，我国主要盛行东南季风，东南沿海上带来的大量水汽，以及台风的频繁登陆导致夏季我国南方地区的降雨普遍较多，短期内河流水位急升，很容易冲毁堤坝而造成大面积洪水。②生物原因。我国南方地区的经济发展迅猛，大范围的植被覆盖地区被改建为城市建筑和交通设施，加上人们不断地乱砍滥伐，森林和其他植被的蓄水能力减弱，滞缓降雨的能力很差。③人为原因。水土流失现象导致河流上游大量的泥沙涌入河道，致使河床不断抬升，降低了河道的最大容水量，汛期的持续降雨加速了水位的上涨。另外，泄洪排洪的能力差则更加剧了洪水的灾害等级。④地形原因。在夏季，我国南方一般是全流域降雨，并且降雨强度很大，上游地势较高地区的雨水也会直接流向下游，使得下游地区发生严重的洪涝灾害。

2020 年 6 月以来，我国南方迎来持续强降雨，呈现出影响范围广、持续时间长、极端性强、局地强降水重叠度高等特点，已造成广东、广西、湖南、江西、贵州、重庆等 24 个省(自治区、直辖市)多地发生较重洪涝灾害，数百万人受灾，逾百条河流发生超预警以上洪水，房屋被淹，居民被困，道路受阻，农田受损。前期对于南方地区历史性的洪水事件，已经有了大量的资料积累和经验。今年区域性暴雨洪涝重于常年，防汛形势更需要引起足够重视。采用灾害遥感的技术手段，对南方洪涝灾害的发生、变化情况进行全方位、实时的监测，第一时间获得客观、准确、大范围洪涝灾情资料，是防汛减灾工作中的必要环节。

2. 数据与方法

数据来源主要包括 1000 多景(期)高分二号光学影像、高分三号及哨兵一号雷达影像等多源卫星遥感影像，结合高分辨率降水数据(IMERG 数据集)、土地利用覆盖数据(FROM-GLC 数据集)和 SRTM1 V3.0 DEM 高程数据。其中，高分二号全色多光谱传感器(PMS)数据可通过中国资源卫星应用中心(http://www.cresda.com/CN/index.shtml)下载，高分三号精细条带 2(FS II)模式雷达影像通过中国科学院空天信息创新研究院数据共享平台(http://ids.ceode.ac.cn/)下载，并使用航天宏图研发的 PIE-SAR 6.0 软件进行辐射校正、多视和滤波、地形校正、反向散射归一化等预处理操作。实时哨兵一号影像从谷歌地球引擎平台获取。全球降水数据集来源于 NASA 全球降水测量(GPM)任务的最新日尺度产品 IMERG 数据集，覆盖范围为 60°S~60°N，空间分辨率为 0.1°，气象水文上的研究通常使用经过校正的 final 版本数据(https://disc.gsfc.nasa.gov/datasets/GPM_3IMERGDF_V06/summary?keywords=imerg)。土地利用覆盖数据采用清华大学发布的 10m 分辨率的全球土地覆盖产品(FROM-GLC10)，该数据产品与 30m 分辨率的 FROM-GLC30 精度相当，但 FROM-GLC10 的结果提供了更多的空间细节，共享下载地址为(http://

data.ess.tsinghua.edu.cn/fromglc10_2017v01.html）。SRTM1 V3.0 DEM 数据的空间分辨率为 30m，其绝对和相对垂直精度为 ±16m 和 ±6m，水平精度约为 ±20m，可从 USGS 官网获取。

　　洪涝灾害的识别与提取的技术流程为：以 Sentinel-1 数据为基准，对所有灾前、灾后的雷达影像进行裁剪，并完成所有影像的重采样和重投影处理，使得生成的数据集覆盖的空间范围、分辨率以及投影坐标系一致；然后对所有雷达影像进行基于阈值的二分类运算。根据大量的经验判别以及典型样本反向散射系数的直方图统计分析，一般设置阈值为–15dB 左右，得到影像中水体和非水体的二值图；考虑到山地阴影对于雷达影像中水体的干扰作用较大，在此基础上叠加坡度信息(这里设置坡度阈值为 15°，即将坡度大于 15° 的区域掩膜)，可显著去除山地阴影的影响；之后采用高精度的土地利用覆盖数据对初步提取的水体信息进行再次掩膜，去除一些永久水体，如河流、湖泊等；最后采用变化检测的方法，将前后两期的水体栅格数据做相减运算，获得的变化的水体分布信息即为研究区的洪涝淹没图。在对遭受洪涝灾害最严重的长江中下游 99 个县(市、区)进行洪水监测时，为了更加直观地体现大范围的受灾情况，应用密度分析方法，计算 1km×1km 格网内洪水淹没面积的占比并渲染显示。

　　此外，对于实际的洪水应对和洪灾管理还需要借助强降雨前高分辨率光学影像，判断洪水发生的具体位置和周边环境，如变宽的河道、淹没的农田和河滩等。本节采用高分二号 PMS 光学影像，其全色波段和多光谱波段对应的空间分辨率分别为 1m 和 4m，可细致地评估由洪水导致的不同地类的淹没和退水情况，并结合相关经济、社会统计资料，分析区域内因洪水造成的损失。

3. 结果与讨论

1) 6～7 月南方降水量暴增，多地超历史平均水平一倍以上

　　气象数据及高分辨率降水数据显示，6 月以来，我国南方持续暴雨过程覆盖近 60% 的县(市)，降雨范围广、过程雨量大、极端性强。全国平均降雨量为 112.7mm，较常年(99.3mm)偏多 13.5%。贵州大部、四川局部、重庆大部、湖北中部、江苏大部月降雨量大，较去年同期偏多 1～2 倍。广西北部、湖南北部、江西中部、安徽南部较去年偏多 0.5～1 倍。强降雨集中在长江流域，其中长江中上游地区降雨量增加最多，长江中下游降雨也增加明显。7 月以来，暴雨区域集中在长江中下游流域，重点覆盖湖北南部、江西北部、安徽南部、江苏南部和浙江北部，局部降雨量接近 500.0mm/月，为历史同期最高(1961 年以来)，比常年平均水平高出近 1 倍。长江中下游流域防汛形势严峻，多地出现超警戒水位险情，鄱阳湖、太湖区域相继出现漫堤决口现象。

2)6 月多地发现局部洪涝灾害，建议加强中小流域的地质灾害监测

（1）降雨引致河道水面上升等灾情。在湖北省黄冈市英山县（115°3′～116°4′E，30°31′～31°8′N）、云南省昭通市巧家县（102°52′～103°26′E，26°32′～27°25′N）等34 个监测区，发现降雨引致河道变宽、水面上升、河滩及河中小岛淹没、桥梁冲毁等情况。如图 5.3 所示，黄冈市英山县于 6 月 21 日发生强降雨，6 月 26 日卫星监测结果显示河面上升及河滩淹没。

(a) 2020年5月15日

(b) 2020年6月26日

(c) 2019年8月4日

图 5.3　黄冈市英山县洪涝灾害监测

(a)强降雨前哨兵一号影像；(b)强降雨后哨兵一号影像；(c)强降雨前高分辨率光学影像
哨兵一号影像黑色区域为河流水体，红色标记区为强降雨导致的河道变宽、河滩淹没区域

　　(2)降雨引致农田淹浸。在贵州省遵义市道真自治县(107°22′～107°52′E，28°37′～29°13′N)、上海市青浦区(120°53′～121°17′E，30°59′～31°16′N)等6个监测区，发现显著农田淹浸现象。如图 5.4 所示，上海市青浦区于 6 月 15 日发生特大强降雨，6 月 17 日卫星监测结果显示仍有大面积农田淹浸。

(a) 2020年5月3日

(b) 2020年6月17日

(c) 2019年12月23日

图 5.4　上海市青浦区农田淹浸监测

(a)强降雨前哨兵一号影像；(b)强降雨后哨兵一号影像；(c)强降雨前高分辨率光学影像
哨兵一号影像黑色区域为水体，红色标记区内的黑色斑块为农田淹没及积水区域

3)7月上旬99个县(市、区)遭受洪涝灾害

根据7月中上旬强降雨情况,结合社交平台反映的灾情大数据,进行长江中下游洪涝灾害监测研判(图 5.5)。长江中下游流域受暴雨影响,99 个县(市、区)遭受洪涝灾害,受灾面积约 49.97 万 hm²;其中九江到安庆段受灾情况最为严重,多地洪水淹没面积比例超过 50%;安庆到铜陵段、铜陵到南京段也有较明显的洪涝灾害发生。

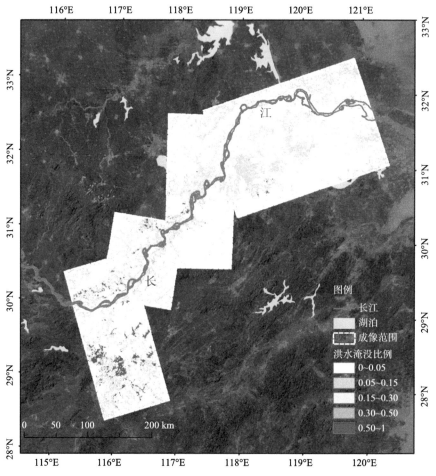

图 5.5 重点降雨区县(市、区)洪水研判情况

洪水淹没比例数值代表每平方千米洪水淹没面积占比

在卫星观测时段,在江西省鄱阳县、安徽省宿松县、湖北省黄梅县等 31 个县(市、区),发现明显洪涝灾害受灾面积为 36.60 万 hm²,占总受灾面积的 73%。

其中，江西省鄱阳县、永修县、南昌市新建区、南昌县、余干县、安徽省桐城市 6 个县(市、区)洪涝灾害情况最严重。

4) 截至 7 月上旬，农作物受灾面积近 30.72 万 hm²，建议加强农业生产自救

91.9% 的受灾县(市、区)发生农田淹浸，农作物受灾面积近 30.72 万 hm²。江西省鄱阳县、南昌市新建区、南昌县、余干县、永修县、安徽省无为市等 18 个县(市、区)，农作物受灾面积近 20.69 万 hm²。如图 5.6 所示，安徽省桐城市与怀宁县交界处在 7 月 14 日和 15 日连续发生强降雨，7 月 17 日卫星监测显示发生大面积农田淹没及积水现象。建议加强农业生产自救，积极组织灾情详细调查与评估。

5.3.2　2015 年巴基斯坦洪涝灾害信息提取应用

1. 研究区概况

巴基斯坦位于南亚次大陆西北部，南与阿拉伯海接壤，东与印度接壤，东北与中国接壤，西北与阿富汗接壤。巴基斯坦领土面积共 880254km²(包括巴控克什米尔地区)，整个国家大约 60% 的地区是山地和丘陵地带。南部沿海地区有广阔的沙漠，高原草原则向北不断延伸。喜马拉雅山脉、喀喇昆仑山脉和兴都库什山脉是世界上著名的三座山脉，在巴基斯坦的西北部汇聚，并发育了众多的冰川和冰川湖(图 5.7)。巴基斯坦地处温带，属于亚热带半干旱气候，主要的特点是高温少雨，年平均气温在 27℃ 左右。山区的年平均降雨量为 200～960mm，其余大部分为平原覆盖地区的降雨量为 180～460mm。

洪水是巴基斯坦最频繁、破坏性最大的自然灾害之一，这个地区每年都会经历季节性洪水和长期干旱期。在受自然灾害影响的人群中，约有 90% 的人遭受洪水影响。2015 年 7 月，巴基斯坦遭遇历史上最严重的洪涝灾害之一，造成 238 人死亡，157 人受伤，157 万多人受灾，经济损失约为 33 亿美元。据统计，超过 1.8 万间房屋和 3500 个村庄受到不同程度的破坏。虽然 8 月下旬季风性强降雨趋于减弱，但在 9 月季风季节结束之前仍存在较高洪水风险。

2. 数据与方法

1) 实验数据

为了绘制整个巴基斯坦的洪水淹没范围，从 GEE 云计算平台获取 Sentinel-1 C 波段干涉宽幅模式(IW)的地距多视产品(GRD)，其成像幅宽为 250km，空间分辨率为 5m×20m。2015 年 7～8 月，暴雨造成了巴基斯坦长时期、大范围的洪涝灾害。因此，本节使用 7～8 月的 Sentinel-1 VV 极化升降轨数据，重访周期为 6 天，巴基斯坦全域覆盖约需 455 景影像(图 5.8)。分别选择从北到南的三个区域进行局

(a) 2020年7月3日

(b) 2020年7月17日

(c) 2020年4月26日

图 5.6　安徽省桐城市与怀宁县交界处(116°57′1″E，30°45′52″N)农田淹浸监测

(a)强降雨前哨兵一号影像；(b)强降雨后高分三号影像；(c)强降雨前高分辨率光学影像

7 月 14 日和 15 日连续发生强降雨，7 月 17 日卫星监测显示发生大面积农田淹浸。高分三号和哨兵一号影像中黑色区域为水体，蓝色标记区内的黑色斑块为强降雨后农田淹没及积水区域

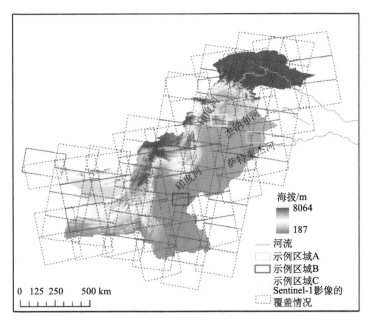

图 5.7　研究区的位置及概况

虚线矩形框代表 2015 年 Sentinel-1 升降轨影像在研究区的覆盖情况，绿色、品红色和黄色矩形分别表示三个示例区域的位置

部地区的洪涝提取结果展示及精度评价（见图 5.8 中的绿色、品红色和黄色矩形）。验证数据为 GF-2 PMS 光学数据，其数据获取时间与相应的 Sentinel-1 数据最为接近。GF-2 影像几乎没有云覆盖，全色波段和多光谱波段的分辨率分别高达 1m 和 4m。通过计算 GF-2 影像的 NDWI，可得到地面真实的洪水分布图。

在整个巴基斯坦地区，一些土地覆盖类型，如大面积的沙漠和冰雪，表现出与开阔水面相似的反向散射特性，很容易造成洪水的错分现象。为此，我们利用从全球土地利用数据库获得的巴基斯坦的土地分类图（http://glcf.umd.edu/data/），以便在 Sentinel-1 影像中去除这些地类的干扰，并与永久性水体进行区分。此外，山地阴影也是影响洪水探测精度的一个主要因素，利用航天飞机雷达地形探测任务（SRTM1 V3.0）DEM 获取的坡度信息，可有效去除背坡处回波信号低的像元。

2）洪涝提取方法

图 5.8 介绍了基于 Sentinel-1 影像提取洪水淹没范围的方法流程图。具体包括：①从 GEE 云平台获取大量的 Sentinel-1 GRD 数据并进行预处理；②使用自动阈值分割方法完成图像的初始分类；③利用基于模糊逻辑的方法对初始分类结果进一步优化；④后处理并利用高分辨率光学影像得到的洪水分布参考图验证制图结果的可靠性。

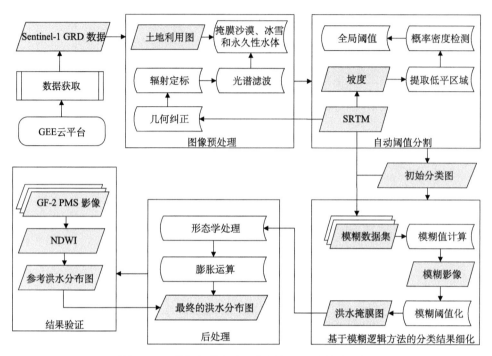

图 5.8　巴基斯坦洪水淹没范围提取方法的流程图

（1）数据获取及预处理。从 GEE 平台获得覆盖整个巴基斯坦的 IW 模式 VV 极化 Sentinel-1 GRD 数据。在预处理阶段，首先需要进行距离-多普勒地形校正和辐射定标。在欧洲航天局提供的 GRD 影像中，某些特定区域没有充分考虑地形效应造成的几何畸变，因此需要采用相应的 SRTM1 V3.0 全球 DEM 数据对 GRD 数据进行修正，以提高定位精度，并转换为 WGS-84 地理坐标系。然后利用传感器校正参数对图像进行辐射定标，以获得准确的反向散射强度值。为了降低 SAR 影像固有的斑点噪声并提高图像的信噪比，对所有校正后的数据应用窗口大小为 7×7 的改进 Lee 滤波。此外，为了尽可能避免错误分类并优化洪水提取结果，使用巴基斯坦的土地利用覆盖数据去除潜在的洪水区，包括南部大面积沙漠和北部冰川地区的冰雪，同时将洪水淹没范围与研究区内的河流等永久性水体分离，生成最终的洪水淹没图。

（2）基于概率密度函数的全局阈值分割。在巴基斯坦北部山区，地形阴影会产生与开阔水域相似的反向散射，严重影响基于 SAR 影像的洪水制图结果。考虑到高原区域的地形起伏较大，坡度变化剧烈，而冰湖的表面却相对平坦，坡度值较小，因此设置坡度值来去除阴影和低反向散射噪声。研究人员发现，坡度小于 10° 的地区最易受降雨影响，因此很容易发生洪涝灾害（Jafarzadegan and Merwade,

2017)。加上 SRTM 数据在崎岖的山地区域存在空白和误差等，最终选择 10°作为坡度阈值。这不仅能掩膜掉更陡的斜坡，还去除了 SAR 图像中可能由于地形阴影而呈现低反向散射系数的像元，这些像元的去除对于后续的局部统计分析至关重要。

使用概率密度函数(PDF)的全局阈值分割方法生成初始水体和非水体两类，其步骤为，首先，将样本数据分为水体和非水体像元，定义其反向散射系数，用于建立各自的统计分布表达式 $D_i(i|I)$，阈值的选择利用水体和非水体之间的统计关系。值得注意的是，在为水体和非水体建立大量的地面真实样本的过程中，这些样本反向散射系数值应具有较低的标准偏差。该标准可作为每个样本集内反向散射系数变化程度的衡量，以及样本区空间均质性的指标。由于样本的反向散射强度 i 是统计反向散射强度 I 的最大似然估计，因此 I 可以用样本的反向散射强度、独立视数 m 和超几何方程 G 来表示：

$$D_i(i|I) = 2(m-1)(1-I^2)^m i(1-i^2)^{m-2} \times G(m,m;1;I^2 i^2) \tag{5.8}$$

然后，利用建立的概率密度函数确定初始分类的反向散射系数阈值。该方法充分考虑了反向散射系数的统计分布，相比于以往研究中使用的阈值分割方法，该方法能更加可靠地识别洪水的空间范围。选定的阈值通常较高，以确保完全提取面积相对较小或分散的地表水体。通过大量的样本调查研究，设置了一个相对保守的全局阈值–15dB。

(3)基于模糊逻辑方法的精细分类。为了进一步提高洪水探测的精度，研究建立了一种基于模糊逻辑的方法，通过删除一些看起来像洪水从而可能导致错误分类的区域，来提高初始分类结果的精度。基于初步提取的水体结果，建立包含平均海拔、反向散射系数和水体面积的模糊数据集，然后使用隶属度函数来确定元素属于洪水的隶属度。隶属度的值为 0～1，隶属度越高，代表其为洪水的可能性越大。

由模糊标准函数可以看出，隶属度的值取决于两个模糊阈值 t_1 和 t_2，而模糊阈值可通过对每个模糊集元素的经验判断或统计计算得到。对于海拔 h，模糊阈值定义为

$$t_1(h) = \mu_h \text{ and } t_2(h) = \mu_h + l_\sigma \times \sigma_h \tag{5.9}$$

$$l_\sigma = \sigma_h + 3.5 \tag{5.10}$$

式中，μ_h 和 σ_h 分别为全局阈值分割得到的所有水体海拔的平均值和标准差。利用该模糊集，将海拔大于所有水体平均高程的水域剔除。此外，将式(5.9)和式(5.10)整合，还可以减小低海拔误分水体的影响。

对于雷达反向散射系数来讲，相应的模糊阈值为

$$t_1(i)=\mu_i \text{ and } t_2(i)=T_i \tag{5.11}$$

式中，μ_i 为初步提取洪水区的平均反向散射系数；T_i 为全局阈值，即 –15dB。像元值低于 $t_1(i)$ 的隶属度为 1，高于 $t_2(i)$ 的隶属度为 0。

模糊系统中的第三个元素为水体面积，其中 $t_1(a)=1000\text{m}^2$，$t_2(a)=5000\text{m}^2$，水体的面积小于 $t_1(a)$ 时隶属度为 0，大于 $t_2(a)$ 时隶属度为 1。使用该模糊数据可有效去除散射强度较低的孤立水体。

计算每个像元隶属度的平均值，可将这三个模糊元素组合为一个复合模糊集。然后应用阈值去模糊化的方法，通过设置隶属度的阈值为 0.6，从图像元素中精细化提取离散的洪水类别，以进一步优化分类结果。

(4) 形态学后处理。形态学膨胀工具可将图像数据的区域扩展到所需对象的适当边缘。膨胀是一种有用的雷达影像后处理工具，它保留了图像的边缘和细节信息，修正了区域内的插入误差，有效地去除预处理步骤中遗漏的斑点噪声。为了提高洪水区域内部的空间均质性，并整合水体边界的元素，本节进行了形态学膨胀运算。以水体的精细化结果作为洪水区域膨胀的基础数据，采用 7 像素×7 像素的结构元素窗口，在预先分类的洪水区周围应用膨胀运算，可提供更密集、平滑的洪水分布图。最后，采用三个试验区域的高分辨率 GF-2 PMS 影像验证洪水提取结果的可靠性。Sentinel-1 和 GF-2 数据的时间差不超过 48h，在此期间，洪水状态稳定且没有明显的水位波动。

3. 结果与讨论

1) 三个典型区域的洪水提取结果及其验证

为了检验该洪水提取方法在不同环境背景下的鲁棒性，如普遍存在着类似于水体的积雪或雷达阴影的山区、植被茂密的冲积平原和密集的河网等，本节选择三个典型区域进行洪水提取结果的细节展示与验证分析，这三个区域从北向南分布，具有不同的洪水特性且覆盖不同的土地利用类型。

整体来看，基于 Sentinel-1 的洪水分布图和 GF-2 提取的洪水范围较为一致（图 5.9），区域 A 位于开伯尔普赫图赫瓦省和旁遮普省交界处的印度河上游，洪水制图结果中漏分率很高。这是因为在山区，雷达传感器的侧视成像会产生诸如透视收缩和叠掩等几何畸变，导致 SAR 影像提取的洪水范围通常被低估。此外，一些高海拔的积雪和较窄的道路也容易被错分为水体。区域 B 覆盖旁遮普省的一部分，周围分布着大片的裸土。2015 年 7~8 月，该地区洪水的时空变化最为强烈，与其他区域相比，误分和错分率最大。第三个区域位于印度河下游，主要的地类是农田和草地。该区域左侧的错分现象是由光学电磁波的穿透能力差导致的，并不是真实的误差。事实上，SAR 信号可以准确地探测到植被下垫面的实际水面，但是光学图像却无法识别被植被覆盖的洪水区域。部分地区的漏分现象是由潮湿和被淹的淤泥土引起的，随着介电常数升高，雷达的反向散射强度有所增大，很容易被错分为非水体。

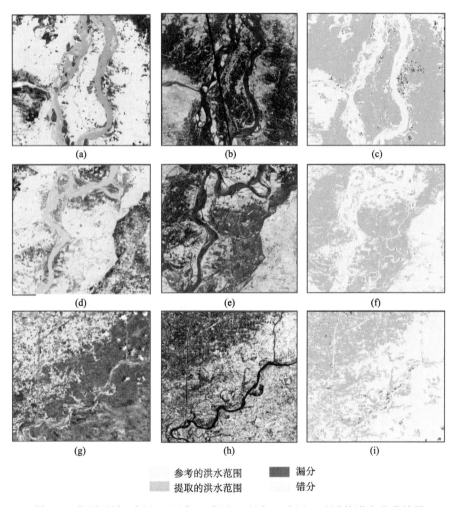

　　参考的洪水范围　　　　漏分
　　提取的洪水范围　　　　错分

图 5.9　典型区域 A[(a)～(c)]、B[(d)～(f)]、C[(g)～(i)]的洪水分类结果

(a)、(d)、(g)是 2015 年 7 月 14 日到 7 月 27 日获取的 GF-2 PMS 真彩色合成图(第 3、2、1 波段组合图像)。(b)、(e)、(h)为 2015 年 7 月 13 日到 7 月 25 日获取的 Sentinel-1 VV 极化数据。(c)、(f)、(i)为基于 SAR 影像提取的洪水范围

2) 巴基斯坦洪水的季节性变化

利用 2015 年汛期的所有 Sentinel-1 影像，绘制了巴基斯坦洪水的季节性分布

图，能准确地捕捉洪水的时空动态分布(图 5.10)。洪水的淹没范围从 7 月 13 日到
8 月 18 日不断增加，沿主要河流的洪水区域扩张得最明显。7 月 13 日是洪涝灾害
发生的初期，受灾程度相对较小，洪水淹没的面积为 3.5 万 km²(约占全国总面积
的 3.97%)。受季风季节的影响，巴基斯坦洪水发展得很快。8 月 18 日洪水的面
积达到最大(约 10.85 万 km²)，占全国总面积的 12.33%。从季节性淹没图上可以
看出，洪涝灾害主要发生在旁遮普省和信德省，沿着印度河、杰纳布河、萨特莱
杰河及其三角洲分布，在印度河交汇处的上游最为密集，巴基斯坦西北部的开伯
尔普赫图赫瓦省也受到不同程度的破坏。此外，洪水短时间内在旁遮普省东部边
缘附近迅速蔓延。8 月中旬以后，洪涝面积大幅度减少，与 7 月 25 日受灾程度相
当，表明洪水随着季风性降雨的减弱开始消退。总之，2015 年 7 月以来，巴基斯
坦发生了全国性的洪涝灾害，涉及范围广，持续时间长，特别是 8 月中旬东部地
区的灾情最为严重。

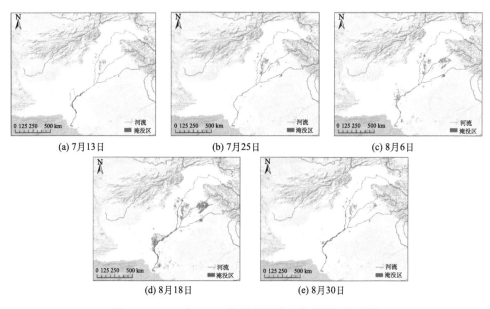

图 5.10　2015 年 7～8 月研究区洪水的季节性分布图

　　图 5.11 展示了洪水发生的空间频率，也代表了洪水的潜在发生概率和风险水
平。可以看出，位于印度河和杰纳布河之间的红色和橙色区域在 2015 年 7～8 月
频繁地被淹，属于高风险地区，受洪涝灾害影响非常严重，未来汛期发生洪灾的
可能性很大。在这五个时期内，7%的像元至少被淹没两次，3%的像元至少被淹
没三次。

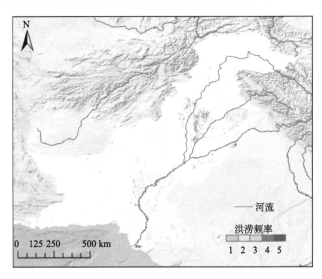

图 5.11　2015 年汛期洪水发生的频率分布图

5.4　小　　结

　　洪涝灾害具有突发性强、危害大、重复发生的特点，其造成的人员伤亡、经济损失和环境破坏程度在各种灾种中高居前列。通过基于洪涝灾害的遥感信息提取技术能准确地了解洪灾发生时的水灾、水势，获取淹没范围、淹没频率、水深等信息参量，并及时进行科学调控，有效预防并控制灾害的发展。从光学遥感卫星数据 Landsat 系列卫星、SPOT、MODIS 到国产环境减灾卫星 HJ-1A/B、气象卫星 FY-3 和高分辨率的高分系列(GF)卫星影像，从微波遥感数据 ALOS-1/2、RADARSAT-1/2、JERS-1、ENVISAT ASAR 到可公开下载的 Sentinel-1A/B 和国产高分三号(GF-3)雷达影像等，不同传感器、不同模式的海量遥感数据为防灾减灾工作提供了及时、有效的信息服务。基于聚类、图像分割和数据融合等洪涝信息提取方法的出现和发展，充分考虑了特征空间的相似性和多源数据的信息融合，在保证洪涝水体信息获取时效性的同时能够得到更为精细的目标，不断提高洪水提取的精度。相关的数据和技术方法已经成功应用于 2020 年汛期我国南方洪水监测与 2015 年巴基斯坦全国范围内的洪涝水体制图，对监测结果进行综合判断与分析，可向国家灾害管理和决策部门提供减灾决策依据。

参 考 文 献

毕京佳. 2016. 基于遥感和 GIS 的洪水淹没范围估测与模拟研究. 北京: 中国科学院大学.

陈波, 代秋平. 2010. 基于几何活动轮廓模型的图像分割. 模式识别与人工智能, 23(2): 186-190.

陈静波, 刘顺喜, 汪承义, 等. 2013. 基于知识决策树的城市水体提取方法研究. 遥感信息, 28(1): 29-33.

陈述彭, 黄绚. 1991. 洪水灾情遥感监测与评估信息系统. 自然科学进展: 国家重点实验室通讯, (2): 97-101.

杜云艳, 周成虎. 1998. 水体的遥感信息自动提取方法. 遥感学报, (4): 364-369.

冯锐. 2002. 洪涝淹没范围的遥感监测研究. 辽宁气象, 18(4): 26-27.

侯群群, 王飞, 严丽. 2013. 基于灰度共生矩阵的彩色遥感图像纹理特征提取. 国土资源遥感, (4): 26-32.

黄昌. 2014. 基于遥感和 GIS 的河漫滩洪水淹没分析与建模方法研究. 上海: 华东师范大学.

黄福珍, 苏剑波, 席裕庚. 2003. 基于几何活动轮廓模型的人脸轮廓提取方法. 中国图象图形学报, 8(5): 546-550.

黎显平, 冯仲科. 2016. 高分一号卫星影像水体信息提取方法比较研究. 科学技术创新, (19): 152-153.

李茂松, 李森, 李育慧. 2004. 中国近 50 年洪涝灾害灾情分析. 中国农业气象, 25(1): 38-41.

李胜阳, 许志辉, 陈子琪, 等. 2017. 高分 3 号卫星影像在黄河洪水监测中的应用. 水利信息化, (5): 22-26, 72.

李小涛, 黄诗峰, 郭怀轩. 2010. 基于纹理特征的 SPOT 5 影像水体提取方法研究. 人民黄河, (12): 5-6.

李晓强. 2013. 新技术在我国水土保持中的应用. 城市建设理论研究: 电子版, (13): 1-4.

陆慧, 曹明. 2013. 基于 ETM+和 ASTER 近红外波段的水体信息提取对比. 地理空间信息, (3): 131-134.

马建威, 孙亚勇, 陈德清, 等. 2017. 高分三号卫星在洪涝和滑坡灾害应急监测中的应用. 航天器工程, 26(6): 161-166.

毛先成, 熊靓辉, 高岛·勋. 2007. 基于 MOS-1b/MESSR 的洪灾遥感监测. 遥感技术与应用, 22(6): 685-689.

倪长健. 2011. 最优曲线投影动态聚类指标及在洪水分类中的应用——以南京站洪水为例. 灾害学, 26(2): 1-4.

潘世兵, 李纪人. 2008. 遥感技术在水利领域的应用. 中国水利, (21): 63-65.

沈秋, 高伟, 李欣, 等. 2019. GF-1 WFV 影像的中小流域洪涝淹没水深监测. 遥感信息, (1): 87-92.

汤玲英, 刘雯, 杨东, 等. 2018. 基于面向对象方法的 Sentinel-1A SAR 在洪水监测中的应用. 地球信息科学学报, (3): 377-384.

童庆禧. 1998. 遥感在 1998 年洪水监测中的作用. 气候与环境研究, (4): 27-35.

王大环, 刘洋, 刘志辉, 等. 2017. 基于熵权的模糊聚类模型在山区融雪洪水产流类型中的分类应用. 中国农村水利水电, (5): 114-117, 123.

王继和, 尚忠. 2007. 我国洪水的三种类型. 水利天地, (3): 39.

王伶俐, 陈德清. 2014. 2013 年黑龙江大洪水遥感监测分析. 水文, (5): 31-35, 93.

王鑫, 徐明君, 李可, 等. 2019. 一种有效的高分辨率遥感影像水体提取方法. 计算机工程与应用, (20): 145-151, 207.

卫正新, 李树怀. 1997. 不同林地林冠截留降雨特征的研究. 中国水土保持, (5): 19-31.

熊治平. 2004. 我国江河洪灾成因与减灾对策探讨. 中国水利, (7): 41-42.

徐涵秋. 2008. 从增强型水体指数分析遥感水体指数的创建. 地球信息科学, (6): 776-780.

许厚泽, 赵其国. 1999. 长江流域洪涝灾害与科技对策. 北京: 科学出版社.

许凯, 秦昆, 杜鹡. 2009. 利用决策级融合进行遥感影像分类. 武汉大学学报: 信息科学版, (7): 826-829.

杨存建, 魏一鸣, 王思远, 等. 2002. 基于 DEM 的 SAR 图像洪水水体的提取. 自然灾害学报, (3): 121-125.

杨骥, 韩留生, 陈水森, 等. 2018. 一种基于城市水体指数与分形几何算法的 OLI 遥感影像水体提取方法. 测绘通报, (4): 44-49.

杨卫莉, 郭雷, 许钟, 等. 2008. 基于区域生长和蚁群聚类的图像分割. 计算机应用研究, (5): 1579-1581.

占红. 2016. 城市不透水面的扩张对地表径流量的影响. 哈尔滨: 哈尔滨师范大学.

张宏群, 范伟, 苟尚培, 等. 2010. 基于 MODIS 和 GIS 的洪水识别及淹没区土地利用信息的提取. 灾害学, 25(4): 22-25.

章欣欣, 栾海军, 潘火平. 2015. 一种基于多波段距离加权的遥感影像时空融合方法及其在洪水监测中的应用. 自然灾害学报, 24(6): 105-111.

赵景波, 蔡晓薇, 王长燕. 2007. 西安高陵渭河近 120 年来的洪水演变. 地理科学, 27(2): 225-230.

赵书河, 冯学智, 都金康. 2003. 中巴资源一号卫星水体信息提取方法研究. 南京大学学报(自然科学), (1): 106-112.

周成虎. 1993. 洪涝灾害遥感监测研究. 地理研究, 12(2): 63-68.

周红妹, 吴健平. 1996. 应用 NOAA/AVHRR 资料动态监测洪涝灾害的研究. 遥感技术与应用, 11(2): 26-31.

周亚男, 朱志文, 沈占锋, 等. 2012. 融合纹理特征和空间关系的 TM 影像海岸线自动提取. 北京大学学报: 自然科学版, (2): 273-279.

Ahmad N, Ahsan N, Said S. 2019. Land use mapping of Yamuna river flood plain in Delhi using K-mean and spectral angle image classification algorithms. International Journal of Energy and Water Resources, 62: 63-68.

Amitrano D, Di Martino G, Iodice A, et al. 2018. Unsupervised rapid flood mapping using Sentinel-1 GRD SAR images. IEEE Transactions on Geoscience and Remote Sensing, 56(6): 3290-3299.

Barton I J, Bathols J M. 1989. Monitoring floods with AVHRR. Remote Sensing of Environment, 30(1): 89-94.

Bioresita F, Puissant A, Stumpf A, et al. 2019. Fusion of Sentinel-1 and Sentinel-2 image time series for permanent and temporary surface water mapping. International Journal of Remote Sensing, 40(23): 9026-9049.

Brakenridge R, Anderson E. 2006. MODIS-based flood detection, mapping and measurement: The potential for operational hydrological applications. Transboundary Floods: Reducing Risks Through Flood Management, 1-12.

Brook G A. 1983. Application of LANDSAT imagery to flood studies in the remote Nahanni karst, Northwest Territories, Canada. Journal of Hydrology, 61(1-3): 305-324.

Bui Q T, Nguyen Q H, Nguyen X L, et al. 2020. Verification of novel integrations of swarm intelligence algorithms into deep learning neural network for flood susceptibility mapping. Journal of Hydrology, 581: 124379.

Cohen S, Brakenridge G R, Kettner A, et al. 2018. Estimating floodwater depths from flood inundation maps and topography. Journal of the American Water Resources Association, 54: 847-858.

Craciunescu V, Stancalie G, Irimescu A, et al. 2016. MODIS-based multi-parametric platform for mapping of flood affected areas. Case study: 2006 Danube extreme flood in Romania. Journal of Hydrology and Hydromechanics, 64(4): 329-336.

Dao P D, Liou Y A. 2015. Object-based flood mapping and affected rice field estimation with Landsat 8 OLI and MODIS data. Remote Sensing, 7(5): 5077-5097.

Dao P D, Mong N T, Chan H P. 2019. Landsat-MODIS image fusion and object-based image analysis for observing flood inundation in a heterogeneous vegetated scene. GIScience and Remote Sensing, 56(8): 1148-1169.

De Groeve T. 2010. Flood monitoring and mapping using passive microwave remote sensing in Namibia. Geomatics, Natural Hazards and Risk, 1: 19-35.

Debusscher B, van Coillie F. 2019. Object-based flood analysis using a graph-based representation. Remote Sensing, 11(16): 1883.

Fayne J V, Bolten J D, Doyle C S, et al. 2017. Flood mapping in the lower Mekong River Basin using daily MODIS observations. International Journal of Remote Sensing, 38(6): 1737-1757.

Feyisa G L, Meilby H, Fensholt R, et al. 2014. Automated water extraction index: A new technique for surface water mapping using Landsat imagery. Remote Sensing of Environment, 140: 23-35.

Frappart F, Seyler F, Martinez J M, et al. 2005. Floodplain water storage in the Negro River basin estimated from microwave remote sensing of inundation area and water levels. Remote Sensing of Environment, 99(4): 387-399.

Gan X, Yong W, Yang T, et al. 2017. Influence of azimuth angle and water surface roughness on sar imagery of a bridge. Fort Worth: 2017 IEEE International Geoscience and Remote Sensing Symposium.

Ganaie H A, Hashaia H, Kalota D. 2013. Delineation of flood prone area using normalized difference water index (NDWI) and transect method: A case study of Kashmir Valley. International Journal of Remote Sensing, 3: 53-58.

Grimaldi S, Xu J, Li Y, et al. 2020. Flood mapping under vegetation using single SAR acquisitions. Remote Sensing of Environment, 237: 111582.

Hartigan J A, Wong M A. 1979. A K-Means clustering algorithm. Statistical Algorithm, 28(1): 100-108.

Horritt M, Mason D, Luckman A. 2001. Flood boundary delineation from synthetic aperture radar imagery using a statistical active contour model. International Journal of Remote Sensing, 22(13): 2489-2507.

Hospedales T, Gong S G, Xiang T. 2009. A Markov clustering topic model for mining behaviour in video. Kyoto: 2009 IEEE 12th International Conference on Computer Vision.

Islam M M, Sado K. 2002. Development priority map for flood countermeasures by remote sensing data with geographic information system. Journal of Hydrologic Engineering, 7: 346-355.

Jafarzadegan K, Merwade V. 2017. A DEM-based approach for large-scale floodplain mapping in ungauged watersheds. Journal of Hydrology, 550: 650-662.

Kasetkasem T, Phuhinkong P, Rakwatin P, et al. 2014. A flood mapping algorithm from cloud contaminated MODIS time-series data using a Markov random field model. Quebec City: 2014 IEEE Geoscience and Remote Sensing Symposium.

Lacaux J P, Tourre Y M, Vignolles C, et al. 2007. Classification of ponds from high-spatial resolution remote sensing: Application to Rift Valley Fever epidemics in Senegal. Remote Sensing of Environment, 106(1): 66-74.

Li L, Chen Y, Yu X, et al. 2015. Sub-pixel flood inundation mapping from multispectral remotely sensed images based on discrete particle swarm optimization. Journal of Photogrammetry and Remote Sensing, 101: 10-21.

Li Y, Martinis S, Plank S, et al. 2018. An automatic change detection approach for rapid flood mapping in Sentinel-1 SAR data. International Journal of Applied Earth Observation and Geoinformation, 73: 123-135.

Liu R, Chen Y, Wu J, et al. 2017a. Integrating entropy-based Naive Bayes and GIS for spatial evaluation of flood hazard. Risk Analysis, 37(4): 756-773.

Liu X, Sahli H, Meng Y, et al. 2017b. Flood inundation mapping from optical satellite images using spatiotemporal context learning and modest AdaBoost. Remote Sensing, 9(6): 617.

Long S, Fatoyinbo T E, Policelli F. 2014. Flood extent mapping for Namibia using change detection and thresholding with SAR. Environmental Research Letters, 9(3): 035002.

Malinowski R, Groom G, Schwanghart W, et al. 2015. Detection and delineation of localized flooding from WorldView-2 multispectral data. Remote Sensing, 7: 14853-14875.

Mattia F, Souyris J C, Toan T L, et al. 1997. On the surface roughness characterization for SAR data analysis. Singapore: 1997 IEEE International Geoscience and Remote Sensing Symposium Proceedings. Remote Sensing-A Scientific Vision for Sustainable Development.

McFeeters S K. 1996. The use of the normalized difference water index (NDWI) in the delineation of open water features. International Journal of Remote Sensing, 17(7): 1425-1432.

Ogashawara I, Curtarelliand M P, Ferreira C M. 2013. The use of optical remote sensing for mapping flooded areas. International Journal of Engineering Research and Application, 3: 1-5.

O'Grady D, Leblanc M, Gillieson D. 2011. Use of ENVISAT ASAR global monitoring mode to complement optical data in the mapping of rapid broad-scale flooding in Pakistan. Hydrology and Earth System Sciences, 15(11): 3475-3494.

Ohki M, Tadono T, Itoh T, et al. 2020. Flood detection in built-up areas using interferometric phase statistics of PALSAR-2 data. IEEE Geoscience and Remote Sensing Letters, (99): 1-5.

Olthof I, Tolszczuk-Leclerc S. 2018. Comparing Landsat and RADARSAT for current and historical dynamic flood mapping. Remote Sensing, 10: 780.

Pham B T, Phong T V, Nguyen H D, et al. 2020. A comparative study of Kernel logistic regression, radial basis function classifier, multinomial Naïve Bayes, and logistic model tree for flash flood susceptibility mapping. Water, 12(239): 1-21.

Pulvirenti L, Pierdicca N, Chini M, et al. 2011. An algorithm for operational flood mapping from synthetic aperture radar (SAR) data based on the fuzzy logic. Natural Hazard and Earth System Sciences, 11(2): 529-540.

Ramamoorthi A S, Rao P S. 1985. Inundation mapping of the Sahibi river flood of 1977. International Journal of Remote Sensing, 6(3-4): 443-445.

Rättich M, Martinis S, Wieland M. 2020. Automatic flood duration estimation based on multi-sensor satellite data. Remote Sensing, 12(4): 643.

Rosenqvist J, Rosenqvist A, Jensen K, et al. 2020. Mapping of maximum and minimum inundation extents in the Amazon Basin 2014–2017 with ALOS-2 PALSAR-2 ScanSAR time-series data. Remote Sensing, 12(8): 1326.

Sandro M, André T. 2010. A hierarchical spatio-temporal Markov model for improved flood mapping using multi-temporal X-Band SAR data. Remote Sensing, 2(9): 2240-2258.

Sanyal J, Lu X X. 2005. Remote sensing and GIS-based flood vulnerability assessment of human settlements: A case study of Gangetic West Bengal, India. Hydrological Processes, 19(18): 3699-3716.

Senthilnath J, Bajpai S, Omkar S N, et al. 2012. An approach to multi-temporal MODIS image analysis using image classification and segmentation. Advances in Space Research, 50(9): 1274-1287.

Sghaier M O, Hadzagic M, Patera J. 2019. Fusion of SAR and multispectral satellite images using multiscale analysis and Dempster-Shafer theory for flood extent extraction. Ottawa: 2019 22th International Conference on Information Fusion (FUSION).

Shao J, Gao H, Wang X, et al. 2020. Application of Fengyun-4 Satellite in flood disaster monitoring through rapid multi-temporal synthesis approach. Journal of Meteorological Research, 34:

720-731.

Singh K V, Setia R, Sahoo S, et al. 2015. Evaluation of NDWI and MNDWI for assessment of waterlogging by integrating digital elevation model and groundwater level. Geocarto International, 30(6): 650-661.

Singha M, Dong J, Sarmah S, et al. 2020. Identifying floods and flood-affected paddy rice fields in Bangladesh based on Sentinel-1 imagery and Google Earth Engine. Journal of Photogrammetry and Remote Sensing, 166: 278-293.

Sivanpillai R, Jacobs K M, Mattilio C M, et al. 2020. Rapid flood inundation mapping by differencing water indices from pre-and post-flood Landsat images. Frontiers of Earth Science, (1): 1-11.

Takeuchi S, Konishi T, Suga Y, et al. 1999. Comparative study for flood detection using JERS-1 SAR and Landsat TM data. Hamburg: IEEE 1999 International Geoscience and Remote Sensing Symposium.

Tan Z, Li Y, Xu X, et al. 2019. Mapping inundation dynamics in a heterogeneous floodplain: Insights from integrating observations and modeling approach. Journal of Hydrology, 572: 148-159.

Tanaka M, Sugimura T, Tanaka S, et al. 2010. Flood drought cycle of Tonle Sap and Mekong Delta area observed by DMSP-SSM/I. International Journal of Remote Sensing, 24(7): 1487-1504 .

Tanguy M, Chokmani K, Bernier M, et al. 2017. River flood mapping in urban areas combining Radarsat-2 data and flood return period data. Remote Sensing of Environment, 198: 442-459.

Tian R, Cao C, Peng L, et al. 2014. The use of HJ-1A/B satellite data to detect changes in the size of wetlands in response in to a sudden turn from drought to flood in the middle and lower reaches of the Yangtze River system in China. Geomatics Natural Hazards and Risk, 7(1): 287-307.

Tian Y. 2013. 基于活动轮廓模型的洪水水体遥感信息提取方法研究. 北京: 北京大学.

Tong X, Luo X, Liu S, et al. 2018. An approach for flood monitoring by the combined use of Landsat 8 optical imagery and COSMO-SkyMed radar imagery. Journal of Photogrammetry and Remote Sensing, 136: 144-153.

Twele A, Cao W, Plank S, et al. 2016. Sentinel-1-based flood mapping: A fully automated processing chain. International Journal of Remote Sensing, 37(13): 2990-3004.

Volpi M, Petropoulos G P, Kanevski M. 2013. Flooding extent cartography with Landsat TM imagery and regularized kernel Fisher's discriminant analysis. Computers and Geosciences, 57: 24-31.

Wan L, Liu M, Wang F, et al. 2019. Automatic extraction of flood inundation areas from SAR images: A case study of Jilin, China during the 2017 flood disaster. International Journal of Remote Sensing, 40(13): 5050-5077.

Xu H. 2006. Modification of normalised difference water index(NDWI)to enhance open water features in remotely sensed imagery. International Journal of Remote Sensing, 27(14): 3025-3033.

Zhang F, Zhu X, Liu D. 2014. Blending MODIS and Landsat images for urban flood mapping. International Journal of Remote Sensing, 35 (9) : 3237-3253.

Zhang M, Chen F, Liang D, et al. 2020. Use of Sentinel-1 GRD SAR images to delineate flood extent in Pakistan. Sustainability, 12 (14) : 1-19.

Zhang M, Li Z, Tian B, et al. 2015. A method for monitoring hydrological conditions beneath herbaceous wetlands using multi-temporal ALOS PALSAR coherence data. Remote Sensing Letters, 6 (8) : 618-627.

Zhang M, Li Z, Tian B, et al. 2016. The backscattering characteristics of wetland vegetation and water-level changes detection using multi-mode SAR: A case study. International Journal of Applied Earth Observation and Geoinformation, 45 (Part A) : 1-13.

Zhao L, Yang J, Li P, et al. 2014. Seasonal inundation monitoring and vegetation pattern mapping of the Erguna floodplain by means of a RADARSAT-2 fully polarimetric time series. Remote Sensing of Environment, 152: 426-440.

Zhu L, Walker J P, Ye N, et al. 2019. Roughness and vegetation change detection: A pre-processing for soil moisture retrieval from multi-temporal SAR imagery. Remote Sensing of Environment, 225: 93-106.

第 6 章

海洋灾害遥感信息提取的理论与方法

6.1 海洋灾害遥感概述

6.1.1 海洋灾害概述

1. 海洋灾害成因

海洋灾害是指海洋自然环境发生异常或激烈变化，导致在海上或海岸发生的灾害。引发海洋灾害的原因主要有：大气的强烈扰动，如热带气旋、温带气旋等；海洋水体本身的扰动或状态骤变；海底地震、火山爆发及其伴生的海底滑坡、地裂缝等。海洋自然灾害不仅威胁海上及海岸，有些还危及沿岸城乡经济和人民生命财产的安全。例如，强风暴潮所导致的海侵(即海水上陆)，影响范围在我国少则几千米，多则 20～30km，甚至达 70km，某次海潮曾淹没多达 7 个县。上述海洋灾害还会在受灾地区引起许多次生灾害和衍生灾害，如风暴潮引起海岸侵蚀、土地盐碱化；海洋污染引起生物毒素灾害等。

2. 海洋灾害的具体表征

海洋灾害主要包括风暴潮、海浪、海冰、海啸、赤潮、海上溢油以及热带气旋与温带气旋和冷空气大风等所造成的突发性海上和海岸灾害。台风是热带气旋的一种。气象学上，台风专指在北太平洋西部(国际日期变更线以西，包括南中国海)上发生，中心持续风速达到 12 级及以上(32.6m/s 以上)的热带气旋，多伴有狂风暴雨，给受影响地区造成严重灾害。台风发源于热带海面，那里温度高，大量的海水被蒸发到了空中，形成一个低压中心。随着气压的变化和地球自身的运动，流入的空气也旋转起来，形成一个逆时针旋转的空气旋涡，这就是热带气旋。只要气温不下降，这个热带气旋就会越来越大，最后形成台风。风暴潮指的是由强烈大气扰动，如热带气旋、温带气旋等引起的海面异常升高现象。如果风暴潮恰好与天文潮相叠,加之风暴潮往往带有狂风巨浪,致使其影响所及的滨海区域潮水暴涨,狂风巨浪冲毁海堤、江堤,吞噬码头、工厂、城镇和村庄,从而酿成巨大灾难。有人称风暴潮为"风暴海啸",我国历史文献中把风暴潮称为"海溢""海侵""大海潮"等,把风暴潮灾称为"潮灾"。风暴潮的空间范围一般由几十千米至上千千米,时间尺度或周期为 1~100h。海浪是指由风产生的海面波动,其周期为 0.5~25s,波长为几十厘米至几百米,波高一般为几厘米至 20m,在罕见的情况下,波高可达 30m。由强烈大气扰动,如热带气旋、温带气旋和强冷空气大风引起的海浪,在海上能掀翻船舶、摧毁海上工程和海岸工程,给航海、海上施工、海上军事活动、海上捕捞等带来灾害。据统计,1955~1982 年,由狂风巨浪在全球范围内翻沉的石油钻井平台有 36 座。海啸在滨海区域表现形式是海水陡涨,骤然形成向岸行进的"水墙",伴随着隆隆巨响,瞬时侵入滨海陆地,吞没良田和城镇、村庄,然后海水又骤然退去,或先退后涨,有时反复多次,造成生命财产的巨大损失。海啸前还常伴有地震灾害发生。海啸是太平洋及地中海沿岸国家滨海地区最猛烈的海洋自然灾害之一。海冰灾害是由数天、十几天甚至入冬以后长期持续低温造成的。一次灾害过程持续的时间比较长,少则三五天,多则两个月。21 世纪以来,渤海共发生 5 次严重冰情,造成了海上严重灾害损失。

赤潮是海水中某些小的浮游植物、原生动物或细菌,在一定的环境条件下突发性地增殖聚积,引起一定范围内一段时间的海水变色现象。通常水体颜色依赤潮的起因、生物的种类和数量而呈红色、黄色、绿色和褐色等不同颜色,所以赤潮并不一定都呈红色。赤潮的发生给海洋环境、海洋渔业和养殖业造成严重的危害和损失,也给人类健康和生命安全带来威胁。目前已知道的有毒赤潮生物有 36 种,其中甲藻纲 31 种,绿色鞭毛藻纲 5 种,金藻纲 2 种。我国 1933 年首次报道在浙江省宁波市镇海区至台州市石浦近海发生赤潮。以后,在南海、东海、黄海和渤海都有过赤潮报道。

3. 海洋灾害的危害

我国是一个海岸线长、人口众多、经济发达的海洋大国,也是世界上遭受海洋灾害影响最严重的国家之一,各类海洋灾害给我国沿海经济社会发展和海洋生态带来了诸多不利影响。其中,灾害性海浪、风暴潮、海冰、海啸等海洋动力灾害是对全球沿海各国危害最大的自然灾害,也是对我国沿海地区造成破坏和损失最大的自然灾害之一。据《中国海洋灾害公报》(2000~2019 年)报道,21 世纪以来海洋动力灾害造成我国人员死亡 4000 余人,直接经济损失达 2500 多亿元。2019 年各类海洋灾害中,造成直接经济损失最严重的是风暴潮灾害,占总直接经济损失的 99%。人员死亡(含失踪)多由海浪灾害造成。在全球变暖和海平面上升的背景下，海洋动力灾害发生的特征规律、致灾机理和影响程度等都出现了新的变化，灾害的群发性、难以预见性和灾害链效应日显突出，给世界各国带来的损失呈现逐年上升的趋势。

在其他海洋灾害方面，近几年我国沿海地区赤潮的发生比较频繁，严重地破坏了海洋渔业资源和渔业生产，恶化海洋环境，损害海滨旅游业，给海洋经济造成较大损失。近岸海域的石油开发和溢油事故，如 2010 年 7 月大连新港的输油管道爆炸溢油事故、2011 年 6 月 "19-3" 平台溢油事故、2018 年 1 月 "桑吉" 轮碰撞造成的溢油，也给海洋生态环境带来了负面影响。随着海洋经济的快速发展，沿海地区海洋灾害风险进一步加剧，海洋防灾减灾形势严峻。因此，开展海洋灾害研究，对于采取措施减轻其影响、促进沿海地区经济社会可持续发展具有重要意义。

6.1.2　灾害遥感在海洋灾害中的应用

热带气旋引起的风暴潮、海啸等海洋动力灾害的管理计划一般可以划分为四个阶段：预防、准备、响应、恢复。预防和准备是灾前阶段，响应和恢复是灾后阶段。预防和准备阶段主要通过采取适当的措施和规划，减少热带气旋灾害发生的可能性和影响。海洋灾害风险管理能够在脆弱性、灾害和减灾评估及建模等背景下生成灾害预防和准备阶段所需的关键信息。20 世纪末，自然灾害风险评估就成为各国防灾减灾普遍关注的热点问题，国际减灾战略也把灾害风险、脆弱性和影响评估确定为优先开展的重点工作之一。准备阶段还包括热带气旋的跟踪和预报，以便为灾害预警系统提供所需的信息。响应阶段包括疏散、救灾、搜救和自然资源管理，为尽量减少灾害产生的影响，应在灾害期间和之后立即进行。作为响应阶段的重要工作，灾害影响综合评估能够为灾害响应提供支持性信息。恢复阶段包括受灾地区的恢复和重建，特别是废墟清除和植被再生情况、定居点和建筑物重建状况等的监测。

遥感和空间分析技术可以为海洋动力灾害管理的各个阶段提供有价值的信息来源。例如，空间分辨率优于 5m 的卫星影像可以用于热带气旋灾害影响和灾后恢复重建进展的监测。通过遥感影像评估可以获得受灾区域空间位置、类型和强度、受影响面积和结构的比例等信息，以及灾后恢复评估阶段的废墟清除、植被再生和重建信息。利用卫星遥感和空间分析工具可以跟踪和预报热带气旋。通过气旋灾害预测、脆弱性和未来可能的气候条件下的减灾能力评估和建模，卫星遥感和空间分析技术还可用于辅助风险管理措施的制定。

此外，基于卫星遥感覆盖范围广、快速、同步的优势，通过对卫星遥感影像数据进行处理、解译、分析，可及时获取赤潮、绿潮、海冰、溢油的大致位置、规模及动态等信息，卫星遥感技术近年已经被大量用于以上灾害的探测监测及预

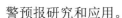

警预报研究和应用。

6.1.3 海洋灾害遥感信息提取国内外研究进展

国际上自 20 世纪 70 年代开始重点发展海洋动力灾害数值预报预警技术，逐渐构建了较完善的预报模式和系统，建立了风暴潮、海啸等灾害的数值预报能力 (Kohno et al., 2018)。美国国家海洋和大气管理局、美国国家飓风中心等部门基于 SLOSH(sea, lake, and overland surges from hurricanes)模型模拟不同路径和强度等级的热带气旋引起的风暴潮灾害，并提供风暴潮概率产品和最大可能增水产品等，并在此基础上发展综合海浪、潮汐、风暴潮、淡水等信息的风暴潮预报系统。2017年，它们利用地理信息系统技术，结合社会属性信息发布了"哈维"飓风的风暴潮灾害风险图(Kohno et al., 2018)。针对风暴潮和海啸灾害，日本气象厅等部门综合分析土地利用、孕灾环境、风暴潮致灾因子危险性以及沿岸承灾体分布现状，制作了最大淹没范围、淹没水深分布图以及应急疏散图等产品，服务于日本政府相关的灾害预警预报和决策支持(石先武等, 2013)。我国自 20 世纪 60 年代开始风暴潮、海浪研究，在国家"七五""八五""十五""十一五"等重大科技计划项目的大力支持下，在海洋数值预报和预警技术方面取得了实质性进展，以中国科学院、高校和国家海洋局为代表的多家研究机构利用数值预报、遥感和地理信息系统等技术研发了海洋动力灾害预警预报系统并进行了业务化应用。2012 年，国家海洋局发布了《风暴潮、海浪、海啸和海冰灾害应急预案》，2015 年进行了修订实施。2019 年 12 月 31 日，自然资源部在《风暴潮、海浪、海啸和海冰灾害应急预案》的基础上修订印发《海洋灾害应急预案》，初步形成了我国海洋动力灾害的防灾减灾体系。"十二五"期间，国家海洋局在"海洋灾情快速评估和综合研判系统研发与应用示范"等科研专项项目支持下，开展了海洋动力灾害灾情评估工作。"十三五"国家重点研发计划海洋环境安全保障重点专项提出，重点构建国家海洋环境安全平台技术体系，实现平台业务试运行，支持风暴潮等重大海洋灾害与突发事件应对。"重大海洋动力灾害致灾机理、风险评估、应对技术研究及示范应用"等项目获得立项，进一步推动了海洋动力灾害研究和防灾减灾工作。

卫星雷达高度计、微波成像仪等可以穿透云雨获得全天候观测数据，在热带气旋及海洋动力灾害的观测和预报中发挥了重要的作用。2004 年 12 月底印度尼西亚苏门答腊岛西北海岸发生里氏 9.0 级地震，引发印度洋沿岸的印度尼西亚、斯里兰卡、泰国、印度等国家先后遭受强烈海啸，其中印度尼西亚亚齐省是遭受海啸灾害最严重的地区之一。在印度洋海啸发生 2h 5min 后，由 TOPEX/Poseidon 卫星的星下点地面轨迹及测高数据确定相对于前几个月的平均海面高度。海啸发生 2h 后根据 JASON-1 卫星的星下点地面轨迹及测高数据确定相对于前几个月平均海面高度。两个测高卫星均观测到了非常明显的海啸波高，海啸的前端显示出约 60cm 的波高。由 ENVISAT 和 GFO(GEOSAT-Follow-On)卫星的测高数据也得到了类似的结果，但获得的信号较弱，因为卫星通过该地区分别是在海啸发生后 3 个多小时和 7 个多小时后。2005 年 8 月 29 日"卡特里娜"飓风发生前，GOES-12 静止轨道气象卫星于 25～27 日之间拍摄到空中云层和"风眼"在经过美国墨西哥湾沿海地区时被增强了。这种变化过程是一类很常见的气象信息，为预报员提供了风暴轨迹。利用 TOPEX、Jason-1、ERS-2、ENVISAT 以及 GFO 等卫星上的雷达高度计对沿每颗卫星星下点轨迹的一系列点(采样点处于卫星交叠区半径 2～5km 范围内)测量风速、波高和海面高度在 25 日、26 日和 27 日三天的变化图，显示"卡特里娜"飓风的风速和波高在经过美国墨西哥湾时都增强了。"桑达"台风于 2011 年 5 月 22 日凌晨在菲律宾马尼拉东南部的西北太平洋洋面上生成，之后逐渐向菲律宾吕宋岛和我国台湾岛东部一带海面靠近，于 24 日加强为台风，28 日在台湾岛东部转向北偏东方向移动，并于 29 日在日本沿岸减弱为热带风暴，之后变性为温带气旋。"桑达"台风在 5 月 26～27 日期间达最大强度，强度指数接近 60。搭载于 FY-3B 卫星上的微波成像仪(MWRI)通道特征与美国 Aqua 卫星搭载的 AMSR-E 通道及 TRMM 卫星搭载的 TMI 通道都较为相似，从低频至高频共覆盖 10.65～89GHz 频段内的 5 个频点，均含双极化信息，共计 10 个通道。MWRI 扫描宽度为 1400km，扫描角为 45°，扫描周期约 1.7s，每条扫描线采样点数为 254，89GHz 空间分辨率最高，可达 10km 左右。MWRI 和 AMSR-E 两种传感器分别获取了 1102 号"桑达"台风资料。1102 号"桑达"台风也是 FY-3B 卫星观测到的第一次强台风。

卫星遥感观测资料同化对热带气旋预报精度的提高具有重要的意义。卫星微波探测器具有部分穿透云层、高时空分辨率、高光谱分辨率及全天候定量化观测的特点，利用快速辐射传输模式(the community radiative transfer model，CRTM)作为观测算子可以将该观测资料有效糅合进数值模式并提高数值预报水平(李明星等，2017)。"桑迪"是 2012 年大西洋飓风季节的第 18 号飓风。2012 年 10 月 22 日在西加勒比海洋中部上空形成一个热带旋涡。6h 后风力迅速加强并被命名为热带风暴"桑迪"，并缓慢向北移动。24 日"桑迪"增强为 1 级飓风并在牙买加登陆。几小时后在牙买加以北的水域进一步加强为 2 级飓风并猛烈袭击古巴岛东部。25 日"桑迪"袭击古巴且其风力减弱为 1 级飓风。26 日其横扫巴哈马、海地等地。此后它在巴哈马北部附近进行轻微的西北向移动。27 日很快增强为 1 级飓风。29 日清晨"桑迪"转向西北方直奔美国东海岸，于 29 日晚 8 时在美国新泽西州大西洋城西南处登陆。随后横扫美国东海岸，被媒体一致称为超级风暴"桑迪"(王虹，2012)。"桑迪"登陆后继续西行并穿过宾夕法尼亚州，于 31 日衰变为热带低压。在历时 9 天的时间里，"桑迪"最大瞬时风速达 177.1km/h，最低中心气压为 940hPa，最大风速直径为 1770.3km，是大西洋有史以来影响范围最大的飓风。此次台风移动经过的地方多发生狂风暴雨、暴雪、洪水等灾害。Islam 等（2016）以 2012 年飓风"桑迪"为例，将卫星微波探测器所获取的观测资料与数值模式相结合，利用 3DVAR 对 AMSU-A（the advanced microwave sounding unit-A）卫星辐射率资料进行同化，结果表明 AMSU-A 微波辐射率资料同化可以显著改进对飓风路径的预报。

在灾后评估方面，通过遥感技术和卫星图片可判断洪水过后灾区可通行街道的情况，以及哪里适合设置避难区域。英国 DMC（disaster monitoring constellation）联盟是英国某卫星技术有限公司发起组织的国际遥感小卫星组织，每个成员国将发射一颗 32m 分辨率的多光谱卫星组成卫星群对地球进行资源环境灾害监测（龙艳等，2006）。在中华人民共和国科学技术部国家遥感中心的组织下，利用英国 DMC 小卫星获取的 2005 年 1 月 7 日印度尼西亚苏门答腊岛的遥感影像，视角为 0.0°，地面分辨率为 32m，投影方式为 WGS 84 / UTM zone 47N，对地震海啸灾害最严重的印度尼西亚亚齐省进行了监测分析（张永红等，2005）。DMC 小卫星星座提供了卫星每日访问性能，进行大范围监测的优势极为明显。结合收集到的该地区 2001 年灾前的 Landsat ETM+遥感影像，对亚齐省进行了监测和快速评估（刘亚岚等，2005）。通过比较斯里兰卡的加勒城市在海啸前后的 IKONOS-2 卫星图像和 QuickBird 卫星图像来判断该城市内建筑物的损坏情况。

赤潮的发生会对海洋环境和渔业资源造成严重的危害，也会给人类健康和安全带来不良影响。国外赤潮卫星遥感技术的研究从 20 世纪 70 年代开始，经过 40 多年的发展，已经可以通过遥感监测赤潮整个长消过程。我国的赤潮卫星遥感研究起步较晚，赤潮遥感监测应用始于 20 世纪 80 年代末期，1989 年中国遥感卫星地面站接收并处理了渤海海区赤潮 TM 图像，展示了利用卫星遥感技术监测赤潮的可能性。

6.2 海洋灾害遥感信息提取的主要原理与方法

6.2.1 海洋灾害遥感信息提取的原理

卫星遥感具备大面积、全天候和全天时观测的优势，是监测台风的有效手段。海洋卫星上搭载的微波散射计能够获取全球的海面风场，进而可监测台风移动路径，并识别台风中心。利用微波散射计进行台风中心提取时，主要有两种方法：一是通过区域风场的风速进行提取。针对有眼台风，通过观察风场风速的分布，寻找高风速区域中的极小值，可以快速、有效并且高精度地获取台风中心。二是通过区域风场风向进行提取。由于台风天气有明显的气旋式涡旋结构，风向通常旋涡式指向台风中心，通过寻找旋涡指向中心，也能够确定台风中心。但由于台风区域通常伴随着较强的降雨，对海面后向散射产生较强影响，有时通过风速与风向确定的台风中心位置可能不重合。HY-2A 卫星主载荷之一的微波散射计能够进行台风和风暴潮的监测。HY-2A 微波散射计顺利完成 2012～2014 年全部台风的监测任务，在每次台风的生命周期中，至少对其完成一次观测，3 年共计捕获 79 次台风，为业务和科研提供了准确的数据源。HY-2A 微波散射计有效完成了对"北冕"台风整个过程的监测，卫星观测的海面风场清晰反映了台风位置和强度信息。2012 年形成于大西洋洋面上的一级飓风"桑迪"，因其侵袭美国东部，造成严重灾害而受到关注。"桑迪"飓风 10 月 28～30 日横扫美国东部海岸，HY-2A 卫星在 27 日成功观测到该飓风及其移动方向，这为有效地防范飓风在 28 日登陆提供了预警时间。

风暴潮是发生在沿海近岸的一种严重的海洋自然灾害。它是在强烈的空气扰动下所引起的海面增高，这种升高与天文潮叠加时，海水常常暴涨造成自然灾害。风暴潮会导致近海及沿岸浅水域水位猛烈增长，当风暴潮与天文潮叠加后的水位超过沿岸"水位警戒线"时，会造成海水外溢，甚至泛滥成灾，造成人民生命财产以及工业、农业、海业、交通运输等方面的巨大损失。有效地对风暴潮进行预警报，是预防和减小风暴潮损失的关键。风暴潮预警报的关键是如何将预报出的风暴增水值叠加到相应的天文潮位上。通常采取的做法是，风暴潮预报员根据热带气旋预测的移动速度和热带气旋强度，计算出某个时刻热带气旋中心位置是否有利于热带气旋引发某个验潮站产生最大风暴潮增水，然后将该时刻的风暴潮增水值叠加到对应的天文潮位上。上述预报方法的关键是精确地确定热带气旋的移动速度、强度和移动路径。其中，热带气旋越强、风速越大，风暴潮增水也就越大，特别是风暴潮和天文潮高潮叠加时，会引起沿海水位暴涨，造成的危害也就越大。海洋卫星上搭载的微波散射计在热带气旋的观测中具有明显的优势，能够观测热带气旋的风速和风向，对涡旋特征进行识别和定位，并能够实时监测热带气旋移动路径。利用微波散射计提供的风场和气旋位置等信息，根据最小二乘原理，用模型风场拟合卫星风场数据，得到一个最大风速半径 R，然后利用风暴潮模式进行计算，可得到沿岸风暴潮增水值。

灾害性海浪是指那些能够在海上或者岸边引起灾害损失的海浪。通常指的灾害性海浪是指海上波高达 6m 以上的海浪。中国近海每年灾害性海浪都会造成大量的经济损失和人员伤亡。2017 年中国近海共出现 34 次灾害性海浪，造成 11 人死亡，经济损失 0.27 亿元。水下地震、火山爆发或水下塌陷和滑坡等激起的巨浪，在涌向海湾内和海港时所形成破坏性的大浪称为海啸。海啸是一种破坏性极强的海浪，能够带来巨大的经济损失。因此，实时地对海浪进行监测是防范海啸的一种有效手段。卫星雷达高度计能够提供全球海洋有效波高和海面高度信息，可为灾害性海浪、海啸的预警报提供可靠的观测数据。2012 年 4 月 11 日中国地震台网测定，北京时间 16 时 38 分，印度尼西亚苏门答腊岛北部附近海域(2.3°N，93.1°E)发生里氏 8.5 级地震，震源深度为 20km。11 日当天再次发生里氏 8.2 级强震。利用 HY-2A 卫星雷达高度计实现了印度尼西亚地震前后有效波高(significant wave height, SWH)的监测，在此期间国外的卫星高度计也获得了观测数据。地震前后，全球范围内，特别是地震最有可能引发海啸的印度洋海域 SWH 变化不大，不超过 1m。根据比较结果，可以初步判定在印度洋海域不会发生海啸。美国太平洋海啸预警中心在发布了海啸预警信息后，随后取消了针对印度洋相关地区的海啸预警，由此验证了利用 HY-2A 卫星观测数据分析后得出不会发生海啸的结论，从而也证明了 HY-2A 具备提供海啸预警报的能力。通过 HY-2 系列卫星可有效解决风暴潮、海平面上升、灾害性海浪、台风和海啸等与海洋动力环境相关的海洋灾害的业务化监测。

开展赤潮遥感探测的主要依据是赤潮水体与正常水体光谱特性的差异。利用遥感探测海面水色水温的异常，结合赤潮引起的异常光谱特征，监测赤潮发生区域中心和范围。由于海洋现象具有海洋空间尺度大、变化周期长、直接观察难的特点，传统监测方法的周期太长、精度不够高，具有很大的局限性，且效果并不十分理想。而利用卫星遥感技术的实时性、大尺度、快速和长时间连续的特点，则可以比较快速地监测赤潮，从而尽可能地降低赤潮的危害。

6.2.2 主要数据

1. 微波散射计

星载微波散射计是一种专门监测全球海面风场的主动微波雷达传感器，表 6.1 列出了一些国际上成功发射的星载微波散射计。NASA 于 1978 年 6 月发射了 Seasat-A 卫星，上面搭载了星载微波散射计 SASS，在轨运行 99 天，SASS 是首颗业务化运行的星载微波散射计，其采用了扇形波束体制。欧洲航天局于 1991 年 7 月发射了搭载有 C 波段扇形波束微波散射计 AMI 的 ERS-1 卫星，四年后又发射了一颗 ERS-2 卫星，同样搭载了 AMI 散射计。1996 年 8 月，日本的 ADEOS-1 卫星发射成功，上面搭载了由 NASA 帮助研制的扇形波束扫描体制散射计 NSCAT，在轨运行时间约为 10 个月。NASA 于 1999 年 6 月发射一颗搭载有 SeaWinds 散射计的 QuikSCAT 卫星来填补 ADEOS-1 失效至 ADEOS-2 正常运行期间的数据空白，QuikSCAT 卫星于 2009 年 11 月停止运行。2002 年 12 月发射的 ADEOS-2 卫星搭载 SeaWinds 散射计，工作了 10 个月后停止运行。2006 年欧洲航天局发射了搭载有 ASCAT 散射计的 Metop-A 卫星。2009 年 9 月，印度发射的 Oceansat-2 卫星上装备了一台与 SeaWinds 类似的圆锥扫描体制散射计。

表 6.1　星载散射计及主要特征参数

特征	Seasat-A	ERS-1	ERS-2	NSCAT	SeaWinds on QuikSCAT	SeaWinds on ADEOS II	ASCAT
工作频率/GHz	Ku 波段	C 波段	C 波段	Ku 波段	Ku 波段	Ku 波段	C 波段
	14.6	5.255	5.255	13.995	13.402	13.402	5.255
空间分辨率	50km×50km 以 100km 为间隔	50km×50km	50km×50km	25km×25km	25km×25km	25km×6km	25km×25km
扫描特征	刈幅	100km	500km	500km	1200km	1800km	1000km
日覆盖	可变	41%	41%	77%	93%	93%	60%
服务期	1978.7～1978.10	1991.8～1997.5	1995～2001.1	1996～1997.6	1999.6 至今	2002.12～2003.10	2007.5 至今

2. 微波成像仪

SSM/I 和 SSMIS(表 6.2)是美国设计的卫星微波辐射计。自 1987 年以来，这一系列仪器搭载在近极地轨道的国防气象卫星计划(DMSP)卫星上。目前使用的仪器有 F15、F16、F17 和 F18。利用微波辐射计可以获得海洋表面风速，以及大气水汽、云中液态水等数据。基于 SSM/I 的设计，美国和日本于 1997 年 11 月联合发射的 TRMM 卫星上搭载的微波成像仪 TMI 是一个 5 个频率、9 个通道的微波辐射计。2002 年 5 月，美国发射 Aqua 卫星，搭载先进的微波扫描辐射计 AMSR-E，它是一个 12 通道、6 频率的被动微波辐射计，能够以垂直和水平极化测量 6.925 GHz、10.65 GHz、18.7 GHz、23.8 GHz、36.5 GHz 和 89.0 GHz 的亮度温度。2003 年，美国发射 Coriolis 卫星，搭载全球第一个星载全极化微波辐射计。2011 年，AMSR-2 接替 AMSR-E 执行对地观测任务。2014 年全球降水测量卫星GPM 发射成功，搭载微波成像仪 GMI。中国的星载微波辐射计研制工作起步稍晚，FY-3B/C Ⅱ卫星搭载的微波成像仪(MWRI)有 5 个频率，每个频率以两个极化模式获取数据。其中，10.65GHz、18/7GHz、23.8GHz、36.5GHz 对风速比较敏感，能够用于获取全球海面风速。

表 6.2   SSM/I 和 SSMIS 微波辐射计运行时间

卫星	传感器	开始时间(年.月)	结束时间(年.月)
F08	SSM/I	1987.7	1991.12
F10	SSM/I	1990.12	1997.11
F11	SSM/I	1991.12	2000.5
F13	SSM/I	1995.5	2009.11
F14	SSM/I	1997.5	2008.8
F15	SSM/I	1999.12	—
F16	SSMIS	2003.10	—
F17	SSMIS	2006.12	—
F18	SSMIS	2009.10	—
F19	SSMIS	2014.4	2016.2

注：一代表至今仍在运行

3. 卫星高度计

1992 年 8 月 NASA 和法国 CNES 联合发射了 TOPEX/Poseidon 卫星(表 6.3)，主要搭载双频(13.6GHz 和 5.3GHz)高度计，通过双频波段来校正电离层的误差，为了提高高度计的跟踪能力，采用了数字滤波技术和自适应门跟踪技术，其测高精度达到 0.02～0.03m。欧洲航天局于 1991 年发射 ERS-1 卫星，其主要目的是测量海洋基本要素，测高精度为 5cm，后续又发射了其后继星 ERS-2 以及 ENVISAT。ENVISAT 卫星高度计的测量精度优于前两个，与 T/P 卫星的测高精度相当。为了获取高精度的海平面高度以及为海洋气候提供科学依据，T/P 卫星的后继星 Jason-1 和 Jason-2 分别被发射，进一步提高了定轨精度，可提供更为精确的观测数据。

表 6.3　卫星高度计及主要特征参数

卫星平台	高度计	发射国家、地区或机构	发射时间(年.月)	周期
Skylab	S-193	美国	1973.5	—
GEOS-3	ALT	美国	1975.4	—
Seasat	ALT	美国	1978.6	3d、17d
GEOSAT	Radar ALT	美国	1985.3	23d、17d
ERS-1	RA-1	欧洲	1991.7	35d、168d
TOPEX/Poseidon	Poseidon-1	美国和法国	1992.8	10d
ERS-2	RA-1	欧洲	1995.4	35d、168d
Mir-Pirroda	Greden	俄罗斯	1996.6	89min
GFO	RA	美国	1998.2	17d
Jason-1	Poseidon-2	美国和法国	2001.12	10d
ENVISAT	RA-2	欧洲	2002.2	35d
Jason-2	Poseidon-3	美国	2008.6	10d
CryoSat-2	SIRAL	ESA	2010.4	—
HY-2	MIRSLAB	中国	2011.7	14d
SARAL	Altika	ISRO/CNES	2013.5	35d
Jason-3		CNES/NOAA/EUMETSA	2016.1	10d
Sentinel-3A		ESA	2016.3	27d
SWOT	KaRIN	CNES/NASA	2020.4	121d

2011 年 8 月我国海洋二号卫星 HY-2A(表 6.4)成功发射，它是我国第一颗业务化运行的海洋动力环境卫星，其测高精度为 0.02～0.03m，与 Jason-1 和 Jason-2 的测量精度相当。该卫星集主、被动微波遥感器于一体，具有高精度测轨、定轨能力以及全天候、全天时、全球探测能力。卫星主要载荷有雷达高度计、微波散射计、扫描辐射计、校正辐射计。主要使命是监测和调查海洋环境，获得海面风场、浪高、海流、海面温度等多种海洋动力环境参数，直接为灾害性海况预警预

报提供实测数据,为海洋防灾减灾、海洋权益维护、海洋资源开发、海洋环境保护、海洋科学研究以及国防建设等提供支撑服务(蒋兴伟等,2014)。在其基础之上,海洋二号 B 卫星(HY-2B)是我国第二颗海洋动力环境卫星,于 2018 年 10 月发射,设计寿命为 5 年,在观测精度、数据产品种类和应用效能方面均有大幅提升。

表 6.4　HY-2A 主要技术参数

卫星平台参数	轨道参数	仪器参数
卫星质量 1575kg,设计寿命 3 年	太阳同步轨道,高度 973km,倾角 99.34°	雷达高度计:工作频率 13.58GHz、5.25GHz,空间分辨率 2km
微波散射计:工作频率 13.26GHz,空间分辨率 50km	扫描辐射计:工作频率 6.6～13.26GHz,空间分辨率 25～100km	校正辐射计:三频段,工作频率 18.7～37GHz

4. 海洋水色遥感监测传感器

海洋水色遥感是利用机载或者星载传感器探测与海洋水色有关的参数的光谱辐射,根据生物光学特性求得海水中叶绿素 a 浓度和悬浮物含量等海洋环境要素的一种技术。赤潮的遥感研究是从 CZCS 传感器开始的,之后还有大量专家学者利用 AVHRR、SeaWiFS、MODIS、MERIS 等传感器对赤潮进行研究。

1978 年 NASA 的海岸带彩色扫描仪(CZCS)的成功发射,标志着海洋水色遥感的开始。虽然在此之前也有不少用于海洋水色监测的传感器,但它们的波段设置、空间分辨率及其他传感器特性都是以陆地或者气象为观测对象的,因而利用这些传感器进行海洋水色方面的研究会受到不少限制,而 CZCS 则是第一个专门为海洋水色观测、研究设计的传感器,总共 6 个波段,其中有 4 个用于水色,搭载在气象科学卫星 Nimbus-7 上升空,运行至 1986 年。美国 NOAA 系列卫星是一直在运行的气象卫星之一,从 1970 年 12 月第一颗发射以来,40 多年连续发射了 18 颗,其上装载了甚高分辨率扫描辐射计(AVHRR),有 5 个波段,星下点的分辨率大约为 1100m,重复周期为 9 天。SeaWiFS 是美国于 1997 年 8 月发射的海洋卫星 SeaStar 所携带的一个专门针对海洋水色进行探测的传感器,空间分辨率约 1.8km,重访周期 1～2 天,由 8 个波段组成,较之前的传感器,这种较高光谱分辨率的传感器为海洋水色要素的识别创造了条件。MODIS 是 NASA 研制的大型空间遥感仪器,是 Terra 卫星的 5 个主要载荷之一和 Aqua 卫星的 6 个主要载荷之一。Terra 和 Aqua 是 EOS 的计划卫星,分别于 1999 年和 2002 年发射升空。MODIS 空间分辨率为 250～1000m,有 36 个光谱波段,其中有 9 个波段(第 8～16 波段,分辨率 1km) 用于海洋水色观测, Terra 和 Aqua 能在 1~2 天观测到地球的绝大部分区域, 且对于同一地区一天可获得至少 2 景影像。该数据在赤潮监测上的应用广泛, 很多研究者都利用 MODIS 数据通过综合使用多种信息提取方法实现对赤潮信息的提取。MERIS 是由荷兰和法国共同研制的, 其被安装于欧洲航天局的环境卫星 ENVISAT 上, ENVISAT 于 2002 年 3 月成功发射。MERIS 是推扫式成像传感器, 正常模式天底分辨率为 250m, 每 3 天收集数据, 有 15 个波段设置。

COCTS, 即 10 波段海洋水色扫描仪, 是安装于我国海洋卫星系列之一的 HY-1 卫星上的主要载荷之一, HY-1 海洋卫星系列的第一颗卫星 HY-1A 首发于 2002 年 5 月 15 日。COCTS 海面分辨率为 1.1km, 具有 10 个波段, 时间分辨率达到 3 天, 主要用于探测海洋水色要素(叶绿素 a 浓度、悬浮泥沙浓度和可溶有机物浓度)及温度场等。HJ-1 系列环境卫星(HJ-1A/B)发射于 2008 年 9 月, 搭载于 HJ-1 上的环境卫星 CCD 成像仪能够不间断地开展监测工作, 具备对我国环境与灾情进行大范围、全天时、全天候的监测能力。现有的 CCD 成像仪海面分辨率可达 30m, 由红、绿、蓝、近红外 4 个波段组成, 重访周期为 2 天, 主要用于获取海陆交互作用区域的实时影像资料。

6.2.3　卫星散射计风场反演方法

海面风场是海洋上层运动的主要动力来源, 它几乎与海洋中所有的海水运动直接相关, 是海洋学的重要物理参数。星载微波散射计作为重要的主动式微波遥感器, 通过对海面后向散射系数多方位角的观测, 能够全天时、全天候、快速获取全球海面风场(包括风速和风向)信息, 是目前海面风场卫星遥感的主要手段。截至目前, 已成功发射的星载微波散射计主要包括两种体制: 扇形波束固定扫描体制和笔形波束旋转扫描体制。其中扇形波束固定扫描散射计主要有 SEASAT-A/SASS、ERS-1/2、ADEPS-I/NSCAT、METOP/ASCAT; 笔形波束旋转扫描散射计主要有 QuikSCAT/SeaWinds、ADEOS-II/SeaWinds、OceaMsat-2/OSCAT 和 HY-2/SCAT 等。

利用散射计数据反演海面风场可以分为两类: 基于地球物理模型函数(geophysical model function, GMF)的反演方法和基于统计模型的反演方法。由海面对雷达入射波束的后向散射机制可知, 在 20°~70°入射角条件下, 海面对雷达入射波的后向散射中布拉格散射占主导地位, 由海面风场产生的微尺度波是雷达后向散射的主要散射体, 因此通过建立海面风矢量与雷达后向散射系数之间的关系就有可能从雷达观测数据中获取风场信息, 当然后向散射系数还受到其他许多因素的影响, 如海面长波参数、海面温度、雷达观测入射角、极化方式、雷达入射波的频率等。为了从散射计观测数据中反演海面风场, 学者们建立起了雷达后

向散射系数与上述影响因子之间的函数关系，把这种函数关系称为 GMF，简称模式函数。GMF 的一般表达式为

$$\sigma^0 = M(U, \varphi, \theta; p, f, L) \tag{6.1}$$

式中，σ^0 为雷达后向散射系数；U 为海面风速；φ 为相对方位角，即风向与雷达观测方位角的夹角；θ 为雷达入射角；p 为极化方式；f 为入射波频率；L 为其他一些次要的地球物理变量，如海面长波参数、海面温度等。学者们根据不同波段建立各自的 GMF，针对 ERS-1/2 搭载的 C 波段散射计有 CMOD4、CMOD_IFR2、CMOD5 模式函数，针对 Ku 波段散射计有 NSCAT、QSCAT 模式函数。由于模式函数是通过大量的散射计观测和实测数据经由曲线拟合得到的，各模式函数处于不断地调整中。高度计测量的后向散射系数通过模式函数可以转换为海面风速、风向等风场数据。

GMF 反演方法经过多年的研究已经被广泛应用，但高风速等复杂条件下的GMF 尚不成熟。基于统计模型的反演方法由于不依赖复杂的地球物理模型函数而更加简洁和高效，通过利用多种海况条件下观测数据的学习，具有适应不同海况的能力。早在 1993 年，Thiria 等就将神经网络运用于散射计风场反演，其中对风速的反演采用了多层感知器网络，对风向的反演利用了神经网络分类器，将风向分为 36 类，网络的输出表示风向属于该类的概率，并通过模拟的卫星散射计数据进行了验证。Chen 等和 Kasilingam 等也先后使用模拟风场数据分别构建了相应的CMOD4 神经网络反演模型，发现神经网络模型能够很好地解决风矢量反演问题。Cornford 等发展了 Thiria 模型，风速反演依然是多层感知器网络，风向反演则引入了概率密度函数来解决多解问题，使用的是混合密度网络，核函数选用的是高斯函数。林明森和宋新改等使用神经网络建立了一个反演海面风场的模型，也证明了神经网络反演海面风场的可行性和高效性。上述工作都是基于欧洲航天局的扇形波束散射计 ERS-1/2 进行的，解学通等又对圆锥扫描散射计的神经网络模型做了相关研究，采用了先风向后风速的反演方法，在保证反演精度的前提下提高了效率。

平静海面的微波辐射亮温仅与海温、盐度以及电磁参数有关，而真实海面由于海面风的存在表现为不同尺度波构成的粗糙表面，辐射亮温与依赖于海面风矢量的粗糙度以及白沫效应相关。基于这个原理，通过统计海面风速与辐射计接收到的辐射亮温之间的关系可以对风速进行反演。被动微波风速反演算法分为两大类：一类是经验模型反演；另一类是半经验模型反演，同时还有神经网络算法等。经验模型不考虑微波亮温与海表参数间的复杂作用关系，利用大量卫星测量亮温和浮标的同步测量数据直接获取亮温与风速的关系；半经验模型基于粗糙海面发

射和辐射传输理论，利用模式模拟亮温进行参数拟合，相对于统计模型来说，考虑的环境参数变化范围更广泛，更适合对全球任意海域进行反演。为加强海面风场观测的时空采样，DMSP F10、F11、F13、F14 和 F15 卫星上搭载的 SSM/I 及 F16 和 F17 搭载的 SSMIS 被动微波辐射计与散射计数据相结合，构建了一种 1992～2012 年时间分辨率为 6h、空间分辨率为 0.25°的混合全球风产品。此外，散射计独特的采样方法和物理特性，导致海岸附近区域的海面风的观测准确性较低(Hasager et al.，2015)。为了获得更精细的空间细节的海面风场观测，也将 SAR 数据和散射计数据相结合使用。Hu 等(2020)将 HY-2A 卫星上微波散射计的风速数据集和 FY-2E 卫星上的红外扫描辐射计的亮温数据集结合起来，以生成海面风场信息，并在 2013 年 Usagi、Fitow 和 Nari 台风中取得了可靠的结果。

6.2.4　卫星高度计波高反演方法

卫星高度计是一种指向星下的主动式微波测量仪，它具有独特的全天候、长时间历程、观测面积大、观测精度高、时间准同步、信息量大的特点，通常工作在 Ku 波段或 C 波段。卫星高度计可以测量 3 个基本观测量：海面高度、海面有效波高和海面风速。因此高度计的测高数据的应用主要包括测量有效波高、海面地形和表面流的研究、大地水准面和重力异常。雷达高度计采用脉冲有限的方式向星下点海面发射一定重复频率的球形脉冲信号，该信号到达粗糙海面并与海面作用后，有部分脉冲反射回高度计，高度计的接收机接收返回的脉冲，形成回波波形。在此过程中由卫星跟踪器的双程往返时间和预设门计算卫星到海面的距离，通过精密定轨获取卫星轨道高度，则可将卫星到海面高度测量转化为海面到参考椭球面的距离。海面高度的计算公式为

$$\text{Height} = H_{\text{altitude}} - H_{\text{range}} \tag{6.2}$$

式中，Height 为海面到参考椭球面的距离；H_{altitude} 为卫星轨道至参考椭球的距离，通常也被称为卫星轨道高度；H_{range} 为卫星至海面的距离。卫星雷达高度计天线发射的微波在到达海面的过程中，会受到大气层中电离层、对流层及海面的电磁偏差等的影响。为了得到高精度的海面高度值，需要对电磁波传输参数影响的大气因子进行校正，同时使用重跟踪算法计算半功率点。因此，卫星到海面距离(H_{range})的校正公式如下：

$$H_{\text{range}} = h_{\text{range}} + h_{\text{dry\_topo}} + h_{\text{wet\_tropo}} + h_{\text{iono}} + h_{\text{ss}} \tag{6.3}$$

式中，h_{range} 为由波形重构算法计算得到的高度计离海面的距离；$h_{\text{dry\_topo}}$ 为大气干对流层校正；$h_{\text{wet\_tropo}}$ 为大气湿对流层校正；h_{iono} 为电离层校正；h_{ss} 为海况偏差的校正。

海面由于存在波浪而起伏不平，高度计发出的脉冲的球面波波前首先被波峰反射，稍后才被波谷反射，使得回波信号的上升沿出现展宽。根据物理光学原理，波高越大，回波信号的展宽越大，其斜率则越小。因此，近似地说，回波信号的上升沿斜率与海面有效波高成反比。通过检验分析卫星高度计回波信号的前沿，可以推知海面波浪的情况。这里前沿的斜率是海面波高标准偏差 h 的函数(此函数可以通过拟合得到)，通过计算就可以得到海面的有效波高。有效波高指的是在一次给定的观测中所测得的占波浪总个数三分之一的大波波高的平均值。有效波高是海面波高标准偏差的 4 倍，即波高均方根的 4 倍。

6.3 海洋灾害遥感信息提取新应用

近年来，人类"探索海洋、认知海洋、利用海洋"活动的加剧，使得由于石油开发运输或海上溢油事故而产生的海上溢油频发，海上溢油污染已经成为影像海洋生态环境的重要污染物之一，具有污染范围大、动态扩散迅速、持续时间长的特点。如图 6.1 所示，海上石油在开采或传输过程中人为因素或自然因素导致原油传输管道或储存器破损，从而导致原油泄漏。原油或油品自漏油点进入水体后，逐渐累积从而油层变厚，并在海浪和海风的作用下迅速向海水四周扩散和漂

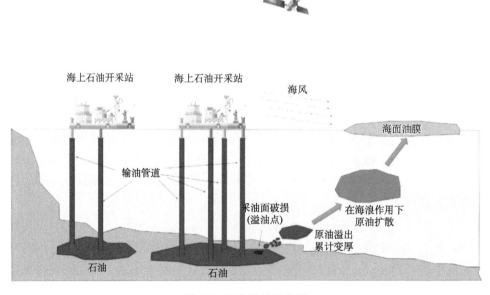

图 6.1 海上溢油示意图

移。按照时间顺序，海上溢油事件可以分为"事前"阶段、"事中"阶段和"事后"阶段。其中，"事中"阶段指在海上溢油事件发生后，需要对海上溢油区域进行实时监测，并对溢油事件进行应急处置和救援。在溢油事故发生后，通过对海上溢油区域进行持续监测，实现快速确定溢油点位置，扼制溢油源头，是溢油应急程序中的一项重要流程。然而，由于(海面下)溢油点的隐蔽性，直接通过观测、调查等手段在面积广阔、环境复杂的海洋环境下快速确定溢油点变得十分困难。

随着遥感技术的不断进步，通过卫星遥感或航空遥感技术对溢油区域的地表地物进行大范围、全天候的观测，从而获取溢油区域海面、油膜的光谱特征，已经成为海上溢油监测的主要手段。基于时序的海上溢油区域监测数据进行溢油动力学模拟，从而确定溢油点的有效范围，缩小溢油点排查区域，成为发现溢油点的一种有效手段。当溢油事故发生时，海上溢油的油膜检测仪器可分为基于特定传感器的检测和基于遥感的检测。基于特定传感器，固定点检测需要在特定平台上安装传感器。该检测方法一定程度上可以实现实时溢油检测，能够提高溢油监测精度和效率，但是这类方法都需要提前进行设备部署，而且只能局限在有限海域中实施。随着成像光谱技术和高光谱数据处理技术日趋成熟，利用 SAR 图像、高光谱图像、红外图像和紫外图像已经成为溢油检测的重要手段。当获取到海上溢油数据之后，如何准确、高效地提取海上油膜并进行溢油在海面上的扩散模拟，成为研究的热点问题。

对于石油泄漏点定位问题，存在三个亟待解决的关键技术问题：①如何监测海上石油泄漏的发展过程？与一般的事故不同，石油泄漏发生于近海，通常为不易直接观察的位置，监测当前泄漏情况是一个重要的技术。②如何模拟石油在海洋中的扩散过程？对于当前的海洋溢油海面油膜状态，采用合适的模型模拟油膜的扩散过程是寻找漏油点的关键步骤。③如何根据当前海面油膜泄漏状况估算泄漏点？当确定了石油泄漏模型以及当前的油面状态后，采用何种算法快速寻找漏油点是一个重要的技术。

针对前两个关键技术，对于海上石油泄漏定位中的关键技术问题，通过采用遥感卫星对海上石油泄漏特定区域进行长时间、大范围的持续监测，从而获取溢油面积、类型和油膜厚度等信息，可以有效地进行溢油过程监测；采用经典的海洋数值模拟模型，可以对海上溢油海面油膜扩散过程进行较为准确的模拟。过杰等(2016)通过电磁散射数值建模分析散射切面与海面溢油相关参数的关联性，从而建立海面溢油散射模型，以提高对海面溢油监测的精准度。此外，一些学者通过集成多种技术，建立水域监测的海上油膜提取方法，石敬(2012)提出综合卫星遥感、航空遥感、船载传感器及其他辅助监测设备，在能够全覆盖的原则下实现溢油范围、溢油品种监测等功能，构建了一种大型溢油应急综合遥感监测的海上油膜提取系统。张婷和张杰(2018)通过研究溢油类别及 SAR 图像纹理和溢油形状、散射特征来构建溢油特征数据库,结合无人机载 SAR 和紫外传感器来构建溢油探测方法以提高溢油检测提取的效率。从海上油膜光谱特征来看,苏伟光等(2014)通过挖掘光学遥感卫星波段与海面油膜光谱特征之间的关联性,提出油膜与海水之间的光谱差距大于海水的方差,并基于此结论提取出海面油膜。苏伟光等(2014)利用机器学习支持向量机的方法,提取光学遥感图像中的特征,建立谱纹海面溢油监测模型,发现油膜位置并进行油膜检测。孙元芳等考虑到油膜和背景海水易混淆的现象,利用光谱角匹配算法,通过增加纹理特征量,可以较大地提高溢油目标识别的准确度。邹亚荣等(2015)根据海上溢油事件遥感信息提取指数以及分割图斑的溢油遥感信息提取指数,界定溢油遥感信息提取的置信度以进行进一步的海上溢油油膜识别。然而,由于遥感卫星具有固定且较长的重访时间且航空遥感监测费用较高,因此对溢油的监测和探测不能仅依靠遥感数据。为达到更好的准确性和效率,已有研究将数值模型与遥感数据相结合,对溢油扩散进行连续监测和探测。Liu 等(2011)提出了将浮油表面卫星数据与拉格朗日轨道模型相结合进行浮油轨迹预测的方法。Zodiatis 等(2012)通过对遥感图像的分析,提出了 MEDSLIK 溢油模型来预测石油的扩散。后来改进为 MEDSLIK-Ⅱ拉格朗日模型,利用 SAR 数据和光学图像数据模拟泄漏油扩散和转化过程。这些技术具有重要的理论意义,但在处理实际问题时,仅从遥感数据提取溢油油膜并进行了模拟。为从源头上防止溢油事件的进一步恶化,还应对已发生的溢油过程进行拟合和反演。

第三个关键技术是解决石油泄漏点定位的核心问题。Yan 等(2015)基于海上石油泄漏监测遥感数据,以动态遥感数据驱动,采用反向传播神经网络(back propagation neural network)寻找石油泄漏点。该方法有一定的局限性,主要表现在初始化漏油点进行第一次模拟时,漏油点位置选取需要基于经验或真实报道进行估计,若相差较远,该方法无法去矫正并接近真实的漏油点。Chen 等(2017)结合遥感数据与海洋溢油模型和沿海海洋模型(estuarine and coastal ocean model, ECOM),提出了基于交叉熵的漏油点搜寻算法。利用该方法可以有效地找到石油漏油点,但对每一个产生的漏油点,都需要进行对应的模拟,导致计算量过大,虽然有高度可行性,但对模拟采用的设备的计算能力有很高的要求。除此之外,该方法产生了大量的漏油点,并且直接舍弃掉计算结果不够准确的漏油点,导致没有充分利用数据模拟后的结果,忽略了当前大部分信息对下一次产生新的漏油点的影响。

本节为解决当前研究中存在的问题,在寻找海上溢油石油泄漏点定位的工作基础上,提出基于遥感数据的深度 Q 学习(deep Q-learning, DQL)海上石油泄漏检测方法以完成对海上溢油源头的定位。基于 DQL 的石油漏油点搜索算法分为三个步骤：①根据实际情况在目标海域构建 ECOM 海上溢油模拟模型，进行海上溢油扩散模拟。②将模拟油膜与真实情况进行比对，评估模拟准确度，采用 DQL 算法修正油膜漏油点的位置。③重复上述过程，反复进行评估以及参数校正，直到模拟的油膜与真实情况非常接近，此时得到与真实结果较为接近的模拟结果。本书提出的算法中，采用遥感技术、ECOM 海上溢油模拟模型以及 DQL 算法，对应了三个关键技术的解决方案。相较于前人研究，如反向传播神经网络算法，本节提出的 DQL 方法，不需要借助先验知识，在整个附近海域空间内进行检索就可进行模拟运算得到接近真实情况的漏油点，并且与交叉熵等迭代算法比起来，DQL 方法产生可能的单个漏油点之后，会基于在不同漏油点下模拟结果的变化情况，对石油的漏油点进行逐步调整，有效地利用每一次溢油模拟的结果，并且在每一步模拟中，只进行一次海洋模型模拟，可以有效地减少计算次数，增加了方法的可行性。

6.3.1　研究区概况

渤海蓬莱区域的重大溢油事件发生于 2011 年 6 月 2 日，造成了超过 5500m^2 区域（占渤海总区域的 7%）的海域受到石油泄漏污染的影响，污染造成海洋生态遭到严重破坏，周边的水产产业受到重创。该事件中发生石油泄漏的油井 19-3 位于渤海南部 10/05 区域，主要的石油泄漏区域位于油井周围 120°01′E，38°22′N 的位置。

在海上溢油模拟方面，将渤海片区从 117.5°～122.5°E，37°～41°N 的区域分为 25920（180×144）个网格。事故发生期间的温度为 20℃，海水盐度为 35‰，风场数据是从 QuikSCAT/NCEP 数据集中获取的，为每 6 小时提供风场数据。在本次实验中，油墨的密度定为 0.8g/cm^3。

6.3.2　数据与方法

在遥感数据方面，渤海区域使用的遥感图像是改进的环境卫星合成孔径雷达（environmental satellite advanced synthetic aperture radar, ASAR）的宽幅（wide swath, WS）模式于 6 月 11 日采集到的数据。ASAR 的波长为 5.6cm。其中国际雷达卫星上的宽幅模式是一种专为海上溢油监测设计的模式，可以提供更大的区域覆盖面积和更高的辐射精度。海面监测时段的表面张力波和表面重力波的平滑衰减，在风速、浪高等因素合适的情况下，油膜覆盖区域与海面区域展现出较大的灰度值差异，将呈现明显的黑色，且在油膜深度减小时，灰度值会进一步上升。因此基于遥感图像提取海洋溢油海面油膜，可利用海水与油膜之间的灰度值差别提取出两个时相下的图像中漂浮于水面上的油粒子，得到油膜覆盖区域，以用于计算模拟海上溢油事件的准确率。

本节结合遥感提取的海上石油泄漏状况，对泄漏点进行监测，整体流程如图 6.2 所示。石油泄漏点监测方法通过对随机溢油点使用 ECOM 海上数值模拟模型对溢油情况进行预测，按照遥感图像获取的时刻计算预测参数（包括溢油的位置、面积等）。通过把同一时刻的模拟结果与真实的遥感图像的溢油情况进行对比，判定当前的模拟结果的准确度，根据准确度的高低判断是否需要调整预测的溢油点位置。若准确率较低，采用 DQL 对溢油点的位置进行调整，进而对新的溢油点进行模拟，如此反复；若准确率较高并达到预期要求，当前的溢油点的位置即为目标的石油泄漏点。详细的算法过程在本章中详细描述。

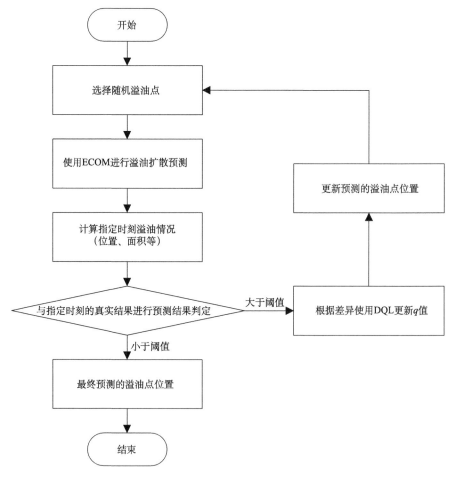

图 6.2　基于 DQL 算法的漏油检测方法流程

1. 海洋溢油数值模拟模型

ECOM 是从海洋水动力普林斯顿海洋模型(POM)中开发出来的一个相对成熟的适用于浅海的三维水动力模型，具有初始条件、开放边界和网格化设置等需求，其在应用上涉及完整的热力学方程。本节利用了 ECOM 模型中的三维油传播模块模拟石油泄漏的轨迹，其中包括扩散、滞留、蒸发和乳化等多种过程。该模型设计的相关参数包括机油类型、机油密度、溢出部位、释放深度、机油颗粒数量、潮汐成分、风场数据等。本模型将浮油视为由许多等质量的液滴组成。油滴在溢油的入射点以一定速率进入海水中，然后平流并随机扩散。如果定义油滴的移动速率为 $\vec{V_t}$，则

$$\vec{V_t} = \vec{V} + \vec{V'} \tag{6.4}$$

式中，$\vec{V}$ 表示油滴的漂流速度，受风力、海流和波浪的影响；$\vec{V'}$ 表示油滴的扩散速度。由于实验模拟的数据是 C 形的半封闭的近海——渤海。与潮流和强风相比，在近海地区，波浪引起的洋流不被认为是使溢油在海面漂移的最主要因素。因此，本节强调潮流和风是主要驱动力。波浪引起的洋流在建模过程中则被忽略。

在每个时间步长 Δt，通过对 $\vec{V_t}$ 沿时间方向进行积分来计算油粒的位移 ΔS。如果 Δt 太宽，则可以使用子区间 τt_k 来计算油粒的位移 ΔS，以满足精度要求。那么，在 Δt 时间范围内油粒的位移 ΔS 为

$$\Delta S = \sum V_{t,k} \tau t_k \tag{6.5}$$

式中，$V_{t,k}$ 是 τt_k 时间范围内油粒的运动速度，$\sum \tau t_k = \Delta t$，即 τt_k 要满足：

$$\tau t_k \leqslant \left[\frac{u_k}{\Delta x} + \frac{v_k}{\Delta y} \right]^{-1} \tag{6.6}$$

式中，u_k 和 v_k 分别为油粒子的移动速度的 X 方向和 Y 方向的速度分量；Δx、Δy 分别为油粒子在 X 方向和 Y 方向的位移。

在每个时间步长内，油粒将在对流和扩散后扩散，扩散也是油粒在早期迁移的重要组成部分。由于蒸发、乳液等，油颗粒的质量逐渐降低。当油粒到达海岸时，根据海岸情况，它们会吸附在海岸上或部分重新进入水域。

在完成所有计算过程之后，一个时间步长中所有油颗粒的对流、扩散、蒸发和乳化过程均已完成。在下一个时间步骤中，仅需要更改温度、风和流场条件，并重复整个计算过程。

2. 基于 DQL 的漏油点检测方法

本节 ECOM 能通过溢油点模拟溢油扩散过程，而 DQL 是用来修正预测的溢

油点的方法。强化学习是一种在解集空间中，根据既定规则下的奖惩措施，通过自发在不同状态下做出决策，并从决策的结果中总结经验，以在后续决策过程中进行参考，如此反复，直到达到预期解决问题的目标，实现"学会"问题并解决问题目的的方法。DQL 作为一种利用深度学习解决强化学习 Q 学习方法中权值更新问题的算法，在近年来针对不同领域的各类问题，如路径规划问题、交通流量控制、基础设施分布规划等，都取得了不错的效果。尤其在处理图像、声音实效方面显著。DQL 算法的优势在于，仅需要定义开始的状态、结束的目标和问题的规则(即解集空间和奖惩机制)，即可在强化学习的逻辑下，自发地进行反复演算，就可达到预期的结束目标要求。因为其自动寻优的能力，即使面对解集空间较大的问题也可进行解决，并且在 DQL 算法中，由于每一步决策是参考当前的状态转移矩阵，而状态转移矩阵是由过去决策的结果进行评估计算得到的。DQL 可以有效地使用每一次决策得到的结果作为下一步决策的支持。DQL 的工作原理也导致 DQL 算法依赖于奖惩机制的设计，面对复杂问题，若奖惩机制不明确，将导致 DQL 的学习速度大幅度下降以及训练结果不收敛，甚至无法得到预期结果。溢油点检测问题作为一个状态空间较为复杂、解集检索空间较大，但目标明确的问题，使用 DQL 算法可以有效地解决当前问题。

DQL 算法在当前问题中的输入包括：漏油点初始的位置坐标、决策空间(即每一步可以移动的范围)、解集空间(所有可移动的范围)、奖惩规则的定义(在不同位置的得分)和最后预期的目标(达到模拟之后漏油面与预期漏油面大面积重合)。DQL 算法的输出是漏油点位置的经纬度。

DQL 算法的启动以初始预测溢油点作为状态 S_0，以溢油点的方向以及步长作为状态迁移动作 $a_0 = \{a_{01}, a_{02}, a_{03}, \cdots, a_{0n}\}$。考虑到实际情况，溢油点是完全未知的，以及初始预测的溢油点与真实溢油点之间转移的动作也是未知的，因此，状态 S_0 以及状态迁移动作 a_0 都应该具有随机属性。DQL 在设计时设定了随机的初始状态 S_0、初始 Q 表以及其网络权重，并以此计算了初始动作 a_0' 以及下一个状态 S_1。

研究使用 ECOM 模型以预测点 S_1 为起点模拟溢油点扩散情况，并对指定时刻的预测溢油情况与真实的遥感图像对比，利用两者的差异建立 DQL 的奖惩机制 R_1。

使用下一个时刻的预测点 S_1 通过神经网络计算出多动作决策下 $Q_1 = \{Q_{01}, Q_{02}, Q_{03}, \cdots, Q_{0n}\}$，并获取当动作决策 Q_1 最大时(记为 Q_1')动作 a_1'。通过奖惩机制 R 更新 Q 表，其公式为

$$Q_1[S_1, a_1] = Q_0[S_0, a_0] + \delta\left(R_1 + \gamma Q_1'[S_1, a_1'] - Q_0[S_0, a_0]\right) \tag{6.7}$$

式中，δ 表示网络的学习率参数；γ 表示更新 Q 表的控制参数。并计算网络的方差 $L_1[S_1, a_1]$。

$$L_1[S_1, a_1] = \left(R_1 + \gamma Q_1'[S_1, a_1'] - Q_0[S_0, a_0]\right)^2 \tag{6.8}$$

Q 表的更新以及奖惩机制 R 的作用推动了预测的溢油点不断向真实溢油点逼近。该过程具体描述如图 6.3 所示。

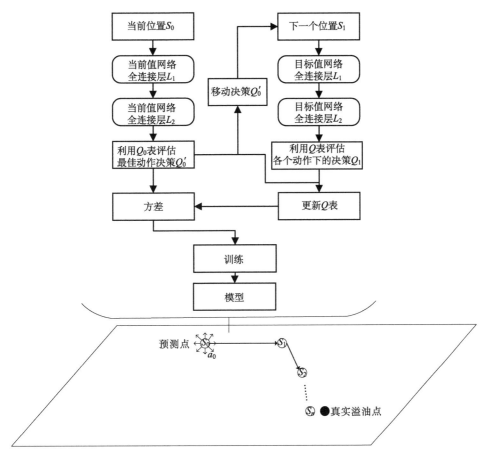

图 6.3　基于 DQL 算法的石油泄漏点监测算法示意图

3. 实验设计

该实验由语言 Python3.5 以及语言 C++完成。最后的算法在主频为 3.6GHz、内存为 8GB 的计算机上测试运行。本节基于上述实际案例，采用本章提出的基于

DQL 的石油漏油点搜索算法，寻找石油泄漏的地方，以验证提出算法的效率。首先根据 2011 年的渤海溢油事件的相关数据，利用 ECOM 模型模拟渤海溢油事件中的石油泄漏过程，产生初始漏油点并与真实结果相比，通过反复模拟调整漏油点的位置，直到得到与真实情况接近的模拟结果，实现溢油点检测的目的。

在石油泄漏的模型建立方面，基于在上文提及的海上数据，利用 ECOM 模型在渤海区域建立漏油模拟模型。由于渤海溢油事故是 2011 年 6 月 4 日发生的，在模型中，以 360s 为一个步长从 2011 年 6 月 2 日进行模拟，从 481 步即 48h 后开始释放第一组油粒子，之后每 30 个步长释放一组油粒子，一组油粒子包含 100 个，直到 2160 个步长，即 216h 后停止释放油粒子。在这里，之所以提前两天进行模拟是为了在每一个网格进行动量的初始化，使得在漏油时，每个网格已经可以表示当前的水流情况。利用当前建立的 ECOM 模型可以针对不同的漏油点得到 2011 年 6 月 11 日的海面油膜情况。

在漏油点定位方面，本节提出了基于 DQL 的漏油点监测算法，基于上文将研究区域分割为 180×144 的网格，认为在 x 方向(网格范围为 20~160)、y 方向(网格范围为 20~124)都有可能发生溢油，在这个范围以外的地方存在陆地，不可能产生海洋溢油。DQL 算法在 6 月 11 日的海面油膜覆盖区域初始化一个漏油点位置，按照 Q 表的规则进行运动，运动的方向为上、下、左、右、左上、右上、左下和右下这 8 个方向，直到找到油膜覆盖率高于 90% 的点才停止搜寻。由于海上溢油的移动范围是在一定范围内的，为保证所有漏油点的位置都在合理范围内，该算法将搜索区域定在[80, 40]和[100, 60]所形成的矩形范围内，这个范围包括 6 月 11 日的油膜范围以及油膜周围区域范围。

本节为对模拟结果进行评估，提出了海上溢油点检测的准确率计算方法。在本次实验中，对于每一个产生的漏油点，都需要采用 ECOM 海洋数值模拟模型进行海上溢油过程的模拟。在模拟过程中，当模型运行到实际遥感检测数据所对应的时间时停止模拟，并记录模拟数据中每一个油粒子的当前位置，形成一个模拟油膜区域。实际遥感数据提取的油粒子在模拟油膜区域中的比率即为当前的准确率。例如，在 t 时刻，实际情况下利用遥感提取了 100 个油粒子，在溢油点 L 下，采用 ECOM 海洋数值模拟模型模拟到 t 时刻得到的油膜区域，仅包括提取 100 个油粒子中的 90 个油粒子，即代表当前时刻的准确率为 90%。

6.3.3 结果与讨论

本次实验中，在海面油膜区域设定[94, 58]为初始漏油点。利用 DQL 的方法，漏油点在经过 7 次迭代之后，油膜覆盖率较高的漏油点的位置被搜索到了，准确率的变化曲线如图 6.4 所示，图中蓝线为模拟的准确率，橙线为模拟结果对

DQL 的反馈值，即当模拟结果准确率小于 5%时，反馈值为–1；当模拟结果准确率为 5%～70%，反馈值为 0；当模拟结果准确率为 70%～90%，反馈值为 1；当模拟结果准确率在 90%以上，反馈值为 2，且达到终止条件。在图 6.4 中，DQL 算法的准确率在起始的 5 代中，由于初始化的漏油点位置和真实位置相差过远，始终保持着 0%的状态。从初始漏油点开始，最初是向上运动，到边缘时，由于不能再向外运动，停在边缘尝试了几个方案之后向下运动。但在第 6 代，准确率开始上升至 64.2%，直到第 8 代 96.5%达到 DQL 的停止条件，输出了当前最好的漏油点，即在图上[94，52]的位置，经纬度坐标为(120.1°E，38.4°N)。

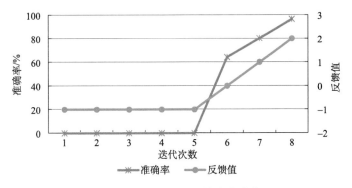

图 6.4　准确率和反馈值变化曲线

在图 6.5 中，展示了随着 DQL 算法的迭代，漏油点模拟出的油膜位置变化情况。图中蓝色部分表示的是海岸线，红色部分表示的是真实的漏油情况，黑色部分表示结果变化情况。图 6.5(a)是搜索之初模拟出的油膜情况，由于黑点与真实的红点相差较远，当前的模拟给出的反馈值为–1，为更接近真实情况，算法找到了[94，54]这个漏油点，可以看到当前真实油膜与模拟油膜已经开始重叠，正确率开始上升；在经过迭代之后，图 6.5(d)模拟的油膜面积与真实的结果大部分已经重合，此时的准确率已经上升到了 80.30%；在最后一次迭代中，算法找到了[94，52]这个漏油点，并达到了 96.5%的准确率。算法的总运行时间为 190.5min。

由于当前初始点位于实际上漏油点的正上方，为验证算法的效率，在搜索范围内，重新初始化一个随机的漏油点，增加一组实验。本次实验的初始点位于[87，47]，经过 39 次迭代，耗时 218min，收敛于位于[90，52]的漏油点，该点的准确率为 98.8%。由于该初始点距实际漏油点较远，迭代次数的增加也伴随着运行时间的增加。在初始化漏油点之后，首先向下进行了运动，到边缘[87，40]和[84，40]之后，尝试多个决策之后，选择移动到点[87，43]，之后经过 3 个决策，就到达了预期的漏油点——准确率为 90%以上的[90，82]。

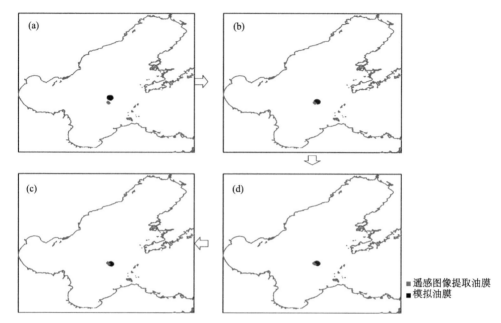

图 6.5　基于迭代出的不同漏油点模拟海上油膜示意图

本节基于遥感图像，采用 DQL 算法对海上溢油事件中的漏油点定位问题进行研究，主要结论如下。

(1)本章采用 DQL 算法，迭代地对漏油点的位置进行移动，使用海上溢油模型进行模拟，评估模拟结果，如此迭代直到得到模拟结果准确的漏油点，作为真实的漏油点的位置。相比于基于动态数据驱动结合 BP 神经网络定位的方法或者交叉熵的方法，DQL 算法可以充分利用每一次漏油点模拟得到的结果进行下一步决策，可以有效地在较大的解集空间里面利用较少的资源，得到漏油点所在位置。

(2)2011 年 6 月 2 日发生的渤海蓬莱区域的重大溢油事件造成了巨大的海洋环境破坏以及经济损失。利用历史记载的风场流场数据，构建 ECOM 海洋漏油数值模拟模型，基于 6 月 11 日的遥感图像，使用 DQL 算法搜索海上漏油点，经过不同初始漏油点的测试，平均准确率达到 97.65%，最高可达到 98.8%，平均耗时为 204.25min。证实了本章提出方法的高效性。

在实际情况中，提高搜索效率，快速定位到漏油点的位置，保证一定的实时性是非常重要的。在算法层面，可以通过优化模拟评估过程减少时间。在未模拟到 6 月 11 日之前，若发现模拟结果与真实结果偏差太大，可以直接停止模拟过程，进行下一次迭代，避免更多的计算时间浪费在不可能的漏油点上，以提高算法的效率。

灾害遥感在海洋灾害中也有重要作用。海上溢油作为一种严重威胁海洋生态环境的污染事件，在发生时及时采取措施以阻止进一步造成更大的破坏是非常重要的。现阶段研究集中于利用海上遥感影像提取油膜面积以达到监测效果，但若不及时定位到海上溢油的源头以从漏油源头减少泄漏原油总量，就无法有效地对海上溢油事件污染规模进行控制。本章基于遥感图像，采用 DQL 算法，根据 ECOM 海洋溢油模型对溢油模拟结果进行评估，迭代搜索以达到对溢油事件的漏油点定位的目的。溢油点的准确深度在一定程度上可以辅助工作人员快速找到实际漏油位置，减少进一步漏油污染环境，减小灾后环境恢复的难度。但由于渤海海域的海洋深度情况未知，DQL 算法仅采用经纬度坐标，未考虑漏油点深度海上油膜情况的影响。除此之外，在实际情况中，有可能存在多个漏油点，需要进行多目标优化来解决这种类型的问题。

6.4　小　　结

风暴潮、海浪、海冰、海啸、赤潮、海上溢油以及热带气旋、温带气旋和冷空气大风等所造成的突发性海洋灾害威胁海上、海岸及沿岸城乡经济和人民生命财产的安全，给世界各国沿海地区造成了重大的破坏和损失。遥感和空间分析技术可以在海洋灾害管理的各个阶段发挥重要作用。通过热带气旋跟踪预报、脆弱性及减灾能力评估和建模，能够辅助灾害风险管理措施的制定。高空间分辨率卫星影像可以用于热岛气旋灾害影响和灾后恢复重建进展的监测。卫星遥感影像数据还能够提供赤潮、绿潮、海冰、溢油的位置、规模及动态等信息。因此，卫星遥感技术已经被广泛应用于海洋灾害的探测监测及预警预报研究。

参 考 文 献

郏磊. 2019. 基于遥感和 GIS 的海上溢油风险识别及区划研究. 北京: 中国科学院大学.

过杰, 孟俊敏, 何宜军. 2016. 基于二维激光观测的溢油及其乳化过程散射模式研究进展. 海洋科学, 40(2): 159-164.

蒋兴伟, 林明森, 张有广. 2014. HY-2 卫星地面应用系统综述. 中国工程科学, 16(6): 4-12.

李明星, 张庆河, 杨华. 2017. 卫星资料连续同化在"威马逊"台风浪模拟中的应用. 水道港口, 38(3): 235-239.

李妍, 甄成刚. 2019. 基于深度 Q 网络的虚拟装配路径规划. 计算机工程与设计, 40(7): 2032-2037.

李煜, 张渊智, 陈杰. 2012. 基于特征概率函数的双阈值分割海面溢油检测. 地球信息科学学报, 14(4): 531-539.

梁超, 崔松雪, 曾韬. 2012. 多元指标的海上溢油信息提取. 地球信息科学学报, 14(2): 265-269.

刘亚岚, 魏成阶, 武晓波, 等. 2005. 印度洋海啸灾害遥感监测与评估——以印度尼西亚亚齐省为例. 遥感学报, 9(4): 494-497.

龙艳, 张永红, 马晶. 2006. DMC卫星影像在海啸灾情土地覆盖类型变化分析中的应用. 测绘科学, 31(1): 64-66.

石敬. 2012. 渤海海域大型溢油应急综合遥感监测体系研究. 大连: 大连海事大学.

石先武, 谭骏, 国志兴, 等. 2013. 风暴潮灾害风险评估研究综述. 地球科学进展, 28(8): 866-874.

苏伟光, 苏奋振, 杜云艳. 2014. 基于MODIS谱纹信息融合的海洋溢油检测方法. 地球信息科学学报, 16(2): 299-306.

苏伟光, 苏奋振, 周成虎, 等. 2012. 海面溢油光学卫星遥感监测能力分析. 地球信息科学学报, 14(4): 523-530.

王虹. 2012. 飓风"桑迪"袭击美国. 中国防汛抗旱, 22(6): 74-76.

喻金忠, 曹进德. 2019. 深度强化学习在交通控制中的应用. 工业控制计算机, 32(6): 88-89, 92.

张婷, 张杰. 2018. 基于无人机紫外与SAR的溢油遥感监测方法研究. 海洋科学, 42(6): 141-149.

张永红, 赵继成, 龙艳, 等. 2005. 基于DMC卫星影像对海啸灾情土地覆盖类型变化的分析. 遥感学报, 9(4): 498-502.

周思雨, 白成超. 2019. 基于深度强化学习的行星车路径规划方法研究. 无人系统技术, 2(4): 38-45.

朱林超, 王东光, 顾佳鹏. 2019. 海上溢油污染事故应急处置. 中国水运(下半月), 19(7): 137-138.

邹亚荣, 邹斌, 孙元芳, 等. 2015. 遥感监测墨西哥湾溢油目标识别算法. 测绘科学, 40(3): 63-67, 106.

Chen X, Zhang D, Wang Y, et al. 2017. Offshore oil spill monitoring and detection: Improving risk management for offshore petroleum cyber-physical systems. Irvine, CA, USA: 2017 IEEE/ACM International Conference on Computer-Aided Design(ICCAD).

De Dominicis M, Pinardi N, Zodiatis G, et al. 2013. MEDSLIK-II, a Lagrangian marine surface oil spill model for short-term forecasting–Part 1: Theory. Geoscientific Model Development, 6(6): 1851-1869.

De Dominicis M, Pinardi N, Zodiatis G, et al. 2013. MEDSLIK-II, a Lagrangian marine surface oil spill model for short-term forecasting–Part 2: Numerical simulations and validations. Geoscientific Model Development, 6(6): 1871-1888.

Hasager C, Mouchem A, Badger M, et al. 2015. Offshore wind climatology based on synergetic use of Envisat ASAR, ASCAT and QuikSCAT. Remote Sensing of Environment, 156: 247-263.

Hu T, Li Y, Li Y, et al. 2020. Retrieval of sea surface wind fields using multi-source remote sensing data. Remote Sensing, 12(9): 1482.

Islam T, Srivastava P K, Kumar D, et al. 2016. Satellite radiance assimilation using a 3DVAR assimilation system for hurricane Sandy forecasts. Natural Hazards, 82: 845-855.

Kohno N, Dube S K, Entel M, et al. 2018. Recent progress in storm surge forecasting. Tropical Cyclone Research and Review, 7(2): 128-139.

Li L, Lv Y, Wang F Y. 2016. Traffic signal timing via deep reinforcement learning. IEEE/CAA Journal of Automatica Sinica, 3(3): 247-254.

Liu Y, Weisberg R H, Hu C, et al. 2011. Tracking the deepwater horizon oil spill: A modeling perspective. Eos, Transactions American Geophysical Union, 92(6): 45-46.

Mnih V, Kavukcuoglu K, Silver D, et al. 2013. Playing atari with deep reinforcement learning. arXiv: 1312. 5602.

Wu J, Shin S, Kim C G, et al. 2017. Effective lazy training method for deep q-network in obstacle avoidance and path planning. Banff, Alberta, Canada: 2017 IEEE International Conference on Systems, Man, and Cybernetics(SMC).

Yan J, Wang L, Chen L, et al. 2015. A dynamic remote sensing data-driven approach for oil spill simulation in the sea. Remote Sensing, 7(6): 7105-7125.

Ye H, Li G Y. 2019. Deep reinforcement learning for resource allocation in V2V communications. IEEE Transactions on Vehicular Technology, 68(4): 3163-3173.

Zodiatis G, Lardner R, Solovyov D, et al. 2012. Predictions for oil slicks detected from satellite images using MyOcean forecasting data. Ocean Science, 8(6): 1105-1115.

第 7 章

森林草原火灾遥感信息提取的理论与方法

7.1 森林草原火灾遥感概述

7.1.1 森林草原火灾概述

由于自然环境异常变化(闪电、干旱等条件)或人为因素而失去控制的各类可燃物质燃火事件被称为火灾。根据所处区域的不同,燃火事件还可更具体地分为森林野火事件、草原野火事件等(Deák et al.,2014; Douglas et al.,2011; Flannigan et al.,2006)。在燃火事件发生后,在风、可燃物分布等多种因素的作用下,有能力迅速向周遭环境扩散蔓延,火势过境之处,原有生态系统的格局和结构均会受到显著的影响(Bowman et al.,2009; Hutto,2008; Hutto et al.,2015)。最直观的改变无疑来自地表植被的损毁,同时高温条件下土壤水分、有机质组分也会发生改变(van der Werf et al.,2010);燃烧过程中,物质高温分解释放的大量的碳也会进入并影响碳循环(Conard et al.,2008; Lü et al.,2006)。随着人类社会步入快速发展的现代社会,所接触的环境范围较过往有极大的拓展;同时在人类工农业发展的影响下,全球气候和局部地区的生态环境等都发生着较为深刻的改变(Archibald et al.,2018;Turco et al.,2017)。这种人类与环境的互动带来了双向的影响:一方面,人类活动范围的扩大增加了各类火灾发生的可能性(Bowman et al.,2017; Krawchuk et al.,2009; Urbieta et al.,2015; Viedma et al.,2018);另一方面,生产活动范围内发生的各类森林草原火灾严重威胁着人类的生命财产安全(Gillett et al.,2004; Jolly et al.,2015; Kasischke and Turetsky et al.,2006)。森林火灾除受气候中温度湿度变化、雷击事件引发外,还与人类砍伐垦田等生产活动密切相关(Andela and van der Werf,2014; Bistinas et al.,2014),草原火灾深刻地影响草原生态的同时,也严重威胁着人类及畜牧的安危(白夜等,2020)。根据卫星遥感数据估算的年均全球过火面积均超过数亿公顷(Giglio and Schroeder,2013;

Seiler and Crutzen，1980），每年火情导致损毁的各类森林约占全球森林损失的 15%(Liu et al.，2019）；而联合国粮食及农业组织的测算中，每年有约 $0.7×10^8$hm^2 森林因火灾遭到破坏。为了应对如此大规模的灾情，全球各地的人们都投入了大量的人力、物力、财力。另据世界银行和联合国粮食及农业组织的测算，2015 年印度尼西亚在应对火灾灾害中就投入超过 200 万亿印度尼西亚盾；同年 9 月的美国加利福尼亚州山谷火灾中，超过 1 万名居民被疏散，超过 2 万 hm^2 森林被烧毁（FAO，2018; World Bank Group，2016）。

我国幅员辽阔，森林面积约 $3×10^8$hm^2，森林覆盖率超过 22%；草地面积约 $4×10^8$hm^2，覆盖国土面积约 40%。大面积的森林草原既是宝贵的生态资源与物产财富，同时也带来了相当的火险隐患。1987 年在我国黑龙江省大兴安岭地区发生的特大火灾，过火面积超过 120 万 hm^2，共有 211 人死于火灾，是中华人民共和国成立以来最严重的一次森林火灾（孙龙等，2009）。1994 年 4 月于内蒙古锡林郭勒盟东乌珠穆沁旗发生的特大草原火灾，烧毁超过 10 万 hm^2 草场并造成数千头(只)牲畜死亡（农业部草原防火办，1994）。天然草原多分布于我国北方，干旱、半干旱的气候导致其枯草期长，每年的火灾严重影响当地居民的生产生活（陈世荣，2006；缪冬梅和刘源，2013；苏和刘桂香，2004）。正因为此，一直以来对各类火灾的监测及防治不仅是我国防灾减灾工作的重要组成部分，更是联合国减灾工作的核心内容之一。卫星遥感的技术手段能够为森林草原火灾的防灾减灾工作提供重要的支撑作用，也因此成为相关研究工作开展的重要依据。

7.1.2　灾害遥感信息提取在森林草原火灾中的应用

通常环境条件下，森林草原火灾具有突发性强、受灾面积扩散迅速、受损面积大、破坏力大、难以快速开展针对性救灾等特性。应对森林草原火灾的传统手段往往依赖基础设施的铺设和在岗人员的工作，包括瞭望塔、救灾飞机等传统监测及救灾方法，在建设阶段即需耗费较高的财力物力，后续维护、应用乃至开展救灾工作时也需要较大的人力成本投入（饶裕平等，2009；田晓瑞等，2004；张丹等，2014）。巨大的前期投入和使用耗费在面对突发的林火、草原火灾时，仍然有监测能力不足、监测范围有限等诸多劣势，灾情中获取的火情信息相对分散，难以从整体上掌握火情的势态变化（缪婷婷，2012）。卫星遥感监测手段有灾情早期发现、快速捕捉灾区信息、较大范围内长时间连续观测、火场相关信息获取全面、灾后统计及时准确等多种特点，相较于传统的森林草原火情应急监测手段有更高的适用性，能够更好地辅助指导救灾减灾工作的开展。

具体应用中，在系统搭建的成本上，借助卫星遥感数据监测火情相对低廉，系统的自动化配置结合多源数据的高频观测，可以进行实时动态监测，从而实现灾情应对的快速响应(黄宇民等，2014；叶江霞等，2013)。火灾的早期发现和预警主要通过将近期获取的大气降水、植被冠层可燃物含水量等因子与历史数据进行比较，借助大数据系统开展灾情预警和评估(邸雪颖，2014；贺薇等，2014；王亚松，2018)。火情爆发后，通过对过火区域遥感影像数据进行分析解读，包括火点位置、温度变化、火场边界等火灾监测中的重要信息都可以被迅速获取，为进一步实现灾情控制起到决策支撑的作用。遥感卫星数据还能够观测到地面人员难以进入的火情发生区域，节省人力成本的同时避免地面人员过多受到灾情的影响(Chuvieco et al.，2010; Keane et al.，2001；刘琳，2014；周冬莲和黄小林，2016)。火灾发生后，汇总后的火点信息、火情期间过火区域面积变化、火势行为动态等多种因素能够帮助人们进行更好的灾情统计(郭福涛等，2010；刘家畅等，2020；萨如拉等，2019；田晓瑞等，2009)。这些独特的优势都使遥感卫星火情监测得到越来越广泛的应用。本章节将主要介绍灾害遥感在应对森林草原等野火中，火灾动态情况捕捉、燃火迹地制图、火灾排放和燃料容载量等方面的应用。

7.1.3 森林草原火灾遥感国内外研究进展

森林草原火灾遥感研究的发展与搭载在不同平台上的遥感对地观测技术不断深入息息相关，大体而言经历了三个不同的发展阶段：第一阶段为起步阶段，各种遥感仪器设备为早期原型设计，应用研究的机理还在研究讨论中。第二阶段为发展探索阶段，搭载于分别发射于 1999 年和 2001 年 EOS 卫星上的中分辨率成像光谱仪 MODIS，因其具有合适的光谱波段和相对较高的时空分辨率等多方面的优势而得到了广泛的研究，这一时期探索积累的结果，也为后续研究领域和技术手段进一步发展提供了重要的铺垫。第三阶段为成熟拓展时期，2010 年至今，大量高性能、搭载于不同平台的传感器投入使用，同时借助计算机科学领域技术的发展，各种全新的算法和地学大数据处理方法得以运用(吴超等，2020)。

传统火灾监测手段包括航空地图勾绘的方法(Benson and Briggs，1978)，但这种方法仍然耗费颇大且具备一定的应用难度。利用各类遥感数据开展系统的火灾信息获取最早始于 20 世纪 70 年代末 80 年代初。Benson 和 Briggs(1978)首次尝试借助 Landsat-1/MSS 遥感卫星数据进行森林火灾的观测。NOAA 系列卫星和 GOES 系列卫星是最早被系统化应用于大面积火灾监测的遥感卫星平台。搭载于 NOAA 卫星上的 AVHRR 由于具有当时较先进的载荷性能，因而能够在火灾监测中起到重要的作用。Dozier(1981)、Matson 和 Dozier(1981)提出了基于像元分解假设的亚像元温度理论模型(dozier model)。该模型也为后续研究提供了像元尺度上各类算法设计的重要依据。Flannigan 和 Vonderhaar(1986)、Robinson(1991)、卿清涛(2004)深化了 Dozier 模型中对像元亮温的讨论，对 AVHRR 数据中红外及热红外波段设定阈值条件组合，卫星影像中待测像元满足阈值判别条件时即被标识为火点像元，否则为非火点像元。Lee 和 Tag（1990）、Flasse 和 Ceccato（1996）在 20 世纪 90 年代发展出了基于 AVHRR 数据的上下文算法，这是一种从待测目标像元角度出发，对影像中的每个像元及其所影响的邻域范围进行统计分析，计算对应的波段特征、数值统计结果等相关信息的方法，进一步提高了卫星遥感技术在火情监测中的实用性。GOES 卫星是定位于北美的静止轨道卫星，可以以一刻钟为频率实现动态观测。Prins 等（1998）介绍并总结了基于 GOES-8 卫星数据的火情监测相关算法，该文中提出了生物质燃烧火点的自动识别算法和与燃火密切相关的烟雾/气溶胶检测算法，并针对研究区火灾活动的昼夜、空间和季节变化的特点进行了修正和讨论。

进入发展探索阶段，各类基于 MODIS 数据设计的算法、生成的产品成为科学研究和实际应用中的重要依据。例如，在火点识别研究工作中，周艺等（2007）、唐中实等（2008）和周梅等（2006）在此前研究的经验基础上，针对 MODIS 数据波段信息更充分的特点，设定更加复杂的阈值条件组合进行火点判别。Justice 等（2002）、Giglio 等（2003，2016）以 MODIS 数据和上下文算法的框架设计为基础，发展出了一系列成熟的 MODIS 火点识别算法，同时将该算法广泛应用于全球火点识别，并针对算法在全球不同地区的精度差异情况开展了针对性的修正（Morisette et al.，2005a，2005b；Schroeder et al.，2008a）。在燃烧面积的研究中，Roy 等（2005，2008）、Pleniou 和 Koutsias（2013）开展了基于反射特征方法的研究，即根据过火区域内植被各波段反射率下降、二向反射分布函数（BRDF）效应和未过火区域存在差异等特征进行燃火区域制图。MODIS 陆表产品序列中的热异常/火点产品（MOD/MYD14）和燃烧面积产品（MCD45/MCD64）也在这一时期生成，全球范围内的普适性和产品质量的稳定性，不仅使其成为独立分析的重要依据，也成为许多同类研究的参考对象。

除 MODIS 外，还有同搭载于 EOS 卫星上的 ASTER、我国环境卫星 HJ-1B 上的 IRMSS、Meteosat/MSG 静止轨道气象卫星上的 SEVIRI 等传感器及数据被用于火情监测研究。Qian 等（2009）介绍了一种利用 HJ-1B/IRMSS 数据进行火点识别的算法，算法的改进和传感器在空间分辨率上的优势，使得对于 $100m^2$ 级别的小火点及温度较低的燃火区域，HJ-1B 卫星数据具有比 MODIS 火点产品更优的识别结果。Roberts 和 Wooster（2008）对 SEVIRI 数据进行算法设计，研究主要针对非洲南部地区开展火点识别研究，同时对识别的火点结果进行辐射能量的测算，其结果与 MODIS 结果相比具有较高的准确性和较强的一致性。

2010 年至今，卫星遥感技术得到迅速的发展，各系列卫星的全新批次、新设计的光学传感器载荷为森林草原火灾遥感监测提供了进步的动力。国内外星载传感器中搭载于 Suomi-NPP 系列卫星上的 VIIRS、搭载于 Landsat-8 上的 OLI、搭载于 Sentinel-2 上的 MSI、搭载于 Himawari 上的 AHI、在风云三号系列卫星(FY-3)上搭载的 VIRR 和 MESRI 以及在风云二号系列静止轨道卫星(FY-2)上搭载的 S-VISSR 等，都陆续投入使用并开展了基于相关仪器设备的大量研究。Elvidge 等 (2013)、Polivka 等(2016)对 VIIRS 数据 M 系列波段及 DNB 波段在夜间火点识别上的优势开展了研究，取得了较好的实验结果。Schroeder 等(2016)在此基础上，为了能够更准确地判别 Landsat 影像中的火点，Schroeder 等针对 Landsat-8 数据开发了具有更强适用性的火点识别算法，对数据短波红外波段数据在高温火点中出现的"阈值折叠"现象进行了修正，使得 Landsat 数据的火点识别结果更为准确。Lin 等(2018)利用同一地区的多时相 FY-3C/VIRR 数据开展研究，针对极轨卫星时间序列上像元所具有的稳态和异常值进行分析，从而获取对火点像元的识别捕获。在静止轨道卫星数据的火点识别研究中，Roberts 和 Wooster(2014)的研究团队将目标区域 SEVIRI 数据连续观测结果按时序叠加，结合卡尔曼滤波的方法获取像元随时间变化的规律，将异于变化规律的像元区分为"火点"。Lin 等(2019)尝试将基于 FY-2G 数据单景影像的空间分析与基于多时相的序列分析结合，实现快速捕捉潜在火点与时序分析精准提取火点的结合。Hally 等(2016)和 Wickramasinghe 等(2016)借助 Himawari 静止轨道卫星数据对澳大利亚等地区的火点进行动态识别。

燃烧面积的研究中，以捕捉过火区域地表覆盖红外波段发射特征变化的相关研究也得到发展，这种变化常常以构建燃火区域特征指数的方式进行(Fraser et al.，2000; Roy et al.，2002)，如归一化火烧指数(normalized burned ratio，NBR)、热归一化差值植被指数(NDVIT)、近红外-短波红外-热指数(NST)等(Veraverbeke et al.，2011)。随着研究的不断深入，一种以燃火区域火点高温特性为依托，通过比较分析未燃火区域与之在辐射特征上的差异进行燃火面积制图的思路也被提出。Giglio 等(2009)、Alonso 和 Chuviece(2015)、Shan 等(2017)分别针对 MODIS、MERIS 等不同数据开发设计了基于火点识别结果的种子点扩张算法。该算法综合考虑燃火不同阶段的差异，以拟合区域生长的方法进行燃烧面积的制图。

为了更好地开展灾情评估和对火灾造成的结果进行分析，有必要借助模型设计和遥感数据的输入，开展各类森林草原火灾对区域和全球尺度的碳循环和碳平衡模式的影响。自 20 世纪 60 年代起，已有学者开展对森林草原火灾造成的气体排放研究，随后陆续开展了针对火灾的碳排放估算(Conard and Ivanova，1997; Seiler et al.，1980)。早期的研究因为遥感数据不足，多采用计算机模拟、野外观测或专家经验估计的方式进行模型构建、参数获取；伴随多源遥感数据的补充，大面积的燃料容载量估算、燃烧比率评估，以及后续对火灾排放的大尺度反演都得以开展，为全球性的火灾排放研究提供了更有力的支撑和新的方法途径(Friedl et al.，2010; Wan，2014)。

过去的 10 年间，计算机科学领域同样发生了翻天覆地的变化，机器学习、深度学习等人工智能技术手段，使得研究人员可以更快速、高效地获取目标影像中的信息；海量数据的生成、存储和运算在高性能计算机的协助下得以实现，使得研究工作越来越趋于面向更大区域、更广范围。Ramo 等(2018)、Roy 等(2019)尝试将随机森林、支持向量机等不同的方法应用于燃烧面积的绘图，并对多种机器学习方法的结果进行综合统计。Long 等(2019)通过全新的地球大数据计算平台 Google Earth Engine 实现数据筛选整合，并借助深度学习方法进行全球燃烧面积制图。Pinto 等(2020)探索了一种基于 VIIRS 多光谱数据时间序列的深度学习方法，该方法同时也适用于不同空间和光谱分辨率的观测数据。

除上述介绍的研究进展，在燃烧面积的研究中，部分研究是借助合成孔径雷达数据开展的。其中主要原因在于，相比于光学波段电磁波受阻于云层或烟雾影响的不足，微波具有一定的穿透能力，因而能回避这类干扰。Siegert 和 Ruecker(2000)在研究中发现过火区域的后向散射大幅下降，利用多时相 SAR 数据并借助主成分分析增强的方法，可以有效地进行过火区域制图。Polychronaki 和 Gitas(2012)对 POLSAR 数据使用面向对象的分类方法进行燃烧面积的制图。Tanase 等(2010)的研究同时也指出，对火灾区域的后向散射系数及极化目标分解尺度与其他参量进行建模的研究可以改善算法的识别结果，其研究将后向散射系数与 dNBR 指数建立经验模型，并比较了不同波段的拟合能力。

7.2 森林草原火灾遥感信息提取的主要原理与方法

7.2.1 森林草原火灾遥感信息提取的原理

森林草原火灾的遥感监测最大的特点是灾情的监测和信息的获取都依赖地表观测中的热异常现象。遥感的技术手段中，热红外遥感是借助具有红外波段的遥感传感器，对地球表面观测目标所反射及辐射的特征进行分析，从而确定目标所具有的性质、状态等属性的遥感技术方法(Sabins，2007)。火点识别涉及陆表异常温度的计算和判别；火烧面积的制图中发射能量差异的比较。这些研究内容既是森林草原火灾监测中的重要环节，又是热红外遥感中的重要应用之一。研究中涉及的相关理论概念包括普朗克黑体辐射定律(Planck's law, blackbody radiation law，简称普朗克定律)、斯特藩-玻尔兹曼定律(Stefan-Boltzmann law)、维恩位移定律(Wien's displacement law)以及比辐射率(emissivity)与亮度温度(brightness temperature)。

1. 普朗克定律

自然界中的任何物体，其温度高于绝对零度时(0K，−273.15℃)都会向外发射电磁辐射。热力学中，将一种理想化的、能够吸收全部外来电磁辐射且不会有任何反射与透射的物体称为黑体。普朗克定律是指黑体在任意温度T下，其发射的电磁辐射的辐射率I与波长λ(或频率ν)的函数关系。写成与波长和辐射率相关的普朗克定律具有如下的表达形式：

$$I_{\lambda}(\lambda,T) = \frac{2hc^2}{\lambda^5}\frac{1}{\mathrm{e}^{\frac{hc}{\lambda kT}}-1} \tag{7.1}$$

式中，I_{λ}是单位波长间隔内的辐射率，$\mathrm{W/(m^2 \cdot \mu m \cdot sr)}$；$\lambda$为波长，$\mu m$；$T$为绝对温度值，K；$c$为光速，$c = 2.99792458 \times 10^8 \mathrm{m/s}$；$h$为普朗克常数，$h = 6.6262 \times 10^{-34} \mathrm{J \cdot s}$；$k$是玻尔兹曼常数，$k = 1.3806 \times 10^{-23} \mathrm{J/K}$。图 7.1 是根据普朗克定律计算的不同温度和波长条件下的黑体分谱辐射率。

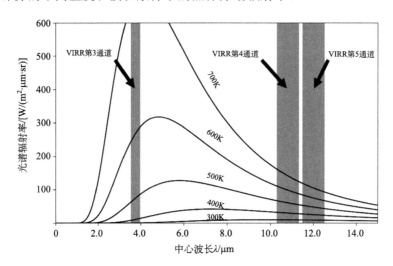

图 7.1 不同温度黑体分谱辐射率与波长λ的关系曲线图

2. 斯特藩-玻尔兹曼定律

斯特藩-玻尔兹曼定律是斯洛文尼亚物理学家斯特藩与奥地利物理学家玻尔兹曼分别在 1879 年和 1884 年各自独立提出的。该定律的内容是，一个绝对温度为T的黑体表面单位面积在单位时间内，考虑全辐射方向下的总辐射能量。定律

可表示为

$$E_T = \epsilon \, \sigma T^4 \tag{7.2}$$

式中，E_T 是黑体表面发射的总能量，W/m^2；ϵ 是黑体辐射系数，在对象为绝对黑体时，$\epsilon=1$；T 是绝对温度，K；σ 是斯特藩-玻尔兹曼常量，其值约为 $5.67 \times 10^{-8} \, W/(m^2 \cdot K^4)$，可由式(7.3)计算得到：

$$\sigma = \frac{2\pi^5 k^4}{15c^2 h^3} \tag{7.3}$$

3. 维恩位移定律

1893 年德国物理学家维恩通过实验数据的经验，总结出了黑体电磁辐射光谱辐射度的峰值波长与黑体温度之间的关系，其数学表达式为

$$\lambda_{\max} = \frac{b}{T} \tag{7.4}$$

式中，b 是维恩位移常数，其值为 $2.898 \times 10^{-3} \, m \cdot K$。常温(约 300K)状态下，地表辐射峰值波长处在热红外波长范围内；燃烧区域温度通常在 500～1000K 之间，对应的 $\lambda_{\max}$ 为 3～5μm。因此，发生燃烧时最大辐射波长处在中红外通道的波段范围内。这种峰值波长的位移也可以从记录普朗克定律光谱辐射率的图 7.1 中看出，即随着温度的上升，对应曲线的极值也在不断向坐标轴左边移动，表现为峰值波长不断下降的过程。

4. 比辐射率与亮度温度

普朗克定律、斯特藩-玻尔兹曼定律、维恩位移定律均是以理想化的黑体作为讨论对象，但在实际应用中并不存在这种物体；实际中物体的辐射出射度应小于相同条件下黑体的辐射出射度，因此引入比辐射率的概念对这种差异进行描述：

$$\varepsilon(\lambda, T) = \frac{M_s(\lambda, T)}{M_b(\lambda, T)} \tag{7.5}$$

式中，$M_s(\lambda, T)$、$M_b(\lambda, T)$ 分别为实际物体与黑体在温度 T 下、波长 λ 处的辐射出射度。显然，$\varepsilon(\lambda, T)$ 是一个无量纲的值，取值范围为 0～1。

$$T_B = \varepsilon T \tag{7.6}$$

亮度温度是指实际物体在某一窄波谱范围内的辐亮度与黑体在同一波谱范围内辐亮度相等条件下黑体所具有的温度。参考比辐射率概念的来源可知，实际物体并不是理想化的黑体，其亮度温度应小于其真实温度，即如式(7.6)所示，其中 T_B 为亮度温度，ε 为比辐射率，T 为物体的真实温度。在具体应用中，亮度温度

往往也在具体模型中用以表征物体温度。

5. 火点识别原理

捕捉火点像元的关键因素之一是获取亮温值异常变化状态的信息，除中红外通道在高温状态下相比于热红外通道有着更加显著的能量变化动态外。更重要的是，尽管用于火点识别的传感器普遍空间分辨率相对较低，但考虑到生物质燃烧辐射的能量随温度的上升而快速提升，因此即使实际较小的地块发生燃火事件，其辐射能量变化情况也可以被传感器所获取。

为了更好地阐释火点识别工作的原理，以风云三号卫星上搭载的 VIRR 传感器为例进行分析。VIRR 传感器共有 10 个光谱通道，第 3～5 通道波长范围分别为 3.55～3.95μm、10.3～11.3μm、11.5～12.5μm，中心波长分别位于 3.74μm、10.8μm 和 12μm，图 7.1 中也对这三个通道的覆盖范围进行了描述，一方面，借助前文介绍的普朗克定律和维恩位移定律可以求得，地表常温状态下的辐射峰值波长在两个热红外通道的波长范围内，当温度增高时，尤其是高于 500K 后，辐射峰值波长迅速移向第 3 通道所包含波长的范围。另一方面，对于给定的传感器，高温火点也在中红外和热红外通道的图像中引起不同程度反应。图 7.2 展示了温度上升在中红外通道中引起的辐射率增量将大大高于热红外通道中的相应增量(图中用 VIRR 第 4 通道为例)。

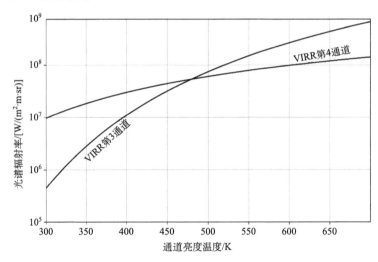

图 7.2　FY-3C/VIRR 中红外、热红外波段辐射率随温度变化情况

VIRR 数据的空间分辨率相对较低，混合像元效应显著，每个像元中均包含多种地物，燃火时极少会发生像元的全部范围同时处于明火状态。根据混合像元

理论和火点识别研究中 Dozier 模型的假设，将像元分为背景部分(即非燃烧区域)
与燃烧部分，同时卫星观测得到的辐射率可以认为是像元内这两部分辐射率的加
权平均，即式(7.7)中所述，其中 I 为光谱辐射率；下标 f 和 b 分别代表燃烧区域
和背景区域；p 为对应区域占像元的百分比；T 为对应部分的亮度温度值。

$$I = p_f I_f + p_b I_b = p_f I_f(\lambda, T_f) + p_b I_b(\lambda, T_b) \tag{7.7}$$

以 VIRR 中红外通道的特征参量为输入进行计算，分别对假设中燃火区域大
小、燃火区域温度、非燃火区域温度这三种不同因子设定三组值：假设燃火区域
大小占像元大小的 0.01%、0.1%、1% 和 10%；假设燃火区域温度处于 600～1400K；
假设非燃火区域温度处在 250～310K 之间。不同组合代入式(7.7)进行计算的结
果如图 7.3 所示。图中三个坐标轴的单位均为 K，X 轴为模型中子像元火点部分，
即燃火区域温度，Y 轴为模型中子像元非火点背景部分，即非燃烧区域温度；卫
星观测得到的混合像元辐射信息以 Z 轴拟合的像元亮度温度值为标称值进行展
示。从图 7.3 中可以看出，像元亮度温度与上述三类要素均正相关，但燃烧区域
的属性(面积占比、温度)对像元亮度温度的影响更为显著。燃烧区域面积占像元
面积比例仅为 0.01% 时，像元整体的亮度温度值也因燃烧温度的上升而提高至满
足阈值要求(Roberts et al.，2005; Roberts and Wooster，2008; Wooster et al.，2015,
2003)。此案例中 VIRR 的空间分辨率为 1km，像元面积的 0.01% 为 100m^2，即燃
烧区域面积为 100m^2 时火点能够使像元温度达到阈值，这说明利用中红外通道进
行火点识别具有实际操作的可行性。

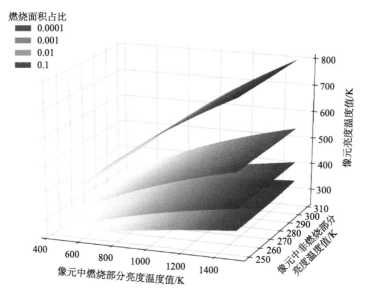

图 7.3　不同燃烧面积占比、像元中燃烧部分和像元中非燃烧部分温度组分条件下的像元温度

6. 燃火面积制图原理

植被经历火灾后生理活性遭到破坏，叶片枯萎、枝干甚至变为焦炭，这导致过火区域的光谱发生显著的变化。火灾在叶片灼烧时会导致叶面积指数减小，火势增大导致叶片进一步烧焦时会使叶片色素减退。对于光学遥感数据，前者的影响在于燃烧后，影像观测中的近红外反射率强烈下降；叶片烧焦、干燥则会导致近红外通道反射率增大。为了能够简单地、定量地描述这种过火区域和未过火区域之间的光谱差异，将特定植被指数与红外通道的发射光谱特征组合，突出不同地物间光谱特征的细微差异，可以广泛地应用于不同区域的过火面积提取研究，并成为后续各类相关算法的基础。式(7.8)给出了归一化火烧指数(NBR)的计算方法。

$$NBR = \frac{\rho_{NIR} - \rho_{SWIR}}{\rho_{NIR} + \rho_{SWIR}} \tag{7.8}$$

式中，ρ_{NIR} 和 ρ_{SWIR} 分别是相应数据中的近红外和短波红外波段，比值计算方法参考 NDVI 设计而来，燃火区域的 NBR 迅速降低至 0 值附近，且显著低于周遭植被地区。图 7.4 为不同像元的 NBR 指数随时间变化的序列。从时序变化中可以清晰地看到，未发生燃火事件的状态下，像元的 NBR 值在一定范围内波动；发生燃火事件后，像元的 NBR 迅速降低。

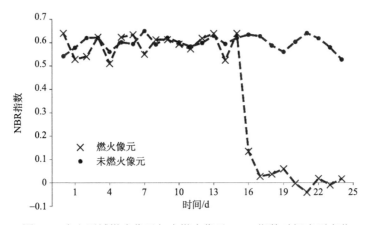

图 7.4　火灾区域燃火像元与未燃火像元 NBR 指数时间序列变化

7. 火灾排放原理

Seiler 和 Crutzen(1980)提出了目前得到最广泛应用的火灾碳排放估算模

型，如式(7.9)所示。模型将碳排放研究划分成四个不同的部分，分别为火灾燃火面积(A)、燃料容载量(B，也即单位面积上可燃物质的质量)、可燃物质中碳含量比重(f_c)，以及生物质燃烧效率(β，也即发生燃烧的部分质量占总质量的比重)。自然火灾碳排放 C 的计算如下：

$$C = A \times B \times f_c \times \beta \tag{7.9}$$

式(7.9)给出的是对火灾排放做出的非常粗略但比较完整的框架，在研究中可以针对其中不同部分进一步细化参量。例如，可将分属于地表和地下的凋落物、粗木质残体和土壤有机质从燃料容载量的成分中进行剥离计算。国内外的不同模型在此模型的基础上针对模型中的不同组分开展计算。全球火灾排放数据集GFED 借助现有的燃烧面积产品和火点数据进行燃火面积部分的估算，同时用遥感反演与生物地球化学模型结合的方法进行组分中燃料容载量和燃烧效率的估算(Randerson et al.，2012)。胡海清等(2012)根据统计资料计算燃烧面积，借助野外调查和实验室测试的方法补充估算了模型中的其他参量，实现了对 1965~2010年大兴安岭多年森林火灾的碳排放的估算；郭怀文(2013)、胡海清等(2012)则通过统计资料获取相关参数的方式，估算了福建三明地区的林火碳排放。

7.2.2　主要数据

伴随对地观测技术手段及应用水平的不断提升，应对森林草原火灾时所采用的相关卫星遥感数据也得到了迅速发展。除各类未经处理的原始数据外，大量基于成熟算法计算并检验的产品数据也被不同的研究广泛应用。

1. 原始数据

1) AVHRR 数据

AVHRR 是搭载于 NOAA 系列气象卫星和 EUMETSAT 系列 Metop 卫星上的传感器，自 1979 年(TIROS-N 卫星)以来就承担其持续的对地观测任务。AVHRR共发展了三代，第一代传感器具有 4 个光谱通道，分别覆盖可见光、近红外、中红外与热红外范围，数据具有 1.1km 的空间分辨率。20 世纪 80~90 年代，AVHRR数据所具有的空间及光谱分辨率都相当优秀，研究人员据此对遥感卫星数据的火点识别展开了初期探索。Dozier 模型的建立及阈值模型的发展都为后续火点识别研究工作奠定了坚实的基础。

随着后续全球观测卫星计划的建立，人们对 AVHRR 数据的依赖逐步转移到MODIS 及更新的遥感卫星数据中去。目前仅发射于 2018 年 11 月的 EUMETSAT系列 Metop-C 卫星仍然搭载有 AVHRR 传感器。现行 AVHRR 是同系列中的第三

代仪器，光谱通道拓展为 6 个，添加了对短波红外波段的覆盖。

2）MODIS 数据

1999 年 2 月 18 日，EOS 第一颗极轨遥感卫星 Terra 发射成功，2002 年 5 月 4 日，EOS 系统中第二颗卫星 Aqua 成功发射。搭载于这两颗卫星上的 MODIS 分别在地方时 10:30（Terra/MODIS）和 13:30（Aqua/MODIS）对地表进行观测，两颗卫星每 1～2 天可以实现对全球地表的重复观测。MODIS 具有 36 个波段的观测数据，包括 5 个中红外波段与 6 个热红外波段。MODIS 数据相比于 AVHRR 在波段的光谱范围与分辨率上进行了优化，提高了中心波长约 4μm 波段的饱和阈值，增强了其对热异常识别的能力。MODIS 传感器具有精确的空间定位能力，部分波段还具有 250m 和 500m 的空间分辨率。这些特性对准确地进行火点识别判识、燃烧迹地制图及目视判别结果起到良好的支撑作用。

从卫星发射至今，基于 MODIS 数据火点及燃烧面积相关算法研究得到了广泛开展。各类基于 MODIS 数据火情研究算法推陈出新的同时，MODIS 的产品团队还对各种条件下算法的结果精度进行了补充识别及详细验证的工作。MODIS 的全球火点识别算法相关的数据产品，能够极大地简化实际应用中决策人员对火点位置的判别，为过火面积分析、火灾与环境相关性、燃烧辐射能量等相关后续研究提供便捷的元数据。在全球的不同区域，如针对非洲南部地区、亚马孙地区等火点算法精度不高的地区开展算法精度验证，以及针对农业区域火烧痕迹计算误判进行算法更新，为 MODIS 火情研究的算法完善及高精度产品的生成打下了充分的基础（Chuvieco et al.，2018；Csiszar et al.，2006；Giglio et al.，2018；Giglio and Schroeder，2014；Morisette et al.，2005a，2005b，2002；Schroeder et al.，2008b）。除此之外，还有大量国内外学者对局部地区地表植被、季节、昼夜等诸多特征的差异开展了算法的补充研究。Li 等（2005）引入了将机载和卫星图像结合，并根据光谱特征空间中的马哈拉诺比斯距离的平方与归一化热指数来识别火点；缪婷婷等（2013）对江西省研究区进行了细致分析，通过补充添加背景信息提高算法应用于该区域的精度；周艺等（2007）对我国大兴安岭地区进行了参数上的修正，使 MODIS 火点算法能够更适合我国的地理环境与植被燃烧条件。许青云等（2017）、杨珊荣等（2009）、胡梅等（2008）、何立明等（2007）对华中、华北等地区的秸秆燃烧进行研究。

3）VIIRS 数据

1999 年至今，MODIS 数据及后续成体系的产品，以准确、高效的结果为许多机构、学者和决策者乃至普通用户提供了持续的服务，但随着传感器性能的老化，全新的 Suomi-NPP 卫星系统得以构建并投入使用，维持了对全球地表的持续观测。VIIRS 可以收集陆地、大气、冰层和海洋等多种地球表面遥感特征在可见光和红外波段的辐射图像。系统内的第一颗卫星于 2011 年 10 月 28 日成功发射，并于同年 11 月 21 日首次返回地表观测数据。星上搭载的传感器于地方时 13：30 对地表进行观测，保持了与 EOS 系统中 Aqua 星的一致性。

VIIRS 具有 22 个光谱通道，波段覆盖可见光至热红外通道(0.412~12.01μm)。作为在性能上相比于 AVHRR 和 MODIS 系列传感器有拓展和改进的新一代星载传感器，VIIRS 在光谱、空间分辨率上又做出了改进与优化，22 个光谱通道中包括 16 个中等分辨率波段(M 系列波段)、5 个常规成像波段(I 系列波段)以及 1 个可用于夜间成像的 DNB(day/night band)全色波段。M 系列及 DNB 波段的星下点的空间分辨率为 750m，相关研究团队利用 VIIRS 的 M 系列波段，继承和沿用了 MODIS 火点识别算法(Polivka et al.，2016; Wilfrid and Louis，2017)；I 系列的空间分辨率为 375m，更高的空间分辨率使得 VIIRS 的 375m 数据在小型燃火事件的识别中具有更高的识别率，为过火面积的制图算法提供了较好的补充(Blackett，2015; Oliva and Schroeder，2015)。M 和 I 系列的波段中均包含数目不等的反射太阳能波段和 5 个热发射波段。此外，VIIRS 数据中 M 系列波段 M13 通道饱和亮度温度约为 659K，远高于 MODIS 通道 21 所具有的 500K 饱和亮度温度，这也非常有益于火点识别研究工作的开展(Zhang et al.，2017)。先进的观测性能结合此前 MODIS 相关工作的研究基础，国内外学者已基于此数据着手开展了全球范围内的大量研究，Zhang 等(2017)、Waigl 等(2017)、徐迅等(2018)、罗晓霞等(2016)利用 VIIRS 数据对全球的不同研究区(阿拉斯加地区、我国东部地区等)、不同的燃火条件(秸秆燃烧、夜间火点等)进行了研究，将基于 VIIRS 的火点识别算法进行了拓展。

4) Landsat 系列卫星数据、Sentinel-2 卫星数据及 ASTER 数据

Landsat 系列卫星是投入运行时间最长的地球观测系列卫星，自 1972 年首颗陆地卫星发射以来，累计已有 8 颗卫星参与该系列计划(其中陆地卫星 6 号未能准确进入轨道)。目前尚在运行的卫星有 Landsat-7 和 Landsat-8。ETM+和 OLI 作为分别搭载于这两颗卫星上的主要传感器，可以向用户提供最高空间分辨率为 15m 的数据。ASTER 与 MODIS 均搭载在 EOS 系统卫星上，波段范围覆盖可见光至热红外波段。观测时刻上能保证与 MODIS 同期，数据的空间分辨率能够达到 15m。Sentinel-2 卫星发射于 2015 年并于同年开始提供观测数据，其携带一枚多光谱成像仪，可覆盖 13 个光谱波段，是欧洲航天局"全球环境与安全监测系统"(哥白尼计划，Copernicus 计划)的重要组成部分。

这三个系列的卫星遥感数据尽管都具有合适的光谱波段和较高的空间分辨率，但考虑到其观测幅宽都相对较小，许多场景中无法保证对目标观测地区的完全覆盖。在早期研究时，这类具有较高空间分辨率的数据一方面用于局部地区的

针对性研究，另一方面用作验证火点识别结果阶段重要的补充内容。通过结合这两类相对较高的空间分辨率，充分利用数据中短波红外对高温敏感的特征进行局部热异常地物的识别，从而实现对 MODIS、VIIRS 等算法结果的验证(Giglio et al.，2008，2016; Oliva and Schroeder，2015; Schroeder et al.，2008; Wang et al.，2007; Zhang et al.，2017)。随着数据存储能力和运算能力的大幅提升，基于高分辨率数据全球尺度的燃烧面积制图研究及应用也在不断深入(Long et al.，2019; Roteta et al.，2019; Roy et al.，2019)。

图 7.5 展示了 2020 年 6 月 14 日美国亚利桑那州凤凰城东北部地区发生的一场大火，超过 2.6 万 hm^2 的森林和草丛被焚毁。图中的卫星影像由 Landsat-8/OLI 采集获取，影像由 OLI 第 4、3、2 波段进行真彩色合成，结果与第 6、5 两个包含发射能量的波段融合而成。影像清晰地展现出过火区域与未过火区域的不同。

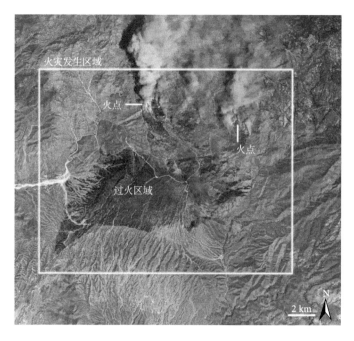

图 7.5　火灾发生时的过火区域和火点图

5)环境卫星数据

环境卫星(Huanjing，HJ)是我国环境与灾害监测预报小卫星星座的简称。环境卫星中共有 A、B、C 三颗卫星，其中 HJ-1A、HJ-1B 两颗卫星搭载光学仪器，于 2008 年 9 月 6 日成功发射；HJ-1C 卫星搭载雷达仪器，于 2012 年 11 月 19 日成功发射。环境卫星具有相对较高的空间分辨率，同时其观测幅宽可以确保在较大范围对生态环境与突发灾害进行动态监测。HJ-1A/B 两颗卫星上的光学仪器在可见光波段提供 30m 空间分辨率的数据，HJ-1B 上的红外多光谱扫描仪则可以提供具有百米级别空间分辨率的、火情监测中至关重要的中红外与热红外波段(蒋友严等，2013; 詹剑锋，2012)。

6) GOES 系列卫星数据

GOES 系列卫星是由 NOAA 负责的系列卫星。自 1975 年第一颗卫星发射以来，截至 2018 年 12 月已累计发射三个系列共 18 颗卫星(其中 1986 年的 GOES-G 未能成功进入轨道)。目前在轨运行的卫星包括第二代的 GOES-15(也被称为 GOES-P，于 2010 年 3 月 4 日发射)、第三代的首颗卫星 GOES-16(也被称为 GOES-R，于 2016 年 11 月 19 日发射)和同为第三代的 GOES-17(也被称为 GOES-S，于 2018 年 3 月 1 日发射)。与前文提及的 MODIS、VIIRS 等数据显著不同的是，GOES 系列卫星数据是由静止轨道卫星提供的、具有高时间分辨率的数据。在火情监测研究，特别是火点识别研究中，利用高时间分辨率的特点对遥感影像进行分析，可以及时发现目标区域火点并对火情进行实时监测。随着最新一代搭载有高级基线成像仪(advanced baseline imager，ABI)的 GOES 卫星的发射，GOES 系列卫星开始逐步具有完善的光谱通道、较高的时空分辨率等显著优点，越来越多的研究也在此前的基础上得以展开(Koltunov et al.，2016)。

7) SEVIRI 数据

第二代气象卫星(Meteosat Second Generation，MSG)是由 ESA 和 EUMETSAT 共同负责维护开发的新一代气象卫星系统。ESA 负责空间部分的开发，EUMETSAT 负责开发地面部分及维护整个系统的运行。MSG 目前包括 Meteosat-8~Meteosat-11 共 5 颗卫星(其中还包括 Meteosat-8 IODC)，SEVIRI 是 MSG 中各颗卫星上搭载的重要传感器。SEVIRI 具有 12 个光谱波段，光谱范围包括 4 个可见/近红外通道(0.4~1.6μm)及 8 个红外通道(3.9~13.4μm)。红外通道的空间分辨率为 3km，而可见光波段的空间分辨率可达 1km。15min 的时间分辨率能够及时地检测除地表以外的各类环境变化、突发灾害，并能够有效地对其后续发展进行动态监测(Roberts and Wooster，2014)。

8) Himawari 系列卫星数据

Himawari 系列卫星是由日本气象厅(Japan Meteorological Agency，JMA)负责的系列静止轨道卫星。Himawari 系列卫星已先后发展了第三代，目前在轨运行的是第三代系列卫星中的 Himawari-8 与 Himawari-9。全圆盘先进葵花成像仪(advanced himawari imager，AHI)数据具有 10min 的时间分辨率，还可对特定区域进行更高频率的观测。AHI 数据中包含中红外及热红外光谱通道信息，其空间

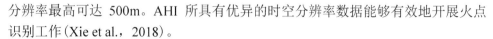
分辨率最高可达 500m。AHI 所具有优异的时空分辨率数据能够有效地开展火点识别工作（Xie et al.，2018）。

9）风云系列卫星数据

目前，我国已成功发射包括极轨卫星与静止轨道卫星两个系列共计 17 颗卫星。其中的风云三号（FY-3）、风云四号（FY-4）卫星分别是我国风云系列中最新一代的极轨卫星与静止轨道卫星。

风云三号卫星的研制和生产分为两个批次。01 批为试验卫星，包含风云三号 A 和 B（FY-3A、FY-3B）两颗卫星，这两颗卫星分别于 2008 年 5 月 27 日和 2010 年 11 月 4 日成功发射（其中 FY-3A 已于 2015 年 1 月 5 日退出服役）。02 批为业务运行卫星，目前在轨运行的有 FY-3C、FY-3D 两颗卫星，FY-3C 于 2013 年 9 月 23 日成功发射，它充分继承了 FY-3A、FY-3B 星的成熟技术，星上搭载了包括 VIRR、中分 MESRI 等 12 套遥感仪器在内的多种观测载荷，核心遥感仪器的性能在原有基础上得到进一步提升。FY-3D 于 2017 年 11 月 15 日太原卫星发射中心成功发射，经在轨测试后于同年 11 月 25 日开始运行数据分发等业务，成为我国极轨卫星中低轨道下午观测的主业务卫星，并与 FY-3C、FY-3B 共同组网，空间观测能力得到提升。

风云系列静止轨道卫星及地面应用系统的研究、设计与建设同样自 20 世纪 80 年代开始。第一代静止轨道卫星被定名为风云二号（FY-2），系列中第一批两颗卫星具有试验性质。风云二号卫星中首颗卫星（FY-2A）于 1997 年 6 月 10 日发射，FY-2B 于 2000 年 6 月 25 日发射，预计在台风监测、汛期预测、航空气象保障、天气预报等多方面发挥作用。截至 2018 年 12 月，我国已成功发射 9 颗风云二号系列静止轨道气象卫星，其中的第二批、第三批中分别包含三颗卫星，编号分别为 FY-2C 至 FY-2E（第二批）、FY-2F 至 FY-2H（第三批）。自风云二号 C 星起，传感器性能得到显著提升，风云二号系列卫星也开始被世界气象组织（World Meteorological Organization，WMO）纳入全球地球观测卫星序列，并因此成为 GEOSS 的重要成员。风云二号卫星系列中最新的 H 星（FY-2H）于 2018 年 6 月 5 日成功发射，定点在 79°E 赤道（印度洋）上空，其观测区域可以进一步覆盖西亚、中亚、非洲和欧洲等亚太空间合作组织（Asia-Pacific Space Cooperation Organization，APSCO）及“一带一路”沿线国家和地区，同时 FY-2H 也满足这些国家和地区进行高频度气候、生态等科研或业务监测需求。新一代的静止轨道气象卫星定名为风云四号。风云四号 A 星（FY-4A）于 2016 年 12 月 11 日成功发射，并于同年 9 月 25 日正式交付使用。风云四号 A 星是我国首颗高轨三轴稳定的定量遥感卫星，同时其上还搭载了包括多通道扫描成像辐射计（advanced geostationary radiation imager，AGRI）在内的多种观测仪器。AGRI 相比于风云二号系列卫星的对地观测仪器，在传感器波段光谱设置、通道数目、数据空间分辨率等方面都有显著改善，同时 AGRI 具有以分钟级的快速扫描对亚洲大洋洲区域进行持续观测的能力，具有较强的业务能力。

2. 火情监测卫星数据产品

基于卫星遥感原始数据和相关算法发展出的系列火情产品已经逐渐成为各类应用研究的重要基础(Chuvieco et al.，2019)。丰富的火点识别结果、燃烧面积制图、火灾排放产品有助于研究人员对燃烧区域燃料容载量、燃火成因、历史火情变化等方面开展研究。考虑不同地区存在针对性的数据产品，这里仅对其中主要的全球火情研究数据产品进行介绍(表 7.1)。

表 7.1 主要的全球火情研究数据

数据类型	数据名称	所用传感器或基础数据	覆盖时间	空间分辨率	时间分辨率
火点数据	MOD14/MYD14	MODIS	2000 年至今	1km	每天
	GFR	FY3/VIRR	2009 年至今	1km	每天
	FHS	FY4/AGRI	2019 年至今	2km	每 15 分钟
	VNP14	VIIRS	2012 年至今	375m	每天
燃烧面积数据	GBA2000	SPOT/VGT	2000 年	1km、0.25°、0.5°、1°	每月
	GLOBSCAR	ERS2-ASTR2	2000 年	1km	每月
	L3JRC	SPOT/VGT	2000~2007 年	1km	每月
	GLOBCARBON	SPOT/VGT; ATSR2; AATSR	1998~2007 年	1km、10km、0.25°、0.5°	每月
	GIO-GL1	SPOT/VGT; PROBA-V	1999 年至今	1km	每 10 天
	GIO-GL1 300	PROBA-V	2014 年至今	300m	每 10 天
	FireCCI41	MERIS(辅以 MODIS 火点数据)	2005~2011 年	300m、0.25°	每月/每两周
	FireCCI50 及 FireCCI51	MODIS(辅以 MODIS 火点数据)	2001~2019 年	250m、0.25°	每月
	GFED4	MCD64A1	1997~2018 年	0.25°	每月
	GFED4s	MCD64A1	1995~2018 年	0.25°	每天/每月
	MCD45A1 C51	MODIS BRDF 时序数据	2000~2017 年	500m	每月
	MCD64A1 C6	MODIS(辅以 MODIS 火点数据)	2000 年至今	500m、0.25°	每月

可以看出，目前有较多基于 MODIS 数据的火情产品，其中主要包括 MODIS 陆表研究团队热异常/火点 MOD14、MYD14 系列产品、MODIS 陆表研究团队燃烧面积 MCD64 产品、ESA FireCCI 项目下的 FireCCI 燃烧面积产品，以及全球火灾排放研究数据库(Global Fire Emission Database，GFED)(Andela et al.，2017; van der Werf et al.，2017; Zhu et al.，2017)。综合来看，具有多光谱、每日全球地表重复观测等特性的 MODIS 数据能够非常有效地应用于火情研究中，其长期、稳定的观测也使得相关研究得以开展。除此之外，基于 VIIRS 的数据产品已投入使用并提供了具有更高空间分辨率的数据结果，而基于风云卫星数据的火点产品也逐渐成为相关研究的重要补充。

7.2.3　火点识别方法

1. 阈值模型方法

阈值模型(threshold models)是基于 Dozier 模型设计的，通过一系列阈值判断进行火点识别的模型。阈值模型借助传感器光谱辐射特征，针对不同火情、地表植被等因素，选取合适的阈值，通过判断相应通道是否达到阈值进行"火点"与"非火点"的区分。以 Kaufman 等(1990)对 AVHRR 数据中的研究为例，算法针对亚马孙森林地区影像设计了中红外、热红外通道的固定阈值组合条件，保证像元在反映足够高辐射能量的同时，对裸土、云像元等因素也具有一定的抗干扰能力。式(7.10)为阈值方法的应用案例，其中 T_3 和 T_4 分别表示中红外和热红外通道得到的亮温值。

$$\begin{cases} T_3 > 316\text{K} \\ T_3 > T_4 + 10\text{K} \\ T_4 > 250\text{K} \end{cases} \tag{7.10}$$

这里阈值设定的目标不仅针对遥感卫星数据的原始数据，还可以针对火情相关的指数进行设计。研究者分别从 MODIS 数据的多波段特性入手，利用不同波段构建对异常高温敏感的参量指数，结合反映地表的植被指数等特征对火点进行识别(何全军和刘诚，2008；赵文化等，2007；周利霞等，2008)。这一系列指数，如归一化差异火点指数(normalized difference thermal index，NDTI)、火点指数(fire point index，FPI)等都能够对火点进行识别，以 NDTI 方法为例，具体内容如式(7.11)所示：

$$\text{NDTI} = \frac{R_{21} - R_{31}}{R_{21} + R_{31}} \tag{7.11}$$

式中，R_{21}、R_{31} 分别为 MODIS 数据对应通道的观测辐射率。尽管包括 NDTI 方法在内的比值指数能够在一定程度上去除大气、仪器本身等其他因素的噪声，但这些以专家经验等先验知识为基础设定的参数，只能在特定研究区实现比较理想的结果。如果需要大尺度范围或多个研究区内的火点识别，则需要频繁地选取阈值。这极大地增加了人工参与的工作量、降低了应用算法进行大规模计算的可行性。

2. 上下文模型方法

上下文模型(contextual models)是目前应用最为广泛的火点识别算法。这种方法由亮温阈值模型发展而来，首先通过设定阈值区分出潜在可能为火点的像元；进一步遍历潜在火点，根据窗口范围内像元在中红外、热红外亮温值中展现出的差异进行计算，通过比较统计数值与周遭像元的计算结果，最终给出所有像元点的判别结果。基于上下文模型的算法最早设计并应用于 AVHRR 数据，Li 等(2000)针对加拿大境内的寒带区域森林进行了上下文算法的应用，He 和 Li(2012)应用 AVHRR 数据进行算法开发时，针对太阳反射辐射对中红外通道亮度温度计算带来的误差进行了细致分析与论证。随着包括 MODIS、VIIRS 等在内的多种后续相关数据投入使用与应用推广，研究也在新数据的相关算法设计与产品开发中得到开展。很多学者利用环境卫星数据，对澳大利亚南部森林山火、我国江苏省秸秆焚烧火点等不同类别的火情分别提出了不同的识别算法(李家国等，2010；田庆久等，2011；王玲等，2011；詹剑锋，2012)；Lin 等(2017)对全球不同区域的尝试用 FY-3C/VIRR 数据进行火点提取；Elvidge 等(2013)拓展 VIIRS 在火点识别上的工作，探索了用 M 系列波段进行火点识别的方法。

诸多针对不同数据的模型方法中，以 2016 年 MODIS 火点研究团队的第 6 版 MODIS 火点算法最为突出且应用广泛(Giglio et al.，2016)。算法继承了此前研究中火点像元亮度温度值昼夜差异的区分，对云/水像元边界处的误判以及对沙漠/裸土等高亮度温度、高反射率区域的误判等补充条件进行了优化。针对固定阈值导致的漏判问题进行了调整与优化，同时对具体应用研究中出现的太阳照射导致的热异常，水体要素中可能出现的热异常(如海上钻井平台发生的燃火等)以及森林地区因农业活动导致的小型过火现象等诸多因素进行了补充修正。算法中的关键步骤及优化部分如式(7.12)所示：

$$\begin{cases} T_4^* = \text{mean}\left(T_4\right)_{\text{adj}} + 5\text{K} \\ \Delta T^* = \text{mean}\left(\Delta T\right)_{\text{adj}} + 5\text{K} \\ \Delta T > \overline{\Delta T} + 3.5\delta_{\Delta T} \\ \Delta T > \overline{\Delta T} + 6\text{K} \\ T_4 > \overline{T_4} + 3\delta_{T_4} \\ T_{11} > \overline{T_{11}} + \delta_{T_{11}} - 4\text{K} \\ \delta'_{T_4} > 5\text{K} \\ T_{11} > \overline{T_{11}} + 3.7\delta_{T_{11}} \ (*) \\ \overline{\rho}_{0.86} > 0.28 (*) \\ T_4 < 325\text{K} (*) \end{cases} \tag{7.12}$$

式中，T_4、T_{11} 和 $\overline{\rho}_{0.86}$ 分别代表 MODIS 数据中第 21、31 通道的亮度温度值以及第 2 通道的反射率值；特征参量 ΔT 为中红外、热红外波段亮度温度差值，这一差异也可以根据式(7.7)进一步推导得到。带有均值符号标记的 $\bar{n}$ 表示对影像中的对应参量取全局均值，带有 δ 符号标记的表示对相应参量取平均绝对偏差值，带有 "′" 和 "*" 的是对应参量 n 在窗格内对全局和有效像元做统计计算的标记符号。式(7.12)中的前两项判断条件是用动态阈值的方法进行潜在火点判别。紧接着的五则判别条件为上下文方法中针对目标像元邻域范围进行计算的方法，在保留了针对中红外、亮度温度差值计算的同时，引入热红外值以及亮度温度差值的补充判断条件。最后三项结尾带有 "*" 符号的判别条件是针对由巴西亚马孙地区的误判火点而新加入的组合判断条件，用以排除部分地区因毁林开垦而导致的误判。

3. 时间序列方法

时间序列分析(time series analysis)是基于目标区域连续观测的结果，通过分析像元随时间变化的规律，将异于变化规律的像元区分为 "火点" 的研究方法。相比于极轨卫星较低的数据获取频率，静止轨道数据的高时间分辨率无疑更具有优势。GOES 系列卫星数据、SEVIRI 数据及 Himawari 数据等都有基于时序分析方法开展的相关研究。Schroeder 等(2008b)对 GOES 数据火点识别中云像元的问题展开讨论，算法利用基于像素的概率方法，同时考虑目标区域此前发生的火灾、降水及土地利用等多种信息，解决了巴西亚马孙地区火点识别中的云遮蔽问题。Xu 等(2010)对新一代搭载有 ABI 的 GOES 数据全球火点识别算法开展了研究，算法考虑了云层覆盖，同时对能量较低的小火点或早期火情实现识别。陈洁等(2017)利用 Himawari-8 静止气象卫星对 2016 年 4 月内蒙古自治区呼伦贝尔市边界境外草原火灾展开连续动态监测。

时间序列方法的基本思路类似，但在获取像元随时间变化规律上，不同的研究者可能会设计出不同的方法。Roberts 等（2014，2005）基于 SEVIRI 数据对非洲南部地区进行了火点识别与火点辐射能量计算，识别的火点像元具有较高的准确性；Xie 等（2018）通过 Himawari-8 卫星数据构建了一种时空背景模型，借助 NDVI 最大月度合成结合 Otsu 方法进行火点像元的识别。Freeborn 等（2009, 2011, 2014）利用 SEVIRI 数据进行了长期观测，并开展了详细的算法设计与结果验证。研究首先于 2004 年 2 月至 2005 年 1 月在非洲研究区开展，将 MODIS 数据产品与研究中设计算法所得到的结果进行比较，并随后对火情燃烧能量结果进行修正。

7.2.4　燃烧面积制图方法

1. 过火特征指数研究

过火特征指数是一种基于过火区域植被光谱特征变化开展相应光谱波段计算研究并可快速应用于目标地区的方法。Veraverbeke 等（2011）研究了不同植被指数区分过火区域和未过火区域的能力，数值越大代表对应植被指数在影像中具有更强的区分能力，表 7.2 中选择部分具有典型性的特征指数。

表 7.2　典型过火特征指数

指数名称	缩写	计算公式	性能
归一化植被指数	NDVI	$\dfrac{\rho_{NIR} - \rho_R}{\rho_{NIR} + \rho_R}$	0.8
土壤调整植被指数	SAVI	$(1 + L)\dfrac{\rho_{NIR} - \rho_R}{\rho_{NIR} + \rho_R + L}$ （L 为常数）	0.94
过火区域指数	BAI	$\dfrac{1}{(C_R + \rho_R)^2 + (C_{NIR} + \rho_{NIR})^2}$	0.29
归一化燃烧比值	NBR	$\dfrac{\rho_{NIR} - \rho_{SWIR}}{\rho_{NIR} + \rho_{SWIR}}$	1.13
热植被指数	CSI	$\dfrac{\rho_{NIR}}{\rho_{SWIR}}$	0.01
热-土壤调整植被指数	SAVIT	$(1 + L)\dfrac{\rho_{NIR} - \rho_R \times T/1000}{\rho_{NIR} + \rho_R \times T/1000 + L}$ （L 为常数）	0.5
修改型土壤调整植被指数	MSAVI	$2.5 \times \dfrac{2\rho_{NIR} + 1 - \sqrt{(1 + 2\rho_{NIR})^2 - 8(\rho_{NIR} - \rho_R)}}{2}$	0.21

注：C_R、C_{NIR} 分别为红波段和近红外波段的反射率，其他符号含义与本书前文介绍一致

Tucker（1979）提出的 NDVI 因能有效反映地表生物量，故其在火情研究中也

得到了广泛的应用且具有不错的识别效果。除了以 NDVI 为基础的修改版本指数 EVI、GEMI 外，研究人员还设计了更多过火后对地表光谱特征更敏感的指数，其中包括 NBR、BAI 等。BAI 强化了过火后影像中红光和近红外的双峰特征，NBR 则将重点放在凸显燃火过后短波红外反射率增强带来的变化上。

2. 单一影像分析方法

燃火面积提取方法与传统遥感影像分类方法有诸多相似之处，除简单的目视解译等人工干预下的人机交互模式外，多数基于单景影像分析的方法也多采用监督分类、非监督分类以及其他图像分类或分割算法进行过火区域的自动或半自动提取，其中具体包括阈值方法、经验回归方法等。需要说明的是，包括机器学习在内的分类方法尽管需要用到大量的训练样本进行算法参数的调优，但目标仍然是单一影像中的分类结果，因此在本节中做介绍。

阈值法即对特定参量或参量计算值进行阈值设定，从而进行过火区域划分。阈值选择的方法可以以专家经验为出发点，也可以通过更复杂的统计方法进行决策。统计方法中，常见的是逻辑斯谛回归，Koutsias 和 Karteris（2000）建立了基于 Landsat TM 影像中基于过火特征的逻辑斯谛回归模型。此外，更多的研究人员尝试借助训练样本进行监督分类，一般主要包括决策树方法、人工神经网络方法等。Giglio 等（2013）使用 MODIS 的反射率数据计算像元发生过火的后验概率，进而判断其是否发生过燃火事件，Sedano 等（2013）借助分类回归树和人工神经网络进行分类，Petropoulos 等（2011）利用 Landsat TM 影像和 SVM 方法进行迭代分类，实现了对过火区域的提取。近些年随着计算机存储能力和计算能力的快速增长，深度学习算法得到了广泛的应用，Pinto 等（2020）借助 VIIRS 数据开展研究，同时也获取了较好的效果。

像元尺度划分方法主要依据像元的光谱特征，此外还有以燃火区域为对象进行面向对象的分类方法。这种研究思路先将图像分割为内部质地相对均一的独立对象，再根据对象之间具有的不同特征进行归属分类，其中可用的特征除火情监测中常用的光谱特征外，还包括过火区的形态、内部的纹理等。Gitas 等提出针对 AVHRR 的面向对象的过火区域提取方法，Polychronaki 和 Gitas（2012）先进行非植被区域的区分，再进行过火区域的提取。尽管面向对象的方法可以在小区域研究中获得较高的精度，但大尺度范围内各类森林、草原等地物类型、燃料容载量以及不同火情下的燃烧程度均有显著差异，因而无法适用。

3. 多时相分析方法

与火点识别方法中的时间序列方法类似，燃火面积制图的多时相分析方法通过对拟分析特征参量随时间变化的动态进行燃火区域绘制来进行研究。图 7.4 展示了植被发生过火后 NBR 指数随时间变化的过程,以横轴为观测时间、纵轴为像元的 NBR 值,从图 7.4 中可以看出像元过火后 NBR 指数出现了很明显的下降。式(7.13)给出了多数研究中所使用的差值(ΔV)研究方法,即通过过火前后的像元特征参量(V_{pre} 和 V_{post})的差值进行描述。

$$\Delta V = V_{pre} - V_{post} \tag{7.13}$$

燃火面积的多时相分析方法中,常用的特征参量为基于植物光谱变化的指数(Roy et al.,2002;Toukiloglou et al.,2014)。相比于单时相方法,多时相分析方法引入了对时间尺度的考虑,在做区分时可用信息更多,同时可以有效避免单时相方法普适性不足的问题。但在此方法中,观测和光照条件以及大气状况等会影响植被光谱的观测值,真实的观测影像中,这些条件都会受到一定的影响,同时会在植被光谱波动的基础上叠加一个较小幅度但有较高频率的波动,如果遇到云的干扰,时间序列会因为缺少关键数据而无法直接进行后续计算。此外,人类活动也会对植被光谱产生较大的影响,如森林砍伐等。这种短时间内迅速影响地表植被光谱的人类活动,具有与火灾活动类似的影响模式。因此,多时相分析方法需要综合考虑这些因素对植被光谱变化的影响,从而判断是否发生了火灾。

7.2.5　燃料容载量计算方法

燃料容载量与燃烧面积都是火灾排放相关研究中的关键环节。通常而言,火灾中的可燃物质由不同的植物和非植物物体组成,前者包括各类型的植被及枯枝落叶等,后者包括腐殖质、泥炭等(Keane et al.,2001;袁春明和文定元,2001)。由于燃料组分的复杂性,具体研究中常根据可燃物质的物理参数、水平及垂直分布状况或可燃特性等,将具有相同特性的可燃物质划为同一种燃料类型(Arroyo et al.,2008;French et al.,2011)。燃料容载量的遥感估算可以分为直接和间接两大类。

间接获取燃料容载量的核心借助燃料模型,区分出不同像元所属的燃料类型,对影像中的像元分配燃料容载量数值。具体开展燃料制图时,主要依据植被光谱和空间纹理等为特征的卫星遥感数据和与地面调查相关的辅助数据。van Wagtendonk 和 Root(2003)利用非监督分类方法对 Landsat 影像进行分析并获取详细的燃料类型制图结果,类似地,还有 Miller 等(2003)、Oswald 等(2000)的研究。随着数据空间分辨率的提升和面向对象等方法的引用(Lanorte et al.,2013;Toukiloglou et al.,2014),不仅在获取的燃料类型制图精度上有显著提高,识别的类型也更加准确。可以看出,燃料制图的思路和过程与常见的植被类型或地表覆盖制图有相似之处，区别在于燃料制图是为了对火情研究服务，依据更多来源于燃料类型体系。在植被类型相对单一的区域或不复杂的燃料制图中，也可以用植被类型结果来计算燃料容载量。间接制图方法的优势在于原理简单，可通过燃料模型及燃料类型的分类获取燃料容载量的计算结果。需要注意的是，由于不同的生态系统群落间存在巨大的差异，同一生态系统内部也存在一定的复杂性和地区性区别，从卫星遥感数据反演的角度看，森林内部存在复杂的立体结构与冠层遮挡、底部的植被燃料特性无法充分获取的现象(Rollins et al.，2004)。为此，还有研究人员通过 LiDAR 数据等进行燃料容载量计算(Andersen et al.，2005; Skowronski et al.，2007)，这些传感器获取的数据对植被冠层具有一定的穿透能力，有效地弥补了传统光学遥感数据的不足。

直接制图方法则是通过建立燃料容载量与中间特征变量之间关系的方法来进行燃料容载量的计算。这类方法因不依靠燃料容载模型而可以在一定程度上避免间接制图方法中，因植被冠层遮挡带来的燃料计算错误(Keane et al.，2001)。直接制图法的中间特征包括环境因子(地形、气候、土壤等)和植被因素(森林郁闭度、冠幅等)等。Scott 等(2002)对美国新墨西哥州的森林开展研究，用航空遥感影像提取森林冠层密度等特征，进而构建这些相关特征与燃料容载量的线性回归方程，以获取该地区森林燃料容载量。Brandis 和 Jacobson(2003)以 Landsat 数据中提取的林分因子为中间特征，结合反演获取的森林凋落物积聚信息，计算燃料容载量。Lewis 等(2011)通过建立高光谱遥感混合像元分解得到的端元含量和燃料容载量之间的关系计算燃料容载量。

7.3 森林草原火灾遥感信息提取新应用

7.3.1 研究区概况

为了更好地展现火点识别在森林草原火灾遥感信息中的应用研究，本节选取俄罗斯和澳大利亚两地的两次火灾进行展开。

位于俄罗斯东西伯利亚南部的贝加尔湖是世界第一深湖(2015 年探测最深处达1637m)，也是亚欧大陆最大的淡水湖(2015 年探测结果为湖总容积 23.6 万亿 m^3)，其面积超过 3 万 km^2。贝加尔湖位于 51°29′～55°46′N，103°41′～109°57′E，其周边地区属于温带大陆性气候。贝加尔湖区植被为典型的温带森林草原植被，植被类型和稀有植物品种的数量极高。这里植被的显著特点之一在于高达 70%的森林覆盖率(王可等，2011)。围绕在贝加尔湖周围的行政区包括伊尔库茨克州、布里亚特共和国和外贝加尔边疆区，这些区域包括伊尔库茨克、安加尔斯克等城市，其中以伊尔库茨克为西伯利亚地区最大的工业城市、交通和商贸枢纽。

贝加尔湖地区在平衡自然环境与社会发展的过程中出现了一定的不协调。尽管该地区人口稀少,人口密度约为平均 2 人/km²。但受历史发展的影响,早在 20 世纪初,贝加尔湖区已建成贯穿全线的铁路。苏联期间,公路铁路建设进一步加强,同时在 1950～1960 年建设了电力站、化工厂和纸浆厂。为了更好地进行工业发展,人们在贝加尔湖流域大肆采伐木材、开发处女地、扩大渔牧业生产。现代采伐技术的进步为木材工业的大规模开展创造了先决条件,也加速了对处女地的开垦(伊·阿科达莫夫和罗见今,2013)。苏联解体后,贝加尔湖地区经历着城乡结构的剧烈变化,这种变化以少数中心城市的扩张和大量乡村聚落的废弃为主要特征,城市的扩张也进一步增加了对贝加尔湖畔地区的开发力度。贝加尔湖区从 20 世纪 90 年代以来就保持了长期的经济增长,但考虑到这种经济增长建立在对森林、水等自然资源过度开发的基础上,该地区也承受了包括森林火灾在内的各种灾害的威胁。乱砍滥伐还导致了土地储水能力下降,失去调节水量的能力,流水和风的侵蚀也进一步加剧;大量木材落入湖中、树皮腐烂于湖水中,打乱了湖水的化学平衡,水中亚硫酸盐和硝酸盐等物质的含量均显示出增长的趋势(陶澍,1978)。

2014 年 4～6 月贝加尔湖畔陆续发生了多起森林火灾。4 月 4 日,火灾集中在贝加尔湖以北伊尔库茨克州伊尔库茨克市附近的安加拉河谷。布里亚塔共和国贝加尔湖以南的山区也发生了大量燃火事件。直到 4 月 23 日,俄罗斯消防部记录了近 3000 起大火。4 月 28 日,在贝加尔湖以东的阿穆尔州地区发生了超过 200 平方英里[①]的两次大规模野火。4 月的贝加尔湖地区仍然处于结冰期(郑芷莲,2002),卫星影像中连绵的火点却出现在覆盖着积雪和冰雪的湖畔地区。永久冻土解冻、整个西伯利亚平均气温的迅速上升和人类变暖的驱动,以及活跃的土壤层和植被的脆弱性,这些因素的恶性组合为该地区增加了更多发生连续、大规模火灾的可能性。通常而言,野火的风险取决于热量和可燃物质。但由于永久冻土层中含有大量干涸泥炭层和甲烷,加上当前气温以全球气温上升速度的两倍增长,贝加尔湖区未来仍面临着不稳定的永久冻土解冻区内及邻近区域内发生燃烧的可能性。据俄罗斯相关部门报道,截至 5 月 15 日上午,西伯利亚联邦区已报告超过 52 起森林火灾,面积超过 5.3 万 hm²,其中贝加尔湖地区的燃烧面积超过 4.8 万 hm²。图 7.6 是贝加尔湖地区 5 月 18 日由 MODIS 获取的卫星遥感影像,可以看到贝加尔湖西北部的森林地区出现了大量零星分散的火点,火灾处散发着烟雾。

---

① 1 平方英里=2.59 km²。

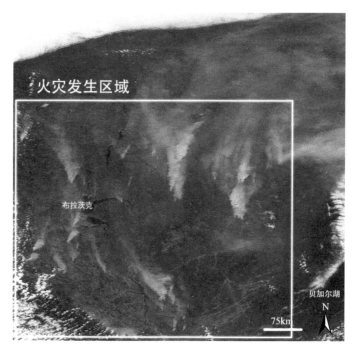

火灾发生区域

布拉茨克

贝加尔湖

75km

N

图 7.6　2014 年 5 月 18 日 MODIS 卫星影像下的贝加尔湖火灾

　　火灾甚至延续到 6 月中旬，从各类卫星遥感平台获取的影像中仍然可以看到大量的火点，大量的烟羽从火点处发出并向外飘散。2014 年初强烈的升温使得俄罗斯东部和邻近的北极西伯利亚上空产生了一个"热穹顶"，这导致雪线迅速消退。另外贝加尔湖区的火情有火点数目多、每处燃烧的区域相对较小的特点，因而这些靠近森林边缘发生的火情，虽来源于人为管控下的燃放，但一旦失去控制其仍然会造成巨大的破坏。

　　澳大利亚是位于南半球四面环海的国家。澳大利亚地跨两个气候带，北部由于靠近赤道而属于热带，南部则属于温带。从其大陆内部看，澳大利亚的中西部地区干旱少雨，气温高、温差大，多为荒无人烟的沙漠；沿海地区气候湿润、雨量充沛，主要城市和人口聚集地也沿海分布。具体而言中西部为热带沙漠、草原气候，东部为热带雨林气候、亚热带湿润气候和温带海洋性气候，南部为地中海气候。澳大利亚经济发达，以制造业、建筑业和矿业为主的工业、农牧业、渔业、对外贸易等都在全球经济往来中占有一定的地位。尽管有着丰富的矿产、农牧业和渔业等自然资源，但常年以来，澳大利亚都受到火灾的威胁。每年 12 月至次年 2 月，连绵的山火甚至会形成独特的"山火季"，有大量的土地被火灾破坏，并会造成人员伤亡与财产损失。

　　澳大利亚火灾的频发和难以控制，除管理方面的原因外，还和当地气候、植被类型等密切相关。澳大利亚山林大火多由草丛、矮树丛、灌木及森林等物质燃烧导致，根据其地形特征的差异而分为丘陵/山地火和草原/平原火。澳大利亚虽有多种气候类型，但总体上夏季高温、降水量少，尤其在热带沙漠、草原和地中海气候的干燥炎热环境中，闪电、架空电力线路的电弧、纵火、农业清理、掉落的火柴、打火机等各方面因素都可能引发火灾。此外，澳大利亚森林中含有的可燃物质较多，最为典型的是，澳大利亚桉树占森林面积的比重很高。大量种植的桉树，不仅叶、枝、杆都含有油脂，其树皮也富含桉树油。桉树的树皮容易脱落，脱落后在地面堆积，气温到达 40℃时便可能引发自燃，进而引发山林大火。树根等处累积了大量此类易燃物质、增加了可燃物容载量，也会助推火势蔓延。除植被本身的性质外，树木易遭雷击也是澳大利亚山林大火多发的重要原因之一。

　　尽管在澳大利亚大陆上，许多特定的本地植物甚至依赖山林大火进行繁衍，如澳大利亚特有的班克木属树木，大火可以使其种子开裂，从而得以生根发芽。这类由时常交替发生大火，促成新植被生成、其他物种快速从中恢复的特性，甚至成了澳大利亚生态的重要组成部分。但仍然必须指出山火势态极易在气候威胁等多种因素下迅速扩大，并给人类社会造成巨大的破坏。历史上已发生了多起严重的火灾，如发生于 1983 年的"圣灰星期三"大火，造成 75 人死亡和 2500 处房屋被毁；2009 年澳大利亚热浪和"黑色星期六"丛林大火同时发生，造成 173 人丧生。2019～2020 年澳大利亚持续长达 4 个月以上的山火更是引发了全球的关注。2019 年 11 月起澳大利亚东部丛林大火开始肆虐，至 12 月 31 日东南部地区新南威尔士州、维多利亚州、南澳大利亚州等多地也陆续发生严重山火，过火面积超过 600 万 hm^2，造成 20 多人死亡，燃烧产生的烟雾甚至飘到了 2000km 外的新西兰，截至次年 1 月中旬，山火造成的火灾遇难人数上升到 28 人。除对人类造成严重侵害外，山火还造成大量野生动物死亡或流离失所。

　　2015 年初，澳大利亚南部森林大火爆发多日猛烈大火，数千人被迫撤离。据媒体报道，1 月 2 日起大火即开始向外蔓延，强风条件下的高温环境恶化了火场的势态。2015 年 2 月，澳大利亚西南部又接连发生山林火灾，严重威胁着附近居民的安危。诺斯克利夫以东一处被烧。另一个火灾位于诺斯克利夫北部 100 多千米处，两次大火都是由闪电雷击引发的，强风天气和干燥地表使火势迅速增长。2 月 4 日，NASA Terra 卫星上的 MODIS 捕捉到了火灾发生时的影像，影像如图 7.7 所示。影像显示了两场火灾所散发的浓烟和由红色轮廓指示出的火场范围。火灾中大量的烟雾也对周边环境产生了巨大的影响。诺斯克利夫附近的浓烟上方可见火积云，这些云位置很高，呈花椰菜状，并在卫星图像中显示为不透明的白色斑块，悬在深色烟雾上。云中迫使空气上升的热量来自火而非阳光普照的地面，在某些情况下，这些焦积云会产生全面的雷暴雨，同时焦积云可将烟尘和污染物喷射到大气中。由于污染物是通过风散布的，它们会影响大范围的空气质量。

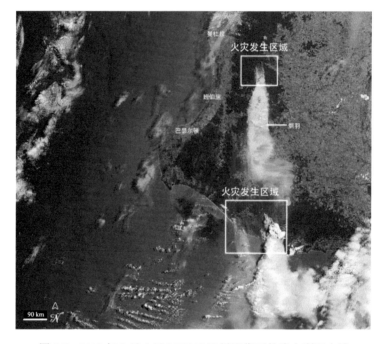

图 7.7　2015 年 2 月 4 日 MODIS 卫星影像下的澳大利亚火情

7.3.2　数据与方法

对 7.3.1 小节中提及的两处研究区中均使用 FY-3C/VIRR 数据开展研究，此外考虑到火点的识别除需要具有合适空间分辨率的数据，还应关注影像观测时刻的差异，因此为了更好地展现火点识别的结果，这里除应用于算法的 VIRR 数据外，还针对性地选择同属于中分辨率的 MODIS 火点产品数据以及 Landsat 系列卫星数据来协调进行结果比较，从保证数据可用性、数据的获取时刻、空间分辨率适配等角度入手进行选择。其中 MODIS 系列火点产品已在较长时间内被广泛用于自然灾害、全球变化等研究领域，这证明了该产品的鲁棒性与通用性。Landsat 系列卫星数据主要包括 Landsat-7 EMT+和 Landsat-8 OLI 等，所采用的 Landsat 识别结果是根据相关研究中的算法计算得出的(Schroeder et al.，2016)。

在研究方法上对两处研究区采用针对 FY-3C/VIRR 数据的两种不同火点识别算法进行展开。基于上下文的火点识别方法是在 MODIS 相关算法研究基础上进一步深入得到的(Lin et al.，2017)。基于上下文的 FY-3C/VIRR 算法按顺序依次包括云/水像元掩膜计算、潜在火点识别、动态阈值识别，基于"红外通道斜率"特征的邻域像元分析和误判火点像元去除这几个步骤。云/水像元掩膜依赖数据本身的海陆模板数据，考虑相比于火点像元由温度上升带来的辐射能量增加，云像元多种辐射能量来源的特征反映到传感器接收的数据中，体现为其中红外通道亮度温度较高、热红外通道亮度温度较低。这种亮度温度值的差异与火点像元的差异具有类似的表现，因而会对火点的判别带来干扰。水像元比邻域的陆地像元具有更低的亮度温度值，而上下文算法需要逐像元进行邻域像元值的计算，窗口内未加区分的水像元会导致计算得到的中红外、热红外亮度温度值偏低，引起火点误判。水像元可能导致误判的另一个原因是，水像元与陆地像元具有不同的辐射率，中红外、热红外亮度温度差值相对较低，以此为基础计算得到的混合背景也会具有相对较低的亮度温度差值。潜在火点方法可以消除明显的非火点像元、缩小待测像元的范围，因此可以提高算法的运算速度、节约运算成本。得到潜在火点像元判别结果后，需要对这些像元进一步判别以确定其是否为真实火点。动态阈值相比于绝对阈值判别方法，在研究区范围扩大、地物类型丰富、地表亮度温度变化等各类差异因素条件下，具有更强的鲁棒性和普遍适用性。此处的动态阈值法采用直方图百分比与绝对值进行共同判断。基于邻域像元条件判别的上下文算法是对本章此前介绍的上下文模型进行的改进，该算法对影像中标记为潜在像元的火点进行展开，并以目标像元为中心设置尺寸为 9 个像元的移动窗口，对窗口内的有效像元计算特征参量。该算法新设计了中红外与热红外通道亮度温度的比率值作为判别条件。尽管借助红外通道比率值上下文方法可以将有效火点从潜在火点中剔除，但仍然有部分像元特征与火点像元接近；此外，在动态阈值中提取出的相对高温火点里也有可能包含误判像元。阳光照射、由镜面反射导致的异常升温；裸土、岩石在太阳照射下温度迅速上升；漏判的云、水像元导致邻域像元特征值计算错误等都会造成像元误判。对此还需要对满足动态阈值条件及上下文算法条件计算得到的火点像元进行误判消除。

应用于澳大利亚研究区的算法为基于 FY-3C/VIRR 时间序列的火点识别方法，该算法从时间维度补充了变化信息，进一步增强了对火点的判识能力，同时可以规避基于单景影像方法中对亮度温度值等特征变化误判带来的错误识别和遗漏现象(Lin et al., 2018)。考虑到 FY-3C 卫星的轨道和观测特性，算法对研究区域以 20 天为时间序列长度选取数据，同时对同一天的观测结果进行日夜数据区分。此处基于 FY-3C 的时间序列方法以像元特征值所具有的"稳定状态"为假设进行分析，假设内容为，像元处于非云、非火等状态时，在一定时间长度内、具有相同观测时刻的像元亮度温度值将保持在相对平稳的值域范围内。通过对像元稳定状态下的特征值进行计算，获取其中的相关关系，并将基于此得到的计算数

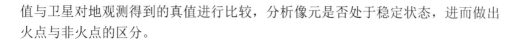

值与卫星对地观测得到的真值进行比较，分析像元是否处于稳定状态，进而做出火点与非火点的区分。

7.3.3 结果与讨论

图 7.8 展示了俄罗斯贝加尔湖附近 2014 年 5 月 18 日的火点结果。影像中的底图为 Landsat-7 ETM+第 3、2、1 波段的假彩色合成图，燃火点处升起的浓厚烟雾和较高的空间分辨率清晰地展现出火点。为了更直观地描绘 Landsat 影像中的火点，此处还借助了专门针对 Landsat 数据设计的相关算法，图 7.8 中的红色区域即 Landsat 算法识别结果。VIRR 的结果由相应的上下文方法计算得出，考虑到不同卫星影像空间分辨率的差异，这里用中间透明、黄色边框标注 VIRR 像元。可以看出，Landsat 火点识别算法结果与其底图数据在视觉上有较高的一致性，借助 Landsat 数据中的近红外通道，部分位于薄烟雾覆盖下的火点也可以在影像中得到识别，弥补了目视解译的缺陷。同时在该例中，VIRR 数据的观测时间与 Landsat 数据的观测时间间隔仅为 4min，识别结果也因此更具有相关性。图中 VIRR 像元构成的多边形清晰地描绘出了火情边界，多边形内包含大部分识别出的 Landsat 数据火点，两种结果之间呈现出较高的一致性。

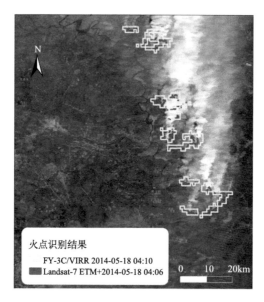

图 7.8　基于 FY-3C/VIRR 数据上下文火点识别方法

图 7.9 则是 2015 年 2 月 2～8 日对澳大利亚研究区域获取的 FY-3C/VIRR 数据，用时间序列方法进行火点识别的结果。其中底图是类似的具有中高空间分辨

率的 Landsat 数据影像。展示影像的时刻为世界协调时 2015 年 2 月 14 日 2:05。将火情发生后的 Landsat-8 OLI 影像第 7、5、4 波段进行彩色合成，可以更好地展现火灾对地表植被的影响。图 7.9 中的蓝色不规则形状即为基于 Landsat 影像得到的燃烧迹地。叠加在 Landsat 底图上分别为不同算法和产品的火点识别结果，最左列为时间序列算法结果，中间列为 MODIS 火点产品结果，最右列为前文提及的基于 FY-3C/VIRR 的上下文算法结果。可以看出，一方面时间序列算法的结果与 MODIS 接近，对火点具有比较好的捕捉能力，同时优于上下文方法，避免了不少漏判的像元；另一方面，多日组合后的火点识别结果累加结果也能相对完整地覆盖燃烧区域，其结果也与更高分辨率数据的燃烧面积判识结果一致。

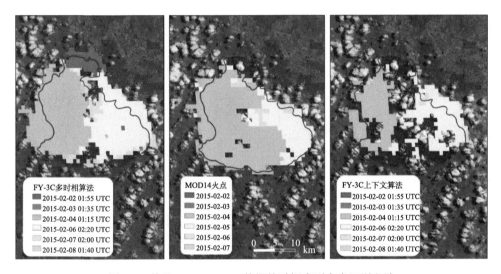

图 7.9　基于 FY-3C/VIRR 数据的时间序列火点识别方法

从算法识别的结果及其与其他数据产品对比的结果来看，尽管在选取对比的结果时，已尝试将观测时刻之间的差异降到最低，但仍然无法避免由此造成的火点判别差异。此外，由于火点识别研究的特殊性，实际应用中很难获取地面真实记录的数据。一方面根据算法的结果可以有效地对火点结果进行识别，但仍然需要面对不同数据结果间、不同时刻获取影像间存在的固有差别。需要注意的是，以全球普遍适用为目标设计的火点识别算法，虽然有能力在大面积范围内开展快速且相对准确的识别，但仍然会因为不同的地区内气候、季节、地表植被等特征差异，而产生包括漏判、误判在内的问题。本节基于 FY-3C 数据的例子中，多时相算法相比于上下文算法在火点识别精度上有所提升，减少了对掩膜结果的依赖，也因此回避了掩膜错误导致的进一步判别问题，漏判、误判的误差也有所降低。

这些改进也为后续算法设计提供基础和思路。

7.4 小 结

森林、草原等自然火灾是全球范围内发生频率较高、危害范围较广的一种灾害。20世纪下半叶以来，由于人类工业技术水平不断提升、社会活动范围不断扩大，人类活动对森林、草地的破坏日益严重。同时因为全球气候变暖等因素带来的影响，自然火灾的发生频率和因此造成的受灾面积也显著增加。未来全球多地仍然存在火灾高发、火灾面积扩大的风险。同时，由于各类自然火灾具有突发性强、破坏性大、救助困难等特点，应用传统手段很难对火灾进行行之有效的检测，而遥感卫星数据覆盖范围广、重访周期短、观测频率高、成本相对低廉、响应速度快，既可用于火灾的早期发现，也可以对已经发生的火灾进行灾情跟踪监测。遥感卫星可观测到人员难以进入的火情发生区域，信息获取迅速、准确，具有传统火灾监测方法不具备的优点。

全球的相关研究自20世纪80年代开始，从早期基于AVHRR数据的理论基础研究，到后续基于MODIS数据火点、燃烧面积、火灾排放数据的广泛应用，再到更多具有高分辨率、高性能的传感器投入使用，利用卫星遥感技术手段进行森林草原火灾信息提取的研究不断发展、拓展。我国利用遥感卫星进行森林草原火灾监测的历史也由来已久，在1987年大兴安岭特大火灾发生时，TM、AVHRR等传感器即被用于对火灾进行检测。随着环境、风云等不同序列的多颗卫星陆续升空，越来越多的数据可被用于不同需求下的森林草原火灾遥感信息提取。

尽管研究人员在火点识别、燃烧迹地算法和数据产品生成、基于遥感方法的自然火灾排放研究等多方面已经取得了一定的成果，但对于不同目标的研究、不同尺度内的研究都存在着待解决的问题。例如，火点识别算法中对数据的时空分辨率无法同时保证，综合利用极轨卫星数据的高空间、光谱分辨率与静止轨道卫星数据的高时间分辨率的特点进行研究,成为未来火点识别工作可行的方向之一。算法中可考虑对不同平台传感器性能进行一致性匹配，利用极轨卫星数据对火点进行日尺度内的高精确度的捕获，以地表温度、火点燃烧辐射能量等信息进行辅助判别，再借助静止轨道卫星对过火区域进行持续监测，以最大限度实现对火情区域信息的掌握。对于燃烧面积的遥感估算，仍然受到云和烟雾等观测条件的限制，不同区域、不同植被类型、不同季候的应用也存在适用度不一的情况，如果可以以时空、光谱等多尺度协同融合的方式进行燃烧面积提取，则有可能有效提高结果的准确性。基于遥感方法的火灾排放中，燃料容载量、燃烧比率等研究都尚不成熟，实地测量或实验室估算结果可以相对准确地获取，未来可通过结合植被、气候等多因子以及实际测算结果进行综合分析，完善大尺度内的遥感估算研究。森林草原自然火灾既是生态系统碳循环的重要组成部分，也是严重威胁人类生产生活的自然灾害之一。在全球变暖、人类活动范围不断扩大的大背景下，结合自然环境与社会经济数据，有必要开展并深化森林草原火灾遥感信息研究。

参 考 文 献

白夜, 武英达, 王博, 等. 2020. 我国森林草原火灾潜在风险应对策略研究. 林业资源管理, (1): 11-14, 29.

陈洁, 郑伟, 刘诚. 2017. Himawari-8 静止气象卫星草原火监测分析. 自然灾害学报, 26(4): 197-204.

陈世荣. 2006. 草原火灾遥感监测与预警方法研究. 北京: 中国科学院遥感应用研究所.

邸雪颖. 2014. 林火预测预报. http://www.slfh.gov.cn/Item/17349.aspx[2014-04-11].

郭福涛, 胡海清, 彭徐剑. 2010. 1980～2005 年大兴安岭森林火灾灌木、草本和地被物烟气释放量的估算. 林业科学, 46(1): 78-83.

郭怀文. 2013. 福建三明地区森林火灾碳排放研究. 北京: 北京林业大学.

何立明, 王文杰, 王桥, 等. 2007. 中国秸秆焚烧的遥感监测与分析. 中国环境监测, 23(1): 42-50.

何全军, 刘诚. 2008. MODIS 数据自适应火点检测的改进算法. 遥感学报, 12(3): 448-453.

贺薇, 白晋华, 郭晋平, 等. 2014. 加拿大森林火行为预测系统应用及展望. 世界林业研究, 27(3): 82-86.

胡海清, 魏书精, 孙龙. 2012. 1965～2010 年大兴安岭森林火灾碳排放的估算研究. 植物生态学报, 36(7): 629-644.

胡梅, 齐述华, 舒晓波, 等. 2008. 华北平原秸秆焚烧火点的 MODIS 影像识别监测. 地球信息科学, 10(6): 802-807.

黄宇民, 范一大, 马骏, 等. 2014. 中国遥感卫星系统灾害监测能力研究. 航天器工程, 23(6): 7-12.

蒋友严, 黄进, 李民轩. 2013. 环境减灾卫星在甘肃省草原火灾监测中的应用研究. 干旱气象, (3): 590-594.

李家国, 顾行发, 余涛, 等. 2010. 澳大利亚东南部森林山火 HJ 卫星遥感监测. 北京航空航天大学学报, 36(10): 1221-1224.

刘家畅, 唐斌, 邹源. 2020. 应用 GIS 分析影响森林火灾发生的因子和时空分布特征——以美国加利福尼亚州为例. 东北林业大学学报, 48(7): 70-74.

刘琳. 2014. 基于 MODIS 数据的重庆市森林火灾监测与预警研究. 重庆: 重庆师范大学.

罗晓霞, 齐中孝, 陈宪冬. 2016. S-NPP 及 VIIRS 在林火监测中的应用. 地理空间信息, 14(11): 78-81.

缪冬梅, 刘源. 2013. 2012 年全国草原监测报告. 中国畜牧业, (8): 14-29.

缪婷婷. 2012. 基于 MODIS 数据的森林火点监测算法及迹地面积估算的研究. 南京: 南京信息工程大学.

缪婷婷, 沈润平. 2013. 基于背景信息的 MODIS 林火自动提取算法. 测绘科学, 38(5): 49-50, 60.

农业部草原防火办. 1994. "4.27" 特大草原火灾纪实. 中国畜牧业, (6): 28.

卿清涛. 2004. NOAA/AVHRR 遥感监测森林火灾的准确性研究. 四川气象, (4): 30-32.

饶裕平, 方陆明, 柴红玲. 2009. 林火视频监控中烟识别方法概述. 四川林业科技, (1): 81-85.

萨如拉, 周庆, 刘鑫晔, 等. 2019. 1980~2015 年内蒙古森林火灾的时空动态. 南京林业大学学报(自然科学版), 43(2): 137-143.

苏和, 刘桂香. 2004. 浅析我国草原火灾信息管理技术进展. 中国草地, 26(3): 69-71.

孙龙, 张瑶, 国庆喜, 等. 2009. 1987 年大兴安岭林火碳释放及火后 NPP 恢复. 林业科学, 45(12): 100-104.

唐中实, 王海葳, 赵红蕊, 等. 2008. 基于 MODIS 的重庆森林火灾监测与应用. 国土资源遥感, (3): 52-55.

陶澍. 1978. 贝加尔湖的污染. 环境科学动态, (25): 5-8.

田庆久, 王玲, 包颖, 等. 2011. 基于 HJ-1B 卫星的作物秸秆提取及其焚烧火点判定模式. 中国科学: 信息科学, 41(S1): 117-127.

田晓瑞, 殷丽, 舒立福, 等. 2009. 2005~2007 年大兴安岭林火释放碳量. 应用生态学报, 20(12): 2877-2883.

田晓瑞, 张有慧, 舒立福, 等. 2004. 林火研究综述(Ⅴ)——航空护林. 世界林业研究, 17(5): 17-20.

王可, 江洪, 张秀英, 等. 2011. 贝加尔湖地区 2003 年—2005 年间 CO 时空动态的遥感分析. 遥感信息, (3): 19-26.

王玲, 田庆久, 包颖. 2011. 基于 HJ 卫星 IRS 遥感数据的农作物秸秆火点提取模式研究. 地理科学, 31(6): 661-667.

王亚松. 2018. 森林火灾风险评估与预警防控系统设计与开发. 成都: 电子科技大学.

吴超, 徐伟恒, 黄邵东, 等. 2020. 林火监测中遥感应用的研究现状. 西南林业大学学报(自然科学), 40(3): 172-179.

徐迅, 李建松, 赵伶俐. 2018. 基于 VIIRS 影像的秸秆焚烧火点监测方法. 地理空间信息, 16(6): 90-93, 100, 109.

许青云, 顾伟伟, 谢涛, 等. 2017. 秸秆焚烧火点遥感监测算法实现. 遥感技术与应用, 32(4): 728-733.

杨珊荣, 李虎, 余涛, 等. 2009. 基于 MODIS 的秸秆焚烧火点识别原理及算法 IDL 实现. 遥感信息, (2): 91-97.

叶江霞, 舒立福, 邓忠坚, 等. 2013. 基于 GIS 的森林火灾扑救指挥辅助决策系统的建立及应用研究. 西部林业科学, 42(3): 15-20.

伊·阿科达莫夫, 罗见今. 2013. 贝加尔湖区环境保护的历史发展. 咸阳师范学院学报, 28(2):

80-84.

袁春明, 文定元. 2001. 森林可燃物分类与模型研究的现状与展望. 世界林业研究, 14 (2): 29-34.

詹剑锋. 2012. 利用 HJ-IRS 影像提取林火火点和火烧迹地算法研究. 长沙: 中南大学.

张丹, 陆松, 李森, 等. 2014. 民用飞机火灾探测技术浅析. 消防科学与技术, 33 (4): 423-426.

赵文化, 单海滨, 钟儒祥. 2007. 基于 NDTI 指数的 MODIS 火情监测研究. 遥感技术与应用, 22 (3): 403-409.

郑芷莲. 2002. 贝加尔湖地区自然与文化发展浅析. 西伯利亚研究, 29 (6): 55-56.

周冬莲, 黄小林. 2016. 森林资源监测中林业 3S 技术的应用现状与展望. 现代农村科技, (8): 75-76.

周利霞, 高光明, 邱冬生, 等. 2008. 基于 MODIS 数据 FPI-NDVI 火灾监测方法研究. 安全与环境学报, 8 (2): 114-116.

周梅, 郭广猛, 宋冬梅, 等. 2006. 使用 MODIS 监测火点的几个问题探讨. 干旱区资源与环境, 20 (3): 180-183.

周艺, 王世新, 王丽涛, 等. 2007. 基于 MODIS 数据的火点信息自动提取方法. 自然灾害学报, 16 (1): 88-93.

Alonso-Canas I, Chuvieco E. 2015. Global burned area mapping from ENVISAT-MERIS and MODIS active fire data. Remote Sensing of Environment, 163: 140-152.

Anastasia P, Gitas I Z, Veraverbeke S, et al. 2013. Evaluation of ALOS PALSAR imagery for burned area mapping in Greece using object-based classification. Remote Sensing, 5 (11): 5680-5701.

Andela N, Morton D C, Giglio L, et al. 2017. A human-driven decline in global burned area. Science, 356 (6345): 1356-1361.

Andela N, van der Werf G R. 2014. Recent trends in African fires driven by cropland expansion and El Niño to La Niña transition. Nature Climate Change, 4 (9): 791-795.

Andersen H E, McGaughey R J, Reutebuch S E. 2005. Estimating forest canopy fuel parameters using LIDAR data. Remote Sensing of Environment, 94 (4): 441-449.

Archibald S, Lehmann C E R, Belcher C M, et al. 2018. Biological and geophysical feedbacks with fire in the Earth system. Environmental Research Letters, 13 (3): 18.

Arroyo L A, Pascual C, Manzanera J A. 2008. Fire models and methods to map fuel types: The role of remote sensing. Forest Ecology and Management, 256 (6): 1239-1252.

Benson M L, Briggs I. 1978. Mapping the extent and intensity of major forest fires in Australia using digital analysis of Landsat imagery. Proceedings of the international symposium on remote sensing for observation and inventory of earth resources and the endangered environment. Freiburg, West Germany, 3: 1965-1980.

Bistinas I, Harrison S P, Prentice I C, et al. 2014. Causal relationships versus emergent patterns in the global controls of fire frequency. Biogeosciences, 11 (18): 5087-5101.

Blackett M. 2015. An initial comparison of the thermal anomaly detection products of MODIS and VIIRS in their observation of Indonesian volcanic activity. Remote Sensing of Environment, 171:

75-82.

Bowman D M J S, Balch J K, Artaxo P, et al. 2009. Fire in the earth system. Science, 324(5926): 481-484.

Bowman D M J S, Williamson G J, Abatzoglou J T, et al. 2017. Human exposure and sensitivity to globally extreme wildfire events. Nature Ecology and Evolution, 1: 58.

Brandis K, Jacobson C. 2003. Estimation of vegetative fuel loads using Landsat TM imagery in New South Wales, Australia. International Journal of Wildland Fire, 12(2): 185-194.

Chuvieco E, Aguado I, Yebra M, et al. 2010. Development of a framework for fire risk assessment using remote sensing and geographic information system technologies. Ecological Modelling, 221(1): 46-58.

Chuvieco E, Lizundia-Loiola J, Pettinari M L, et al. 2018. Generation and analysis of a new global burned area product based on MODIS 250m reflectance bands and thermal anomalies. Earth System Science Data, 10(4): 2015-2031.

Chuvieco E, Mouillot F, van Der Werf G R, et al. 2019. Historical background and current developments for mapping burned area from satellite Earth observation. Remote Sensing of Environment, 225: 45-64.

Conard S G, Ivanova G A. 1997. Wildfire in Russian boreal forests—potential impacts of fire regime characteristics on emissions and global carbon balance estimates. Environmental Pollution, 98(3): 305-313.

Conard S G, Solomon A M. 2008. Effects of wildland fire on regional and global carbon stocks in a changing environment. Developments in Environmental Science, 8: 109-138.

Csiszar I A, Morisette J T, Giglio L. 2006. Validation of active fire detection from moderate-resolution satellite sensors: The MODIS example in northern Eurasia. IEEE Transactions on Geoscience and Remote Sensing, 44(7): 1757-1764.

Deák B, Valkó O, Török P, et al. 2014. Grassland fires in Hungary—experiences of nature conservationists on the effects of fire on biodiversity. Applied Ecology and Environmental Research, 12(1): 267-283.

Douglas C M, Ruth S. D, Jyoteshwar N, et al. 2011. Mapping canopy damage from understory fires in Amazon forests using annual time series of Landsat and MODIS data. Remote Sensing of Environment, 115(7): 1706-1720.

Dozier J. 1981. A method for satellite identification of surface-temperature fields of subpixel resolution. Remote Sensing of Environment, 11(3): 221-229.

Elvidge C, Zhizhin M, Hsu F C, et al. 2013. VIIRS nightfire: Satellite pyrometry at night. Remote Sensing, 5(9): 4423-4449.

FAO. 2018. The Impact of Disasters and Crises on Agriculture and Food Security 2017. Rome: Food and Agriculture Organization of the United Nations.

Flannigan M D, Amiro B D, Logan K A, et al. 2006. Forest fires and climate change in the 21st century. Mitigation and Adaptation Strategies for Global Change, 11(4): 847-859.

Flannigan M D, Vonderhaar T H. 1986. Forest-fire monitoring using NOAA satellite AVHRR. Canadian Journal of Forest Research-Revue Canadienne De Recherche Forestiere, 16(5): 975-982.

Flasse S P, Ceccato P. 1996. A contextual algorithm for AVHRR fire detection. International Journal of Remote Sensing, 17(2): 419-424.

Fraser R H, Li Z, Cihlar J. 2000. Hotspot and NDVI differencing synergy(HANDS): A new technique for burned area mapping over boreal forest. Remote Sensing of Environment, 74(3): 362-376.

Freeborn P H, Wooster M J, Roberts G, et al. 2009. Development of a virtual active fire product for Africa through a synthesis of geostationary and polar orbiting satellite data. Remote Sensing of Environment, 113(8): 1700-1711.

Freeborn P H, Wooster M J, Roberts G. 2011. Addressing the spatiotemporal sampling design of MODIS to provide estimates of the fire radiative energy emitted from Africa. Remote Sensing of Environment, 115(2): 475-489.

Freeborn P H, Wooster M J, Roberts G, et al. 2014. Evaluating the SEVIRI fire thermal anomaly detection algorithm across the Central African Republic using the MODIS active fire product. Remote Sensing, 6(3): 1890-1917.

French N H F, de Groot W J, Jenkins L K, et al. 2011. Model comparisons for estimating carbon emissions from North American wildland fire. Journal of Geophysical Research: Biogeosciences, 116(G4).

Friedl M A, Sulla-Menashe D, Tan B, et al. 2010. MODIS Collection 5 global land cover: Algorithm refinements and characterization of new datasets. Remote Sensing of Environment, 114(1): 168-182.

Giglio L, Boschetti L, Roy D P, et al. 2018. The Collection 6 MODIS burned area mapping algorithm and product. Remote Sensing of Environment, 217: 72-85.

Giglio L, Csiszar I, Restas A, et al. 2008. Active fire detection and characterization with the advanced spaceborne thermal emission and reflection radiometer(ASTER). Remote Sensing of Environment, 112(6): 3055-3063.

Giglio L, Descloitres J, Justice C O, et al. 2003. An enhanced contextual fire detection algorithm for MODIS. Remote Sensing of Environment, 87(2-3): 273-282.

Giglio L, Loboda T, Roy D P, et al. 2009. An active-fire based burned area mapping algorithm for the MODIS sensor. Remote Sensing of Environment, 113(2): 408-420.

Giglio L, Randerson J T, van Der Werf G R. 2013. Analysis of daily, monthly, and annual burned area using the fourth-generation global fire emissions database(GFED4). Journal of Geophysical Research: Biogeosciences, 118(1): 317-328.

Giglio L, Schroeder W. 2014. A global feasibility assessment of the bi-spectral fire temperature and area retrieval using MODIS data. Remote Sensing of Environment, 152: 166-173.

Giglio L, Schroeder W, Justice C O. 2016. The collection 6 MODIS active fire detection algorithm and fire products. Remote Sensing of Environment, 178: 31-41.

Gillett N P, Weaver A J, Zwiers F W, et al. 2004. Detecting the effect of climate change on Canadian forest fires. Geophysical Research Letters, 31 (18): L18211.

Hally B, Wallace L, Reinke K, et al. 2016. Assessment of the utility of the advanced himawari imager to detect active fire over Australia. Xxiii ISPRS Congress, Commission Viii, 41 (B8): 65-71.

He L M, Li Z Q. 2012. Enhancement of a fire detection algorithm by eliminating solar reflection in the mid-IR band: application to AVHRR data. International Journal of Remote Sensing, 33 (22): 7047-7059.

Hutto R L. 2008. The ecological importance of severe wildfires: Some like it hot. Ecological Applications, 18 (8): 1827-1834.

Hutto R L, Bond M L, DellaSala D A. 2015. Using bird ecology to learn about the benefits of severe fire //The Ecological Importance of Mixed-Severity Fires Nature's Phoenix. Amsterdam: Elsevier: 55-88.

Jolly W M, Cochrane M A, Freeborn P H, et al. 2015. Climate-induced variations in global wildfire danger from 1979 to 2013. Nature Communications, 6: 7537.

Justice C O, Giglio L, Korontzi S, et al. 2002. The MODIS fire products. Remote Sensing of Environment, 83 (1-2): 244-262.

Kasischke E S, Turetsky M R. 2006. Recent changes in the fire regime across the North American boreal region—Spatial and temporal patterns of burning across Canada and Alaska. Geophysical Research Letters, 33 (9): L09703.

Kaufman Y J, Setzer A, Justice C, et al. 1990. Remote sensing of biomass burning in the tropics. Fire in the Tropical Biota, 371-399.

Keane R E, Burgan R, van Wagtendonk J. 2001. Mapping wildland fuels for fire management across multiple scales: Integrating remote sensing, GIS, and biophysical modeling. International Journal of Wildland Fire, 10 (4): 301-319.

Koltunov A, Ustin S L, Quayle B, et al. 2016. The development and first validation of the GOES Early Fire Detection (GOES-EFD) algorithm. Remote Sensing of Environment, 184: 436-453.

Koutsias N, Karteris M. 2000. Burned area mapping using logistic regression modeling of a single post-fire Landsat-5 Thematic Mapper image. International Journal of Remote Sensing, 21 (4): 673-687.

Krawchuk M A, Moritz M A, Parisien M A, et al. 2009. Global pyrogeography: The current and future distribution of wildfire. PLoS One, 4 (4): e5102.

Lanorte A, Danese M, Lasaponara R, et al. 2013. Multiscale mapping of burn area and severity using multisensor satellite data and spatial autocorrelation analysis. International Journal of Applied Earth Observation and Geoinformation, 20: 42-51.

Lee T F, Tag P M. 1990. Improved detection of hotspots using the AVHRR 3.7μm channel. Bulletin of the American Meteorological Society, 71(12): 1722-1730.

Lewis S A, Hudak A T, Ottmar R D, et al. 2011. Using hyperspectral imagery to estimate forest floor consumption from wildfire in boreal forests of Alaska, USA. International Journal of Wildland Fire, 20(2): 255-271.

Li Y, Vodacek A, Kremens R L, et al. 2005. A hybrid contextual approach to wildland fire detection using multispectral imagery. IEEE Transactions on Geoscience and Remote Sensing, 43(9): 2115-2126.

Li Z, Nadon S, Cihlar J. 2000. Satellite-based detection of Canadian boreal forest fires: Development and application of the algorithm. International Journal of Remote Sensing, 21(16): 3057-3069.

Lin Z, Chen F, Li B, et al. 2017. FengYun-3C VIRR active fire monitoring: Algorithm description and initial assessment using MODIS and Landsat data. IEEE Transactions on Geoscience and Remote Sensing, 55(11): 6420-6430.

Lin Z, Chen F, Li B, et al. 2019. A contextual and multitemporal active-fire detection algorithm based on FengYun-2G S-VISSR data. IEEE Transactions on Geoscience and Remote Sensing, 57(11): 8840-8852.

Lin Z, Chen F, Niu Z, et al. 2018. An active fire detection algorithm based on multi-temporal FengYun-3C VIRR data. Remote Sensing of Environment, 211: 376-387.

Liu Z, Ballantyne A P, Cooper L A. 2019. Biophysical feedback of global forest fires on surface temperature. Nature Communications, 10(1): 214.

Long T F, Zhang Z M, He G J, et al. 2019. 30m resolution global annual burned area mapping based on Landsat images and Google Earth Engine. Remote Sensing, 11(5): 30.

Lü A, Tian H, Liu M, et al. 2006. Spatial and temporal patterns of carbon emissions from forest fires in China from 1950 to 2000. Journal of Geophysical Research: Atmospheres, 111(D5): 1.

Matson M, Dozier J. 1981. Identification of subresolution high-temperature sources using a thermal IR sensor. Photogrammetric Engineering and Remote Sensing, 47(9): 1311-1318.

Miller J D, Danzer S R, Watts J M, et al. 2003. Cluster analysis of structural stage classes to map wildland fuels in a Madrean ecosystem. Journal of Environmental Management, 68(3): 239-252.

Morisette J T, Giglio L, Csiszar I, et al. 2005a. Validation of the MODIS active fire product over Southern Africa with ASTER data. International Journal of Remote Sensing, 26(19): 4239-4264.

Morisette J T, Giglio L, Csiszar I, et al. 2005b. Validation of MODIS active fire detection products derived from two algorithms. Earth Interactions, 9(9): 25.

Morisette J T, Privette J L, Justice C O. 2002. A framework for the validation of MODIS Land products. Remote Sensing of Environment, 83(1-2): 77-96.

Oliva P, Schroeder W. 2015. Assessment of VIIRS 375m active fire detection product for direct burned area mapping. Remote Sensing of Environment, 160: 144-155.

Oswald B P, Fancher J T, Kulhavy D L, et al. 2000. Classifying fuels with aerial photography in East Texas. International Journal of Wildland Fire, 9(2): 109-113.

Petropoulos G P, Kontoes C, Keramitsoglou I. 2011. Burnt area delineation from a uni-temporal perspective based on Landsat TM imagery classification using Support Vector Machines. International Journal of Applied Earth Observation and Geoinformation, 13(1): 70-80.

Pinto M M, Libonati R, Trigo R M, et al. 2020. A deep learning approach for mapping and dating burned areas using temporal sequences of satellite images. Journal of Photogrammetry and Remote Sensing, 160: 260-274.

Pleniou M, Koutsias N. 2013. Sensitivity of spectral reflectance values to different burn and vegetation ratios: A multi-scale approach applied in a fire affected area. Journal of Photogrammetry and Remote Sensing, 79: 199-210.

Polivka T N, Wang J, Ellison L T, et al. 2016. Improving nocturnal fire detection with the VIIRS Day-Night band. IEEE Transactions on Geoscience and Remote Sensing, 54(9): 5503-5519.

Polychronaki A, Gitas I. 2012. Burned area mapping in Greece using SPOT-4 HRVIR images and object-based image analysis. Remote Sensing, 4: 424-438.

Prins E M, Feltz J M, Menzel W P, et al. 1998. An overview of GOES-8 diurnal fire and smoke results for SCAR-B and 1995 fire season in South America. Journal of Geophysical Research: Atmospheres, 103(D24): 31821-31835.

Qian Y G, Yan G J, Duan S B, et al. 2009. A contextual fire detection algorithm for simulated HJ-1B imagery. Sensors, 9(2): 961-979.

Ramo R, Garcia M, Rodriguez D, et al. 2018. A data mining approach for global burned area mapping. International Journal of Applied Earth Observation and Geoinformation, 73: 39-51.

Randerson J, Chen Y, van Der Werf G, et al. 2012. Global burned area and biomass burning emissions from small fires. Journal of Geophysical Research: Biogeosciences, 117: G04012.

Roberts G, Wooster M J. 2014. Development of a multi-temporal Kalman filter approach to geostationary active fire detection & fire radiative power(FRP)estimation. Remote Sensing of Environment, 152: 392-412.

Roberts G J, Wooster M J. 2008. Fire detection and fire characterization over Africa using Meteosat SEVIRI. IEEE Transactions on Geoscience and Remote Sensing, 46(4): 1200-1218.

Robinson J M. 1991. Fire from space-global fire evaluation using infrared remote-sensing. International Journal of Remote Sensing, 12(1): 3-24.

Rollins M G, Keane R E, Parsons R A. 2004. Mapping fuels and fire regimes using remote sensing, ecosystem simulation, and gradient modeling. Ecological Applications, 14(1): 75-95.

Roteta E, Bastarrika A, Padilla M, et al. 2019. Development of a Sentinel-2 burned area algorithm: generation of a small fire database for sub-Saharan Africa. Remote Sensing of Environment, 222: 1-17.

Roy D P, Boschetti L, Justice C O, et al. 2008. The collection 5 MODIS burned area product - Global evaluation by comparison with the MODIS active fire product. Remote Sensing of Environment, 112(9): 3690-3707.

Roy D P, Huang H, Boschetti L, et al. 2019. Landsat-8 and Sentinel-2 burned area mapping—A combined sensor multi-temporal change detection approach. Remote Sensing of Environment, 231: 111254.

Roy D P, Jin Y, Lewis P E, et al. 2005. Prototyping a global algorithm for systematic fire-affected area mapping using MODIS time series data. Remote Sensing of Environment, 97(2): 137-162.

Roy D P, Lewis P E, Justice C O. 2002. Burned area mapping using multi-temporal moderate spatial resolution data: a bi-directional reflectance model-based expectation approach. Remote Sensing of Environment, 83(1-2): 263-286.

Sabins F F. 2007. Remote Sensing: Principles and Applications. Long Grover: Waveland Press.

Schroeder W, Csiszar I, Morisette J. 2008a. Quantifying the impact of cloud obscuration on remote sensing of active fires in the Brazilian Amazon. Remote Sensing of Environment, 112(2): 456-470.

Schroeder W, Oliva P, Giglio L, et al. 2016. Active fire detection using Landsat-8/OLI data. Remote Sensing of Environment, 185: 210-220.

Schroeder W, Prins E, Giglio L, et al. 2008b. Validation of GOES and MODIS active fire detection products using ASTER and ETM+ data. Remote Sensing of Environment, 112(5): 2711-2726.

Scott K B, Oswald B, Farrish K, et al. 2002. Fuel loading prediction models developed from aerial photographs of the Sangre de Cristo and Jemez mountains of New Mexico, USA. International Journal of Wildland Fire, 11(1): 85-90.

Sedano F, Kempeneers P, Miguel J S, et al. 2013. Towards a pan-European burnt scar mapping methodology based on single date medium resolution optical remote sensing data. International Journal of Applied Earth Observation and Geoinformation, 20: 52-59.

Seiler W, Crutzen P J. 1980. Estimates of gross and net fluxes of carbon between the biosphere and the atmosphere from biomass burning. Climatic Change, 2(3): 207-247.

Shan T C, Wang C L, Chen F, et al. 2017. A burned area mapping algorithm for Chinese FengYun-3 MERSI satellite data. Remote Sensing, 9(7): 736.

Siegert F, Ruecker G. 2000. Use of multitemporal ERS-2 SAR images for identification of burned scars in south-east Asian tropical rainforest. International Journal of Remote Sensing, 21(4): 831-837.

Skowronski N, Clark K, Nelson R, et al. 2007. Remotely sensed measurements of forest structure and fuel loads in the Pinelands of New Jersey. Remote Sensing of Environment, 108(2): 123-129.

Tanase M A, Santoro M, Wegmüller U, et al. 2010. Properties of X-, C- and L-band repeat-pass interferometric SAR coherence in Mediterranean pine forests affected by fires. Remote Sensing of Environment, 114(10): 2182-2194.

Toukiloglou P, Gitas I Z, Katagis T. 2014. An automated two-step NDVI-based method for the production of low-cost historical burned area map records over large areas. International Journal of Remote Sensing, 35(7): 2713-2730.

Tucker C J. 1979. Red and photographic infrared linear combinations for monitoring vegetation. Remote Sensing of Environment, 8(2): 127-150.

Turco M, Von Hardenberg J, AghaKouchak A, et al. 2017. On the key role of droughts in the dynamics of summer fires in Mediterranean Europe. Scientific Reports, 7(1): 81.

Urbieta I R, Zavala G, Bedia J, et al. 2015. Fire activity as a function of fire–weather seasonal severity and antecedent climate across spatial scales in southern Europe and Pacific western USA. Environmental Research Letters, 10(11): 114013.

van der Werf G R, Randerson J T, Giglio L, et al. 2010. Global fire emissions and the contribution of deforestation, savanna, forest, agricultural, and peat fires (1997–2009). Atmospheric Chemistry and Physics, 10(23): 11707-11735.

van der Werf G R, Randerson J T, Giglio L, et al. 2017. Global fire emissions estimates during 1997-2016. Earth System Science Data, 9(2): 697-720.

van Wagtendonk J W, Root R R. 2003. The use of multi-temporal landsat normalized difference vegetation index(NDVI)data for mapping fuels in Yosemite National Park, USA. International Journal of Remote Sensing, 24(8): 1639-1651.

Veraverbeke S, Harris S, Hook S. 2011. Evaluating spectral indices for burned area discrimination using MODIS/ASTER(MASTER)airborne simulator data. Remote Sensing of Environment, 115(10): 2702-2709.

Viedma O, Urbieta I R, Moreno J M. 2018. Wildfires and the role of their drivers are changing over time in a large rural area of west-central Spain. Scientific Reports, 8(1): 17797.

Waigl C F, Stuefer M, Prakash A, et al. 2017. Detecting high and low-intensity fires in Alaska using VIIRS I-band data: An improved operational approach for high latitudes. Remote Sensing of Environment, 199: 389-400.

Wan Z. 2014. New refinements and validation of the collection-6 MODIS land-surface temperature/emissivity product. Remote Sensing of Environment, 140: 36-45.

Wang W, Qu J, Hao X, et al. 2007. An improved algorithm for small and cool fire detection using MODIS data: a preliminary study in the southeastern United States. Remote Sensing of Environment, 108(2): 163-170.

Wickramasinghe C H, Jones S, Reinke K, et al. 2016. Development of a multi-spatial resolution approach to the surveillance of active fire lines using Himawari-8. Remote Sensing, 8(11): 1-13.

Wilfrid S, Louis G. 2017. Visible Infrared Imaging Radiometer Suite(VIIRS)750m Active Fire Detection and Characterization Algorithm Theoretical Basis Document 1.0, NASA. Department of Geographical Sciences, University of Maryland.

Wooster M J, Roberts G, Freeborn P H, et al. 2015. LSA SAF Meteosat FRP products-Part 1:

algorithms, product contents, and analysis. Atmospheric Chemistry and Physics, 15(22): 13217-13239.

Wooster M J, Roberts G, Perry G L W, et al. 2005. Retrieval of biomass combustion rates and totals from fire radiative power observations: application to southern Africa using geostationary SEVIRI imagery. Journal of Geophysical Research: Atmospheres, 110(D24): 1-24.

Wooster M J, Zhukov B, Oertel D. 2003. Fire radiative energy for quantitative study of biomass burning: derivation from the BIRD experimental satellite and comparison to MODIS fire products. Remote Sensing of Environment, 86(1): 83-107.

World Bank Group. 2016. The cost of fire: An economic analysis of Indonesia's 2015 fire crisis. Indonesia Sustainable Landscape Knowledge Note: 1. http://documents.worldbank.org/curated/en/776101467790969768/pdf/103668-BRI-Cost-of-Fires-Knowledge-Note-PUBLIC-ADD-NEW-SERIES-Indonesia-Sustainable-Landscapes-Knowledge-Note.pdf. 20 December 2019[2020-7-30].

Xie Z, Song W, Ba R, et al. 2018. A spatiotemporal contextual model for forest fire detection using Himawari-8 satellite data. Remote Sensing, 10(12): 1992.

Xu W, Wooster M J, Roberts G, et al. 2010. New GOES imager algorithms for cloud and active fire detection and fire radiative power assessment across North, South and Central America. Remote Sensing of Environment, 114(9): 1876-1895.

Zhang T R, Wooster M J, Xu W D. 2017. Approaches for synergistically exploiting VIIRS I- and M-Band data in regional active fire detection and FRP assessment: a demonstration with respect to agricultural residue burning in Eastern China. Remote Sensing of Environment, 198: 407-424.

Zhu C M, Kobayashi H, Kanaya Y, et al. 2017. Size-dependent validation of MODIS MCD64A1 burned area over six vegetation types in boreal Eurasia: Large underestimation in croplands. Scientific Reports, 7: 4181.

第 8 章

展望与建议

遥感信息在减灾应急中具有不可或缺的重要价值。卫星遥感技术具有观测范围广、时效性强、多时空尺度连续动态监测能力强等特点，是减灾应用中的关键技术手段，在当前和未来重特大灾害监测、灾情评估以及灾后恢复重建等过程中发挥着不可替代的作用，具有特殊重要的意义。"天-空-地"一体化多平台、多载荷的遥感综合观测信息网络提供了具有多尺度、多角度、多谱段、多时相等突出特点的遥感信息，极大地提高了人类对不同灾害系统的观测和认知能力。

近年来，随着现代信息技术的飞速发展，人类已进入大数据与人工智能时代。伴随"数字地球"和地球大数据技术的快速发展，数字减灾迎来了前所未有的崭新局面。地理众源数据的普及显著拓宽了减灾数据的获取广度。虚拟化、高可靠性、高灵活性、高可扩展性、高性价比的云计算基础设施，提升了减灾数据的共享和计算处理能力。人工智能与大数据技术不断融合，深度学习在遥感领域的高速发展，给减灾数据的集成与分析提供了新方法。具有强时空关联和物理关联的地球大数据，以其海量、多源、多时相、多标量、高空间、高复杂性、非结构性以及更精准、更科学、更及时的独特优势，为深度认知灾害系统要素的时空变化特征提供了新手段（郭华东，2018）。可以说，地球大数据技术提供的海量数据感知获取、数据密集型科学分析模拟、信息集成产品服务等方式，像对其他很多学科一样，也正对灾害遥感领域带来革命性的深远影响。

在大数据时代，遥感信息提取和知识发现以数据模型为驱动，其本质是以大样本为基础，通过人工智能技术自动学习地物对象的遥感化本征参数特征，进而实现对信息的智能化提取和知识挖掘（张兵，2018）。因此，大数据、云计算、人工智能等技术的蓬勃发展，也同时为灾害遥感提供了重要机遇，通过数据融合、信息协同，依托大数据、人工智能等分析计算手段，实现海量高频遥感数据的高效快速挖掘。例如，针对灾害目标要素高精度实时监测的需求和遥感图像特征复杂、背景多样的特点，基于遥感大数据和人工智能技术，构建具有针对性的深度学习网络模型，可实现对灾害目标的快速、准确监测，以更高质量的数据信息服务有力推进遥感技术在应急监测和管理领域的深入应用(卢凯旋等，2020)。

经过多年发展，灾害遥感信息提取技术取得了很大进展，然而面对全球气候变化、极端天气事件频发等自然背景，以及我国经济社会快速发展，城镇化水平快速提升，人口不断向城市群、都市圈集聚的新形势，防灾减灾工作不断提出新的更高要求。从服务我国经济社会发展，减轻灾害损失风险，保障人民群众福祉的角度出发，灾害遥感信息提取的理论、方法和应用现状与高质量、实用化、业务化的应用目标还有一定的距离，当前应着力加强以下三个方面的工作。

(1)加强灾害遥感信息提取的基础空间设施建设。近年来我国政府高度重视卫星遥感高新技术基础设施建设，卫星遥感观测能力不断增强。例如，洪涝灾害已具备大范围、全天候、全天时有效监测能力。通过统筹利用哨兵系列、高分系列、环境减灾等卫星，组网观测，可以实现我国国界范围内 1～3 天全覆盖，根本上提升了国家洪涝灾害应急监测服务能力(杨昆等，2018)。从全球看，构建多平台、多载荷、多尺度的遥感监测手段和监测网络已经成为主流趋势，未来我国应进一步加强灾害专用卫星研发，加强静止轨道光学卫星、雷达卫星研制，加快推动高光谱卫星、敏捷成像卫星以及其他航空平台的建设，着力推动激光雷达、视频成像、多角度红外成像等技术的创新应用。从而通过加强灾害基础空间设施建设，提升我国灾害遥感信息提取和立体观测能力、共享服务能力，有力支撑我国减灾业务实践(范一大等，2016)。

(2)加强灾害遥感信息提取的基础理论方法和应用研究。灾害本身的复杂性、多样性、演化发展的时变性，以及多维度、多变量、不确定等特点，使得人类对灾害全过程的认知受到很大局限和挑战。这也成为灾害系统科学中长期以来的难题。遥感监测技术应用于灾害管理与减灾实践时，不同遥感平台、传感器、时空尺度和探测光谱对灾害及其演变过程的相互作用机理，有关模型参数和理论方法在准确性、时效性、系统性等层面的严重不足等问题，都要求必须加强灾害遥感信息提取理论方法研究，提高对灾害全过程的遥感监测和分析能力。在灾害监测评估方法研究层面，应围绕灾害全周期全过程，基于不同平台和传感器，深入研究不同灾害要素特征参数反演的理论方法体系，不断完善灾害要素遥感智能化解译的实践应用体系。加强遥感数据综合处理计算模型研究，加快基于灾害链视角的遥感风险评估理论和方法研究，研究面向重大灾害损失遥感综合评估的有效方法，发展灾后重建遥感评估模型研究等(范一大等，2016)。同时，灾害遥感作为高度实用的技术，业务场景明确，应用需求强烈，应当在加强基础理论方法研究的同时，大力开展面向不同灾害的"天-空-地"一体化试验，通过广泛的应用试验，建立从灾害遥感信息提取的理论方法到业务应用的桥梁。

(3)加强综合减灾空间信息服务能力。在地球大数据时代，全球数字减灾技术和平台快速发展，将极大地促进数字地球关键技术在自然灾害预警和风险评估、灾害整备、灾害监测和应急、灾后评估和恢复重建等方面的应用。同时，数字减灾应用能力的增强，也将提供独特的技术实验场，有力促进大数据、云计算、人工智能、卫星遥感、网络通信、卫星导航、地理信息系统等数字地球关键技术的融合应用与协调发展。因此，灾害遥感信息提取应重视与其他新技术的融合，通过构建综合的空间信息服务模式或平台，全面提高灾害信息的获取、分析、管理、应用服务等能力。通过产品共享、服务协同等方式，为灾害遥感信息高效获取、快速分析、精准服务提供助力。

参 考 文 献

范一大、吴玮、王薇、等. 2016. 中国灾害遥感研究进展. 遥感学报, 20(5): 1170-1184.

郭华东. 2018. 地球大数据科学工程. 中国科学院院刊, 33(8): 818-824.

卢凯旋、昝露洋、李庆亭、等. 2020. 基于遥感大数据的应急管理空间信息智能提取. 卫星应用, (6): 40-45.

杨昆、黄诗峰、辛景峰、等. 2018. 水旱灾害遥感监测技术及应用研究进展. 中国水利水电科学研究院学报, 16(5): 451-456, 465.

张兵. 2018. 遥感大数据时代与智能信息提取. 武汉大学学报(信息科学版), 43(12): 1861-1871.